河南省"十四五"普通高等教育规划教材

MATLAB

实用教程（第2版）

主　编◎张德喜　刘道文

副主编◎曹玉松　赵秋雨　司文建

中国铁道出版社有限公司

CHINA RAILWAY PUBLISHING HOUSE CO., LTD.

内 容 简 介

　　本书内容紧扣"十四五"普通高等教育的教学改革要求，聚焦信息技术等学科最新发展动态，秉承"以能力培养为核心"的教学理念，注重基础性，突出实用性。全书基于 MATLAB R2019b 设计内容体系和实例。

　　全书共分为 10 章，内容包括 MATLAB 概述、MATLAB 矩阵分析与处理、MATLAB 数值计算、MATLAB 符号计算、MATLAB 图形绘制、MATLAB 程序设计、MATLAB 图形用户界面设计技术、MATLAB 工具箱、MATLAB 仿真与应用、MATLAB 应用实例。为了方便读者学习，附录给出部分习题参考答案，同时提供配套课件、部分源程序代码等电子资源，读者可在 http://www.51eds.com 网站下载。

　　本书适合作为普通高等院校数学、电子工程、信息技术、计算机科学与技术、机械工程等专业的教材，也可作为广大工程应用和开发从业人员的参考用书。

图书在版编目（CIP）数据

MATLAB 实用教程/张德喜，刘道文主编. —2 版. —北京：
中国铁道出版社有限公司, 2021.7（2022.12 重印）
河南省"十四五"普通高等教育规划教材
ISBN 978-7-113-28057-4

Ⅰ. ①M… Ⅱ. ①张… ②刘… Ⅲ. ①Matlab 软件-高等学校-
教材 Ⅳ. ①TP317

中国版本图书馆 CIP 数据核字(2021)第 113044 号

书　　名：MATLAB 实用教程
作　　者：张德喜　刘道文

策　　划：刘丽丽　　　　　　　　　　　编辑部电话：（010）51873202
责任编辑：刘丽丽　徐盼欣
封面设计：刘　颖
责任校对：孙　玫
责任印制：樊启鹏

出版发行：中国铁道出版社有限公司（100054，北京市西城区右安门西街 8 号）
网　　址：http://www.tdpress.com/51eds/
印　　刷：北京柏力行彩印有限公司
版　　次：2016 年 2 月第 1 版　2021 年 7 月第 2 版　2022 年 12 月第 3 次印刷
开　　本：787 mm×1 092 mm　1/16　印张：21　字数：536 千
书　　号：ISBN 978-7-113-28057-4
定　　价：49.80 元

前 言（第2版）

本书第 1 版出版 5 年多来，已被国内多所高等院校作为数学、电子工程、信息技术、计算机科学与技术、机械工程等专业的 MATLAB 课程教材或教辅参考书，因易学易懂、逻辑清晰和实例丰富而赢得读者的好评。为适应新工科建设背景下应用型人才培养需求，结合读者反馈的宝贵意见和 MATLAB 软件版本升级等实际情况，编写第 2 版时对全书内容进行了完善和优化，为 MATLAB 课程教学提供优质教材，使之更适合读者学习。

本次改版后，入选河南省"十四五"普通高等教育规划教材。本书紧扣"十四五"普通高等教育教学改革要求，聚焦信息技术等学科最新发展动态，秉承"以能力培养为核心"的教学理念，注重基础性，突出实用性，基于 MATLAB R2019b 版本优化、完善了内容体系和更新实例。修改内容主要包括以下 3 方面：

1. 优化教材内容逻辑

为进一步明确内容逻辑主线，对全书内容章节进行了重组，首先介绍利用 MATLAB 进行数值计算、符号计算、图形绘制等基础内容，然后讲解 MATLAB 程序设计方法和可视化编程技术，随后阐述 MATLAB 仿真技术相关内容，最后介绍 MATLAB 应用实例，形成"基础→编程→仿真→应用"的逻辑主线。因此，在本次内容改版时，将原第 7 章"MATLAB 仿真与应用"移到原第 9 章"MATLAB 工具箱"之后，并将这两章组成仿真技术内容模块；因为原第 8 章"MATLAB 图形用户界面设计技术"和原第 6 章"MATLAB 程序设计"都是讲解程序设计相关内容，在逻辑上具有连续性，因此，本次改版时，将原第 8 章移到原第 6 章之后，在内容上形成一个以编程为主题的模块。

2. 更新 MATLAB 命令

经过 5 年的升级，MATLAB 的版本已从 MATLAB 2014a 更新到 MATLAB R2019b，在命令、函数、工具箱等方面进行了大量的优化和更新，一些命令的使用方法、函数调用格式、工具箱分布也发生了一定的变化。本次改版以 MATLAB 2019b 的命令、函数和工具箱替换原版本的相应内容，保证教材内容与新版本一致，便于学习者学习较新内容。

3. 完善内容体系

在原有章节中增补一些内容，如第 2 章增补了"矩阵元素的操作""矩阵关系与逻辑运算""矩阵的集合运算""空间解析几何运算"等内容，第 3 章增补了"函数极值与最优化问题求解""快速傅里叶变换"等内容，第 6 章增补了"元胞数组""程序代码优化"等内容；调整和重组了一些内容，如将第 2 章"正交规范化"调整到"空间解析几何运算"部分，原第 3 章的"傅里叶级数"调整到第 4 章"级数的符号求和"部分，对关于 Simulink 简介的重复内容进行整合；另外，增补了较多的实例，并将所有的实例和课后习题在 MATLAB R2019b 中运行调试。

全书共分为 10 章，内容包括 MATLAB 概述、MATLAB 矩阵分析与处理、MATLAB

数值计算、MATLAB 符号计算、MATLAB 图形绘制、MATLAB 程序设计、MATLAB 图形用户界面设计技术、MATLAB 工具箱、MATLAB 仿真与应用、MATLAB 应用实例。为了方便读者，附录给出了部分习题参考答案，同时提供配套课件、部分源程序代码等电子资源，读者可在中国铁道出版社有限公司资源网站（http://www.51eds.com）下载。

本书适合作为普通高等院校数学、电子工程、信息技术、计算机科学与技术、机械工程等专业的教材，也可作为广大工程应用和开发从业人员的参考用书。

本书由张德喜、刘道文担任主编，曹玉松、赵秋雨和司文建担任副主编。具体编写分工如下：张德喜负责第 1 章、第 9 章和第 10 章的编写并负责全书的统稿工作，曹玉松负责第 2～5 章的编写工作，刘道文负责第 6～8 章的编写，赵秋雨和司文建负责附录习题参考答案的编写与本书配套的电子资源的制作工作。

在本书编写过程中，编者参考和借鉴了国内外学者的最新研究成果、网络社区（如 CSDN 技术论坛、MATLAB 中文论坛等）优秀资源和 MATLAB 经典书籍内容等，在此对专家、学者和同仁致以崇高敬意和真挚感谢。中国铁道出版社有限公司各位编辑为本书的顺利出版付出了辛勤劳动，在此一并表示感谢。

本书内容虽经精心提炼和修订，但由于编者知识和经验的局限性，书中疏漏和不妥之处在所难免，在此诚挚期待广大读者的指正，以使本书在教学实践中不断完善。

编　者
2021 年 2 月

前　言（第1版）

　　MATLAB 是矩阵实验室（Matrix Laboratory）的简称，是美国 MathWorks 公司出品的商业数学软件，用于算法开发、数据可视化、数据分析及数值计算的高级计算语言和交互式环境，主要由 MATLAB 主程序、Simulink 动态系统仿真和 MATLAB 工具箱三大部分组成。

　　随着信息技术的快速发展，MATLAB 已经成为高等院校理工科专业的一门重要工具。为了培养学生在计算机软件辅助下，结合传统算法对实际应用问题求解的能力，本书作者于 2006 年在中国铁道出版社出版了《MATLAB 语言程序设计教程》。该教材一经出版就得到了高校师生的广泛好评，于 2009 年 4 月荣获河南省第六届高等教育优秀教学成果奖。为了满足广大师生的需求，2010 年该教材在中国铁道出版社出版第二版。

　　为了适应高等教育转型发展的需要，进一步培养学生的实践能力和创新能力，作者在前两本教材编写经验基础上，深入进行实践教学改革的探索，结合"十三五"时期高等教育教学模式和教学方法改革创新的要求和 MATLAB 版本升级的需要，本书以目前最流行的 MATLAB R2014a 为平台，组织编写。

　　全书共分为 10 章，内容包括 MATLAB 概述、MATLAB 矩阵分析与处理、MATLAB 数值计算、MATLAB 符号计算、MATLAB 图形绘制、MATLAB 程序设计、MATLAB 仿真与应用、MATLAB 图形用户界面设计技术、MATLAB 工具箱、MATLAB 应用实例。为了方便读者，在附录中给出 MATLAB 函数命令库和图形句柄函数以及习题参考答案。

　　本书主要使用 MATLAB R2014a，同时兼顾了以前版本。全书最突出的特色就是通过大量的实例讲解 MATLAB 的常用命令，简单易懂，实用性非常强。实例设计涉及理工科各个专业，具有很高的现实意义和参考价值，方便学生在最短的时间内掌握 MATLAB 的数值运算、图像绘制、程序设计和系统仿真等功能。本书尽量采用最简单的方法解决实际问题，对读者具有很强的启示作用。另外，书中对每一条命令的使用格式都做了详细的说明，对初学者很有帮助。

　　与其他同类图书相比，本书介绍了 MATLAB 语言的基本语法，既便于自学，又有 PowerPoint 课件配合教学，适合作为理工科相关专业教学教材。书中大量实例涉及的课程范围主要有高等数学、线性代数、大学物理、机械、电工电子和信号系统等。这些例题使用了 MATLAB 中的多种语句，有助于提高编程技巧，通过这些程序可以显著地提高学习效率。本书较好地解决了目前国内的 MATLAB 教材和参考书籍大多针对特定专业、通用性不强的不足。

　　本书适合作为高等学校数学、电子工程、信息技术、计算机科学与技术、机械工程等专业的教材或教学参考书，也可作为广大工程应用人员和开发人员的参考资料。

　　本书由张德喜任主编，曹玉松和赵秋雨任副主编。具体分工如下：张德喜负责第 1 章、第 5 章、第 6 章、第 7 章和第 9 章的编写，并负责全书的统稿工作。曹玉松负责第 3 章、第 4 章和第 10 章的编写工作。赵秋雨负责第 2 章、第 8 章的编写和附录 A、B、

C 的整理工作。感谢司文建老师对本教材配套教学课件的制作付出的辛勤工作。感谢中国铁道出版社各位编辑为本书的顺利出版付出的辛勤劳动。

由于编者知识和经验所限，书中疏漏和不妥之处在所难免，在此诚挚地期待读者的指正，以使本书在教学实践中不断完善。

编　者

2015 年 12 月

目　录

第1章

MATLAB 概述

本章要点

◎ 了解 MATLAB 的主要功能，掌握 MATLAB 的运行方法；

◎ 掌握 MATLAB 的工作界面、MATLAB 的文件管理方式；

◎ 学会使用 MATLAB 的帮助功能。

MATLAB 是由 Matrix 和 Laboratory 单词的前三个字母组合而成的，其含义是矩阵实验室。MATLAB 软件具有强大的数值计算功能和符号计算功能，还拥有强大的图像处理能力和针对各个工程及应用领域的工具箱。MATLAB 语言是一种非常受工程技术人员和科研人员欢迎的计算机编程语言。

★ 1.1 MATLAB 的影响及其发展历史 ★

MATLAB 是美国 MathWorks 公司出品的商业数学软件，是用于算法开发、数据可视化、数据分析以及数值计算的高级技术计算语言和交互式环境，主要包括 MATLAB 和 Simulink 两大部分。

MATLAB 是 MathWorks 公司于 1984 年推出的一套高性能的数值计算可视化软件，集数值分析、矩阵运算、信号处理和图形显示于一体，是当今国际上最具影响力、最有活力的软件开发工具包之一，被誉为"巨人肩上的工具"。由于使用 MATLAB 编程与人进行科学计算的思路和表达方式完全一致，所以它不像 BASIC、FORTRAN 和 C 语言等其他高级语言那样难于掌握。使用 MATLAB 编写程序犹如在演算纸上排列公式与求解问题一样，所以它又被称为演算纸式的科学计算语言。MATLAB 主要包括数值分析、矩阵运算、数字信号处理、建模、系统控制和优化等应用程序，并将应用程序和图形统一于操作简单的集成环境中。在这个环境下，对所要求解的问题，用户只需简单列出数学表达式，其结果便可以以数值或图形的方式显示出来。它显示简捷、高效、方便，这是其他高级语言所不能比拟的。它提供了强大的科学运算功能、灵活的程序设计流程、高质量的图形生成功能及模拟、便捷的与其他程序和语言接口的功能。它不仅包括用于高质量的图形生成及模拟（包括完成 2D 和 3D 数据图示、图像处理、动画生成、图形显示等功能）的高层 MATLAB 命令，也包括用户对图形图像等对象进行特性控制的底层 MATLAB 命令，以及开发 GUI 应用程序的各种工具。在工程技术界，MATLAB 也被用来解决一些实际课题和数学模型问题。

MATLAB 和 Mathematica、Maple 并称三大数学软件。在数学类科技应用软件中，MATLAB

在数值计算方面首屈一指，代表了当今国际科学计算软件的先进水平。MATLAB 可以进行矩阵运算、绘制函数图形、实现算法、创建用户界面、连接其他编程语言的程序等，主要应用于工程计算、控制设计、信号处理与通信、图像处理、信号检测、金融建模设计与分析等领域。

MATLAB 的基本数据单位是矩阵，它的指令表达式与数学、工程中常用的形式十分相似，故用 MATLAB 来求解问题要比用 C、FORTRAN 等语言完成相同的事情简捷得多，并且 MATLAB 吸收了 Maple 等软件的优点，使 MATLAB 成为一个强大的数学软件。在新的版本中，MATLAB 加入了对 C、FORTRAN、C++、Java 的支持。

MATLAB 中包括被称为工具箱（Toolbox）的各类应用问题的求解工具。工具箱实际上是对 MATLAB 进行扩展应用的一系列 MATLAB 函数（称为 M 文件），可以用来求解各类学科的问题，包括信号处理、图像处理、控制系统识别、神经网络等。随着 MATLAB 版本的不断升级，其所含工具箱的功能越来越丰富，因此应用范围也越来越广泛。MATLAB R2019b 版本的 Toolbox 大小已超过 14 GB。以往十分困难的系统仿真问题，用 Simulink 只需拖动鼠标即可轻而易举地解决，这也是 MATLAB 近年来受到重视的原因所在。当前许多大学的实验室都安装了 MATLAB 软件，以供学习和研究之用，MATLAB 在科研和高等学校基础课程教学中具有明显优势，成为理工科各专业大学生必不可少的学习工具。

在欧美大学中，诸如应用代数、数理统计、自动控制、数字信号处理、模拟与数字通信、时间序列分析、动态系统仿真等课程都把 MATLAB 作为必修课程。在国际学术界，MATLAB 已经被确认为准确、可靠的科学计算标准软件。在设计研究单位和工业部门，MATLAB 被作为进行高效研究、开发的首选工具软件。例如，美国 National Instruments 公司信号测量和分析软件 Labview、Cadence 公司信号和通信分析设计软件 SPW 等，或者直接建筑在 MATLAB 之上，或者以 MATLAB 为主要支撑。又如，HP 公司的 VXI 硬件、TM 公司的 DSP、Gage 公司的各种仪器等都得到了 MATLAB 的支持。

1980 年前后，MATLAB 初具雏形。1983 年，Cleve Moler 教授到斯坦福大学讲学，工程师 John Little 觉察到 MATLAB 在工程运算中的巨大潜力，与 Cleve Moler、Steve Bangert 合作开发了第二代专业版 MATLAB。1984 年成立 MathWorks 公司，推出 MATLAB 第 1 版（DOS 版），正式将 MATLAB 推向市场。

MATLAB 以商品形式出现后，仅短短几年，就以其良好的开放性和运行的可靠性占据了市场。到 1991 年 MATLAB 已经成为国际控制界公认的标准计算软件。

MathWorks 公司于 1993 年推出 MATLAB 4.0 版本；1997 年春，MATLAB 5.0 版问世。紧接着，MATLAB 5.1 版、MATLAB 5.2 版，以及 1999 年春的 MATLAB 5.3 版也相继问世。

2002 年 6 月，MathWorks 公司推出 MATLAB 6.5 版。2004 年 6 月，推出 MATLAB 7.0 版。MATLAB 7.0 版主要增强了编程代码的有效性、绘图功能及其可视化效果，使系统能力更强，功能更完善。从 2006 年起，MATLAB 每年发布两个版本，3 月左右是 a 版，9 月左右是 b 版，a 版为测试版，b 版本为正式版。b 版本主要是修改一些 bug 之类的，以及添加一些新的功能，理论上来说版本越新越好。

MATLAB R2019b 于 2019 年 9 月正式发布，与 MATLAB 以往版本相比，MATLAB R2019b 拥有更丰富的数据类型和结构，更友善的面向对象，更加快速精良的图形可视界面，更广博的数学和数据分析资源及更多的应用开发工具等特性。本书的内容以该版本为基础对知识体系进行更新和优化，以下文中的 MATLAB 均指 MATLAB R2019b。

★ 1.2　MATLAB R2019b 的主要功能 ★

MATLAB R2019b 涵盖了一系列的 MATLAB 和 Simulink 新功能，包括对人工智能、深度学习和汽车行业的支持。引入了支持机器人技术的新产品、基于事件建模的新培训资源，以及对 MATLAB 和 Simulink 产品系列的更新和 Bug 修复。引入了 Live Editor（实时编辑器）任务，让用户能够交互式地浏览参数、预处理数据，并生成 MATLAB 代码，成为 Live Script（实时脚本）的一部分。在人工智能和深度学习方面，MATLAB R2019b 加入了 Deep Learning Toolbox 功能，让用户能够使用自定义的训练循环、自动微分、共享权重和自定义损失函数来训练高级网络架构。

MATLAB R2019b 新增了以下新功能

（1）引入了 Live Editor（实时编辑器）任务，让用户能够交互式地浏览参数、预处理数据，并生成 MATLAB 代码，成为 Live Script（实时脚本）的一部分。使 MATLAB 用户能够专注于任务本身，而不是语法或复杂的代码，还能够自动运行生成的代码，通过可视化快速对参数进行迭代。

（2）Simulink 新的 Simulink Toolstrip，可帮助用户访问和发现所需的功能。在 Simulink Toolstrip 中，选项卡按照工作流程排列，并按使用频率进行排序，从而节省了导航和搜索时间。

（3）在人工智能和深度学习方面，加入了 Deep Learning Toolbox 功能。该功能构建于 2019 年初引入的灵活训练循环和网络之上，让用户能够使用自定义的训练循环、自动微分、共享权重和自定义损失函数来训练高级网络架构。另外，用户还可以构建生成对抗网络（GAN）、Siamese 网络、变分自动编码器和注意力网络。Deep Learning Toolbox 还可以导出到组合 CNN 和 LSTM 层的 ONNX 格式的网络以及包括 3D CNN 层的网络。

（4）引入了面向汽车行业的重要支持功能，贯穿多个产品，包括：

① Automated Driving Toolbox：3D 仿真支持，包括在 3D 环境中开发、测试和验证驾驶算法的能力，以及一个让用户能够在给定运动学约束的条件下生成驾驶路径的速度变化图的模块。

② Powertrain Blockset：能够生成深度学习 SI 发动机模型，用于算法设计以及性能、燃油经济性和排放分析。新增了 HEV P0、P1、P3 和 P4 参考应用等组装完备的模型，可用于混合动力汽车的 HIL 测试、权衡分析和控制参数优化。

③ Sensor Fusion and Tracking Toolbox：能够执行轨道—轨道融合以及构建分散跟踪系统。

④ Polyspace Bug Finder：加大对 AUTOSAR C++ 14 编码准则的支持，检查是否存在误用 lambda 表达式、潜在枚举问题以及其他问题。

（5）在增添 Robotics System Toolbox 新功能的同时，还引入了两个新产品：

① Navigation Toolbox：可用于设计、仿真和部署用于规划和导航的算法。它包括一些算法和工具，用于设计和仿真可在物理或虚拟环境中进行映射、定位、规划和移动的系统。

② ROS Toolbox：可用于设计、仿真和部署基于 ROS 的应用。该工具箱在 MATLAB 和 Simulink 与机器人操作系统（ROS 和 ROS2）之间提供了一个接口，让用户能够搭建一个节点网络，对 ROS 网络进行建模和仿真，为 ROS 节点生成嵌入式系统软件。

（6）提供了"Stateflow 入门之旅"交互式教程，可帮助用户学习如何创建、编辑和仿真 Stateflow 模型的基础知识。与现有的 MATLAB、Simulink 和深度学习入门之旅一样，这个自定进度的学习课程包括视频教程和实际操作练习，并且提供自动评估和反馈。

1.3　MATLAB R2019b 运行方法

由于 MATLAB R2019b 具有强大的数值计算功能，其对系统资源要求相对较高，需要在一定软硬件支持环境下运行。下面介绍 MATLAB R2019b 的运行方法。

1.3.1　运行环境

运行环境主要从软件环境和硬件环境两个方面来说明。工程领域中 MATLAB R2019b 经常用来处理大规模的数值计算问题，运行环境相对富裕会更好一些，使用者也可以根据自身的实际使用情况和侧重点来考虑软硬件环境。

1．硬件环境

硬件环境具体如下：

（1）计算机的 CPU 建议为 Intel 酷睿 i5 及以上。

（2）内存建议 4 GB 以上。

（3）推荐使用 SSD 硬盘且有 200 GB 以上的剩余空间。

（4）其他硬件要求标准配置。

2．软件环境

软件环境具体如下：

（1）操作系统：MATLAB R2019b 支持 Windows 操作系统、MAC 操作系统、Linux 操作系统，其中 Windows 系列支持 Windows 7、Windows 10、Windows Server 2016、Windows Server 2012 等 64 位操作系统。

（2）浏览器：相当于 Microsoft Internet Explorer 9.0 及以上版本。

（3）安装运行 MATLAB Notebook、MATLAB Excel Builder、Excel Link、Database Toolbox 和 MATLAB Web Server，推荐安装 Microsoft Office 2010 及以上版本。

（4）为了能够阅读和打印软件所附带的 PDF 格式的帮助信息，需要安装 Adobe Acrobat Reader 3.0 及以上版本。

1.3.2　MATLAB 系统的启动与退出

MATLAB R2019b 系统的启动与退出方式与一般软件类似，它有三种启动方式，两种退出方式，使用者可以根据自己的习惯来选择适合自己的启动和退出方式。

1．MATLAB R2019b 系统的启动

启动 MATLAB R2019b 有三种常用方法：

（1）选择"开始"→"程序"→MATLAB R2019b 命令。

（2）执行桌面上的 MATLAB R2019b 快捷方式。

（3）运行 MATLAB 安装目录下的 MATLAB\R2019b\bin 系统。

启动成功后，打开 MATLAB 窗口，如图 1-1 所示。

2．MATLAB R2019b 系统的退出

退出 MATLAB R2019b 有两种常见方法：

（1）在 MATLAB 命令窗口输入 Exit 或 Quit 命令。

（2）单击 MATLAB 标题栏上的"关闭"按钮。

图 1-1　MATLAB 窗口

1.4　MATLAB R2019b 工作界面

在默认情况下，MATLAB R2019b 主要包括命令窗口、菜单区、当前文件夹、工作区、详细信息窗口和快捷方式区等区域，如图 1-2 所示。

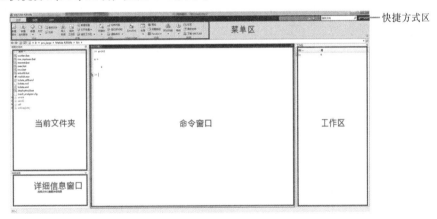

图 1-2　MATLAB R2019b 窗口分区

1.4.1　命令窗口

在 MATLAB R2019b 的命令窗口中，可输入各种送给 MATLAB 运作的指令、函数、表达式，显示除图形外的所有运算结果，运行错误时，给出相关的出错提示，如图 1-3 所示。其中>>为命令提示符，表示 MATLAB 处于就绪状态。当用户在提示符后输入命令或表达式并按【Enter】键后，MATLAB 将显示执行结果，然后再次恢复到就绪状态，这与 DOS 操作相类似。

在命令提示符下输入命令行的规则如下：

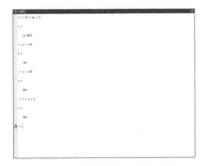

图 1-3　MATLAB 命令窗口

（1）一个命令行输入一条命令，命令行以回车符结束。

（2）一个命令行也可以输入若干条命令，各命令之间以逗号分隔，若前一命令后带有分号，则逗号可以省略。

（3）如果一个命令行很长，要加续行符（三个小黑点...）。

（4）按【↑】键，可以调出被执行过的命令，按【↑】、【↓】键可以进行选择，然后按【Enter】键执行。

1.4.2　工作区

工作区是 MATLAB 的重要组成部分，如图 1-4 所示。在该窗口中将显示所有当前内存中存放的变量名和变量值。在工作区内可以进行修改变量名、修改变量值、删除变量、绘图、保存变量数据、装入数据等操作。

双击变量名前的小方格，可打开变量值的编辑器，并进行变量值的修改。例如双击工作区中的变量 b 可调出变量编辑器，在其中可以对变量的数值等内容进行修改，修改后再次输出变量 b 将会得到修改或更新后的值，如图 1-5 所示，经修改的变量 b 已由一维向量变为二维矩阵。也可以在命令窗口中输入 openvar('b')命令调出变量编辑器对变量 b 进行编辑。

图 1-4　MATLAB 工作区

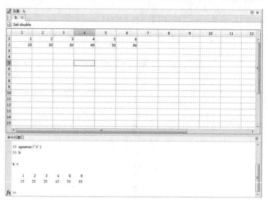

图 1-5　变量编辑器

1.4.3　历史命令窗口

历史命令窗口记录已运行过的所有的 MATLAB 命令历史，包括已输入和运行过的命令、函数、表达式等信息，可进行命令历史的查找、检查等操作，也可以在该窗口中进行命令复制与重运行操作，为用户下一次使用同一个命令提供方便。MATLAB R2019b 默认采用弹出式历史命令窗口，当将光标定位在命令窗口当前命令提示符后时，按【↑】键即可弹出历史命令窗口，如图 1-6 所示，继续按【↑】键可以依次向上选择历史命令，单击【Enter】键便可再次执行选中的命令。

用户可以通过设置修改历史命令窗口的显示和布局方式。选择"主页"→"环境"→"布局"→"命令历史记录"→"停靠"命令，历史命令窗口便分布在 MATLAB 主窗口。

1.4.4　当前文件夹与搜索路径

在当前文件夹窗口中可以显示或改变当前目录，还可以显示当前目录下的文件并提供搜索功能。只有在当前目录和搜索路径下的文件、函数才可以被运行和调用。如果没有特别指明，数据文件将存放在当前目录下。用户可以将自己的工作目录设置成当前目录，从而使得所有操作都在当前目录中进行。通过目录选择下拉菜单可以选择已经访问过的目录，单击地址栏右侧的三角形按钮，可以打开路径选择对话框，用户可以设置或添加路径。搜索路径指MATLAB 执行过程中对变量、函数和文件进行搜索的路径。在"主页"→"环境"标签中单击"设置路径"按钮，可以打开"设置路径"对话框，在该对话框中可以选择默认路径，如图 1-7所示。

图 1-6 历史命令窗口

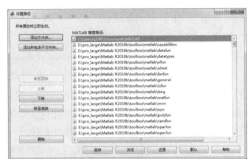

图 1-7 "设置路径"对话框

1.4.5 菜单区

MATLAB R2019b 默认有"主页"、"绘图"、APP 三个主要菜单，用户可以根据需要添加设置。

（1）"主页"菜单有"文件"标签、"变量"标签、"代码"标签、SIMULINK 标签、"环境"标签和"资源"标签，如图 1-8 所示。

图 1-8 MATLAB 的"主页"菜单

① "文件"标签包含"新建脚本""新建实时脚本""新建""打开""查找文件""比较"按钮。单击"新建脚本"按钮可以打开 M 文件编辑器；"新建"按钮里包括"新建脚本"、"函数"、"示例"、"类"、System object、"图形"、"图形用户界面"、SIMULINK 等；"打开"按钮用于打开"打开"对话框，用户可以在对话框中选择相应的文件，MATLAB 用相应的编辑器打开该文件；"查找文件"按钮用于查找相关的文件；"比较"按钮用于比较两个文件的内容，然后给出相关信息。

② "变量"标签包含"导入数据""保存工作区""新建变量""打开变量""清除工作区"按钮。"导入数据"按钮用于导入 MATLAB 相关文件中的数据到工作区内；"保存工作区"按钮用于将工作区的变量保存到 MAT 格式的文件中；"新建变量"按钮用于新建变量和赋值并打开变量编辑器；单击"打开变量"按钮可显示工作区内所有变量，选择变量可以打开该变量编辑器；"清除工作区"按钮用于删除当前工作区里的所有变量。

③ "代码"标签包含"收藏夹""分析代码""运行并计时""清除命令"按钮。"分析代码"用于分析当前文件夹中的 M 代码文件，查找效率低下的编码和潜在的错误，并打开代码分析器报告对话框；"运行并计时"按钮用于运行代码并测量代码执行时间，以改善代码性能；"清除命令"按钮里有"命令行窗口"和"命令历史记录"，作用分别为清除命令行窗口中的

所有文本和清除命令历史记录。

④ SIMULINK 标签用于打开 Simulink 库。Simulink 是 MATLAB 最重要的组件之一，它提供一个动态系统建模、仿真和综合分析的集成环境。在该环境中，无须大量书写程序，而只需要通过简单直观的鼠标操作，就可以构造出复杂的系统。Simulink 具有适应面广、结构和流程清晰及仿真精细、贴近实际、效率高、灵活等优点。基于以上优点，Simulink 已被广泛应用于控制理论和数字信号处理的复杂仿真和设计。同时有大量的第三方软件和硬件可应用于或被要求应用于 Simulink。

⑤ "环境"标签包含"布局"、"预设"、"设置路径"、Parallel、"附加功能"按钮。"布局"按钮用于调整桌面布局，比如显示或隐藏工具条（菜单内容）、工作区、当前文件夹窗口等；"预设"按钮用于对 MATLAB 系统的基本参数进行设置；"设置路径"按钮用于更改 MATLAB 查找文件的搜索路径；Parallel 按钮用于选择并行计算选项。

⑥ "资源"标签包含"帮助""社区""请求支持""了解 MATLAB"按钮。

（2）"绘图"菜单有"所选内容"标签、"绘图"标签和"选项"标签，如图 1-9 所示。

图 1-9　MATLAB 的"绘图"菜单

"所选内容"标签内显示用于绘制图形的变量。如果在工作区没有选中用于绘图的变量或所选的变量不适合绘图，在"绘图"标签内的绘图命令是灰色的，表示该命令不能用；"绘图"标签给出了用于绘图的命令，供用户选择使用，单击右侧的三角形按钮可以显示出更多绘图命令。"选项"标签里有"重用图窗"和"新建图窗"两个单选按钮。

（3）APP 菜单有"文件"标签和 APP 标签，如图 1-10 所示。

图 1-10　MATLAB 的 APP 菜单

MATLAB APP 是指为了让 MATLAB 完成某项或某几项任务而被开发运行于 MATLAB 系统之上的计算程序，MATLAB APP 可以是命令集或 M 程序。安装 MATLAB 之后，已经添加了很多 APP，主要类型包括"数学、统计和优化""控制系统设计与分析""信号处理与通信""图像处理与计算机视觉""测试与测量""计算金融学""计算生物学"等。单击"APP"菜单右侧三角形按钮，选择所需 APP 即可运行。也可以通过"APP"菜单左侧的"获取更多 APP"和"安装 APP"来获得更多 MATLAB APP。

1.4.6　快捷方式区

在 MATLAB 的快捷方式区默认有"新建快捷方式""保存""剪切""复制""粘贴""撤销""重做""切换窗口""帮助""帮助快速搜索栏""显示或隐藏菜单栏"等，如图 1-11 所示。

图 1-11　MATLAB 的快捷方式区

单击"新建快捷方式"按钮可以打开新建快捷方式编辑器，将一些常用的命令或应用程序建立在快捷方式区的左侧，以方便使用；"保存"按钮用于保存 M 文件和 MAT 文件；单击"切换窗口"按钮可以打窗口列表，用来切换当前窗口。

1.5　MATLAB 的辅助部分

MATLAB 的辅助部分功能强大，包括帮助系统、M 文件的编辑、调试环境、Notebook 等。它的帮助系统十分具体，全方位地给出了 MATLAB 各功能模块的使用方式，并对各个工具箱下的每个函数给出了具体的使用方法和例子。

1. 引入了全方位的帮助功能

MATLAB 强大的帮助系统能够为用户学习和使用提供系统和深入的帮助，是学习 MATLAB 知识的最权威资料；掌握帮助系统的使用方法对于初学者、自学者以及开发人员至关重要，特别建议初学者认真研读 MATLAB 的帮助文档，构建查阅帮助意识和能力。可以说，MATLAB 的帮助系统本身就是一个优秀的 MATLAB 教程，学会使用帮助功能是十分重要的。MATLAB R2019b 继承了以前版本帮助系统的基本风格，通过单击 MATLAB R2019b 工作界面上的"帮助"按钮或在命令窗口中运行 doc 命令即可调出 MATLAB R2019b 的帮助系统，如图 1-12 所示。

图 1-12　MATLAB 的帮助系统

（1）在线帮助。在线帮助大多嵌附在 M 文件中，即时性强，反应速度快。它对求助内容的回答最及时准确。新版还增加了"帮助快速搜索栏"，以方便用户搜索帮助。

① 综合型在线帮助文库 Doc：该文库以 HTML 超文本形式独立存在。整个文库按 MATLAB 的功能和核心内容编排，系统性强，并且可以借助超链接方便地进行交叉查阅。

② 完整易读的 PDF 文档：这部分内容与 HTML 帮助文库完全对应。PDF 文档不能直接从指令窗口打开，而必须借助 Adobe Acrobat Reader 软件阅读。这种文件的版面清楚、规范，适宜有选择地系统阅读，也适宜于制作硬拷贝。

③ 演示软件 Demo：MATLAB 一向重视演示软件的设计，这是一个内容广泛的演示程序。

（2）可以通过访问 MathWorks 公司的主页（http://www.mathworks.com）了解最新的帮助信息。

（3）MATLAB 提供了可在命令窗口调出帮助信息的命令，可以帮助用户解决诸如"知道具体函数，但不知道该函数如何使用""想解决某个具体问题，但不知道有哪些函数可以使用"等问题，相关的使用示例如图 1-13 所示。

图 1-13　MATLAB 的帮助命令使用示例

① lookfor 命令：允许用户通过完整或部分关键字搜索要查找的内容，此命令在查找不知道确切名字的具有某种功能的命令或函数时极为有用。通常情况下，lookfor 命令给出所要查找主题的帮助文件的第一行信息。

② who 和 whos 命令：列出在 MATLAB 工作内存中驻留的变量名，who 命令列出变量名，whos 命令同时给出变量的详细信息。

③ doc 命令（或 help 命令）：在命令提示符下输入 doc（或 help）加上函数名或命令名，可以列出函数或命令的具体使用方法。

④ clear 命令：用于清除当前在 MATLAB 工作内存中驻留的变量。

⑤ clc 命令：用于清除在 MATLAB 工作区窗口显示的内容。

2．M 文件编辑、调试的集成环境

MATLAB 是解释型语言，在 MATLAB 命令行中输入的命令在当前 MATLAB 进程中被解释运行。但是，每次执行一个任务时输入长长的命令序列是很麻烦的，此时可以将一些命令编成 M 文件。M 文件可以很好地保存命令，还可以轻易地修改命令而无须重新输入整个命令行。MATLAB 编辑器具有很好的文字编辑功能。它可采用色彩和制表位醒目地区分标识程序中不同功能的文字，如运算指令、控制流指令、注释等。通过编辑器的菜单命令可以对编辑器的文字、段落等风格进行类似 Word 的设置。例如"变量现场显示"功能，只要把鼠标放在变量名上，就能显示该变量的内容。

3．M 文件的性能剖析

调试器只负责 M 文件中语法错误和运行错误的定位，而性能剖析指令 profile 将给出程序各环节的耗时分析报告。MATLAB 剖析指令的分析报告特别详细，它将帮助用户寻找影响程序运行速度的"瓶颈"。

4．Notebook 新的安装方式

Notebook 是集文字、计算、图形于一体的"活"环境，深受用户欢迎。MATLAB 可以在 MATLAB 指令窗中"随时"安装 Notebook，省时灵活。

5．MATLAB 环境可运行文件的多样化

在旧版本 MATLAB 中，用户可编制和运行的程序文件只有 M 脚本文件和 M 函数文件。MATLAB 5.0 以后的版本新增了产生伪代码 P 文件的 pcode 指令和产生二进制 MEX 文件的 mex 指令。较之 M 文件，这两种文件的运行速度要快得多，保密性也更好。

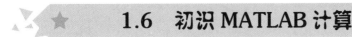

1.6　初识 MATLAB 计算

1.6.1　数值计算函数库

MATLAB 的数学函数库十分丰富，几乎包括了现今各个工程领域中需要使用的数学函数，函数库中函数的编制都是采用现今国际公认最先进和最可靠的算法。掌握和熟练使用库函数是十分重要的。

MATLAB 的一贯宗旨是：其所有数值计算算法都必须是国际公认的、最先进的、最可靠的；其程序均由世界一流专家编写并经高度优化，而执行算法的指令形式则必须简单、易读、易用，其正是依赖这些高质量的数值计算函数赢得广泛赞誉。

【例 1.1】在命令窗口输入命令 a=pi,b=3,c=sin(pi/3),d=b+sqrt(3)，并输出计算结果。

```
>> a=pi              % pi 是 MATLAB 中的圆周率
>> b=3
>> c=sin(pi/3)
>> d=b+sqrt(3)
a=
    3.1416
b=
    3
c=
    0.8660
d=
    4.7321
```

MATLAB 数值计算函数库的另一个特点是其内容的基础性和通用性。正是由于这一特点，MATLAB 数值计算函数库适应了自动控制、信号处理、动力工程、电力系统、金融系统、生物等应用学科的需要，进而开发出一系列应用程序。

1.6.2　MATLAB 计算实例

下面为 MATLAB 在处理数学问题上的一些应用实例，以便了解 MATLAB 在实际应用时的方便和快捷。

【例 1.2】求以下线性方程组的解。

$$\begin{cases} x+3y+2z+4t=5 \\ 2x+3y+4z+7t=6 \\ 3x+4y+8z+9t=5 \\ x+y+2z+t=0 \end{cases}$$

解 在命令窗口输入如下内容：

```
>> syms x y z t
>> [T,X,Y,Z]=solve(x+3*y+2*z+4*t==5,2*x+3*y+4*z+7*t==6,3*x+4*y+8*z+9*t==5,x+y+2*z+t==0)
```

运行结果如下：

```
T=
    1
X=
    0
Y=
    1
Z=
    -1
```

说明：旧版本 MATLAB 中使用 ">>[T,X,Y,Z]=solve('x+3*y+2*z+4*t-5,2*x+3*y+4*z+7*t-6,3*x+4*y+8*z+9*t-5,x+y+2*z+t')" 命令来求解线性方程组，由于新版本 MATLAB 已删除对字符向量或字符串输入的支持，替代方法的是使用 syms 来声明变量，并用 "solve（2*x==1，x）" 形式的命令替换原来 "solve（'2*x==1,x'）" 形式的命令来求解线性方程（组）。

求上述线性方程组的解，也可以在命令窗口输入如下内容：

```
>> a=[1,3,2,4;2,3,4,7;3,4,8,9;1,1,2,1];
>> b=[5;6;5;0];
>> M=a\b
```

或：

```
>> M=inv(a)*b
```

运行结果如下：

```
M=
    0.0000
    1.0000
    -1.0000
    1.0000
```

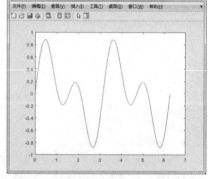

图 1-14 函数 $x= \sin 3t\cos t$ 的图形

【例 1.3】绘制函数 $x= \sin 3t\cos t$ 的图形。

解 在命令窗口输入如下内容：

```
>>t=[0:0.5:360]*pi/180;
>>plot(t,sin(t.*3).*cos(t))
```

运行结果如图 1-14 所示。

【例 1.4】求解微分方程 $x''+2x'+x=\cos t$ 的解析解。

解 在命令窗口输入如下内容：

```
>> syms x(t) t;
>> eqn=diff(x,t,2)+2*diff(x,t)+x(t)==cos(t);
>> s=dsolve(eqn);
>> simplify(s)
```

运行结果如下：

```
ans=
    sin(t)/2+C1*exp(-t)+C2*t*exp(-t)
```

说明：dsolve()函数用于求解微分方程的解析解，其对字符向量或字符串输入的支持将在将来的版本中删除，若在新版本中直接沿用旧版本的 "dsolve('D2x+2*Dx+x=cos(t)')" 方法求解微分方程，将会发出警告提示。新版 MATLAB 的替代方案是声明变量并用已声明的变量构建微分方程表达式，然后再使用 dsolve() 函数求解微分方程。

【例 1.5】求定积分 $\int_0^{3\pi} e^{-0.5t} \sin(t+\pi/6)dt$。

解　在命令窗口输入如下内容：

```
>> q=quad('exp(-0.5*t).*sin(t+pi/6)',0,3*pi)
```

运行结果如下：

```
>> q=
   0.9008
```

★　小　结　★

本章主要介绍了 MATLAB 的主要功能、运行方法、工作界面、文件管理系统的使用方式；如何使用 MATLAB 的帮助系统；最后举例说明 MATLAB 的计算和应用。通过本章入门学习，掌握 demo、help、lookfor、doc、who、whos、clear、clc 命令的用法。

★　习　题　★

1. MATLAB 的具体含义是什么？简述 MATLAB 的发展史。

2. 简述 MATLAB 能够完成哪些功能。

3. 按照应用软件的安装方法安装 MATLAB，并以两种方式打开 MATLAB 工作窗口，进入 MATLAB 工作环境，然后退出。

4. 熟悉 MATLAB 的菜单栏以及各工具栏的功能。

5. 重新启动 MATLAB，进入 MATLAB 命令窗口，输入 a=3.67,b=2,c='v'，然后用 who 命令和 whos 命令查看当前工作空间内有无变量及数值。

6. 列举 MATLAB 的 demo、help、lookfor、doc、who、whos、clear、clc 命令的用法。

7. 练习并熟练掌握 MATLAB 的帮助命令，学会利用 MATLAB 的帮助信息。

8. 在命令窗口输入 "x=1:10"，然后依次使用 clear 命令和 clc 命令，分别观察命令窗口和工作空间的变换。

9. 通过命令窗口查询函数 cos() 的用法。

10. 通过帮助功能查询函数 eig() 的用法。

11. 在命令窗口输入 demo 命令，查看 MATLAB 自动演示功能。

12. 利用 plot() 函数画出函数 $y=x^2$ 在 [-1,1] 上的图像。

13. 试在 CSDN 论坛、MATLAB 中文论坛、编程论坛等 IT 技术社区注册和申请用户账号，并检索和浏览相关的技术文章、案例代码等学习资源。

第 2 章
MATLAB 矩阵分析与处理

本章要点

◎ 了解矩阵与数组的联系与区别；

◎ 理解矩阵和数组运算的规则；

◎ 掌握使用 MATLAB 命令建立矩阵及矩阵的算术运算、关系与逻辑运算、集合运算、矩阵的特殊运算、线性运算、矩阵的分解以及空间解析几何运算等。

矩阵及数组的相关运算是 MATLAB 的一个重要功能，利用 MATLAB 可以方便准确地处理矩阵的运算工作，如矩阵的乘法、矩阵的逆、矩阵的特征值、特征向量、矩阵的秩、方阵的行列式等；以矩阵为基本运算单元会给今后的程序编写带来极大方便。

2.1 矩阵的建立

矩阵的建立共有两种方法：可以通过 MATLAB 命令直接建立矩阵，也可以通过 MATLAB 提供的函数建立相应的矩阵。在 MATLAB 中创建矩阵有以下规则：

（1）矩阵元素必须在"[ ]"内。

（2）矩阵的同行元素之间用空格（或","）隔开。

（3）矩阵的行与行之间用";"（或回车符）隔开。

（4）矩阵的元素可以是数值、变量、表达式或函数。

（5）矩阵的尺寸不必预先定义。

2.1.1 直接建立矩阵

直接建立矩阵的方法就是把矩阵的各元素用"[ ]"括起来，括号内同一行的元素之间用空格或逗号分开，行与行之间用分号或回车符分开。

在 MATLAB 环境下，分号具有 3 个作用：

（1）在"[ ]"内，它是矩阵行间的分隔符。

（2）它可作为指令与指令间的分隔符。

（3）当它放在赋值指令后时，该指令执行后的赋值结果将不显示在屏幕上。

【例 2.1】直接建立一个矩阵。

解 在 MATLAB 命令提示符下输入：

```
>> clear
>> X=[1 2 3;1 2 1;1,3,1]
```

```
X=
    1    2    3
    1    2    1
    1    3    1
>> Y=[1.1 1.5 3;1 2 2]
Y=
    1.1000    1.5000    3.0000
    1.0000    2.0000    2.0000
```

直接建立矩阵适用于行列比较少的矩阵和没有任何规律的矩阵。

2.1.2　利用函数建立基本矩阵和用于专门学科的特殊矩阵

MATLAB 提供了丰富的矩阵创建函数，通过这些函数可以建立通用或特殊矩阵，如零矩阵、单位矩阵、随机矩阵等。

1．建立零矩阵函数 zeros()

（1）利用函数 zeros(n)可以建立 n 阶零矩阵。

【例 2.2】创建一个 3×3 阶零矩阵。

解　在 MATLAB 命令提示符下输入：

```
>> clear
>> zeros(3)
ans=
    0    0    0
    0    0    0
    0    0    0
```

（2）利用函数 zeros(m,n)可以建立 $m \times n$ 阶零矩阵。

【例 2.3】创建一个 2×3 阶零矩阵。

解　在 MATLAB 命令提示符下输入：

```
>> clear
>> zeros(2,3)
ans=
    0    0    0
    0    0    0
```

（3）利用函数 zeros(size(A))可以建立与矩阵 A 同样大小的零矩阵。

【例 2.4】设 A=[1,2,3;4,5,6]，创建一个与矩阵 A 同样大小的零矩阵。

解　在 MATLAB 命令提示符下输入：

```
>> clear
>> A=[1,2,3;4,5,6]
A=
    1    2    3
    4    5    6
>> zeros(size(A))
ans=
    0    0    0
    0    0    0
```

2．建立单位矩阵函数 eye()

单位矩阵的特点是主对角线上元素为 1，其他位置上的元素全为 0。通过调用函数 eye() 可以建立单位矩阵。

（1）利用函数 eye(n)可以建立 n 阶单位矩阵。

【例 2.5】创建一个 3×3 阶单位矩阵。

　　解　在 MATLAB 命令提示符下输入：

```
>> clear
>> eye(3)
ans=
    1    0    0
    0    1    0
    0    0    1
```

（2）利用函数 eye(m,n)可以建立 m×n 阶单位矩阵。

【例 2.6】创建一个 2×3 阶单位矩阵。

　　解　在 MATLAB 命令提示符下输入：

```
>> clear
>> eye(2,3)
ans=
    1    0    0
    0    1    0
```

（3）利用函数 eye (size(A))可以建立与矩阵 A 同样大小的单位矩阵。

【例 2.7】设 A=[1,2,3;4,5,6]，创建一个与矩阵 A 同样大小的单位矩阵。

　　解　在 MATLAB 命令提示符下输入：

```
>> clear
>> A=[1,2,3;4,5,6]
A=
    1    2    3
    4    5    6
>> eye(size(A))
ans=
    1    0    0
    0    1    0
```

3. 随机矩阵函数 rand()与 randn()

随机矩阵的特点是由计算机随机产生数据而生成的矩阵。通过运行 rand()函数可以生成 0-1 的均匀随机分布矩阵，randn()函数可以生成均值为 0、方差为 1 的标准正态分布矩阵，rand() 与 randn()的使用方法类似。

（1）调用函数 rand(n)建立[0,1]区间上的 n 阶随机矩阵。

```
Y=rand(n)%生成n×n阶随机矩阵，若没有特殊说明，则矩阵中的元素均在(0,1)区间内
```

【例 2.8】创建一个 3 阶的随机矩阵。

```
>> clear
>> rand(3)
ans=
    0.8147    0.9134    0.2785
    0.9058    0.6324    0.5469
    0.1270    0.0975    0.9575
```

（2）调用函数 rand(m,n)建立[0,1]区间上的 m×n 阶随机矩阵。

【例 2.9】创建一个 2×3 阶的随机矩阵。

　　解　在 MATLAB 命令提示符下输入：

```
>> clear
>> rand(2,3)
```

```
ans=
    0.9649    0.9706    0.4854
    0.1576    0.9572    0.8003
```

（3）调用函数 $a+(b-a)*rand(n)$ 建立[a,b]区间上的 n 阶均匀随机矩阵。

【例 2.10】产生一个在区间[1,10]中均匀分布的 5 阶随机矩阵。

解 在 MATLAB 命令提示符下输入：

```
>> clear
>> a=1;b=10;
>> Y=a+(b-a)*rand(5)
Y=
    7.3852    7.1400    4.4054    9.0979    4.0777
    4.8600    3.7249    8.7401    8.3947    3.6075
    3.7416    5.8751    8.6829    6.8042    4.0707
    2.7069    2.3579    6.3421    8.3618    5.8067
    2.7409    7.2811    5.4690    6.9420    7.5440
```

（4）调用函数 $randn(n)$ 建立均值为 0、方差为 1 的 n 阶正态分布随机矩阵。

【例 2.11】产生一个均值为 0、方差为 1 的 5 阶正态分布随机矩阵。

解 在 MATLAB 命令提示符下输入：

```
>> clear
>> randn(5)
ans=
    0.5377   -1.3077   -1.3499   -0.2050    0.6715
    1.8339   -0.4336    3.0349   -0.1241   -1.2075
   -2.2588    0.3426    0.7254    1.4897    0.7172
    0.8622    3.5784   -0.0631    1.4090    1.6302
    0.3188    2.7694    0.7147    1.4172    0.4889
```

（5）调用函数 $a+sqrt(b)*randn(n)$ 建立均值为 a、方差为 b 的 n 阶正态分布随机矩阵。

【例 2.12】产生一个均值为 1、方差为 0.1 的 5 阶正态分布随机矩阵。

解 在 MATLAB 命令提示符下输入：

```
>> clear
>> 1+sqrt(0.1)*randn(5)
ans=
    1.1700    0.5865    0.5731    0.9352    1.2123
    1.5799    0.8629    1.9597    0.9607    0.6182
    0.2857    1.1083    1.2294    1.4711    1.2268
    1.2726    2.1316    0.9801    1.4456    1.5155
    1.1008    1.8758    1.2260    1.4482    1.1546
```

4．特殊矩阵

（1）魔方矩阵函数 magic()。

魔方矩阵的特点是每行、每列及两条对角线上的元素和都相等。对于 n 阶魔方矩阵，其元素由 1，2，3，…，$n×n$ 共 $n×n$ 个整数组成。函数为 magic()，调用方法为：

Y=magic(n)%生成 $n×n$ 阶魔方矩阵。%后面的文字表示对 MATLAB 命令的注释。以后不再一一说明。

【例 2.13】建立一个 4 阶魔方矩阵。

解 在 MATLAB 命令提示符下输入：

```
>> clear
>> Y=magic(4)
```

```
Y=
    16     2     3    13
     5    11    10     8
     9     7     6    12
     4    14    15     1
```

【例 2.14】将数 100~125 共 25 个数填入一个 5×5 矩阵，使得每行、每列及两条对角线上的元素和都相等。

  解 在 MATLAB 命令提示符下输入：

```
>> clear
>> 100+magic(5)
ans=
    117   124   101   108   115
    123   105   107   114   116
    104   106   113   120   122
    110   112   119   121   103
    111   118   125   102   109
```

（2）范德蒙德矩阵函数 vander()。

范德蒙德（Vandermonde）矩阵的特点是最后一列全为 1，倒数第二列为一个指定的向量，其他各列是其后列与倒数第二列的点积。生成范德蒙德矩阵的函数为 vander()，调用方法为：

  vander(x)%其中 x 为一给定的向量，可以用此向量生成一个范德蒙德矩阵。

【例 2.15】利用向量 *m* 建立一个范得蒙德矩阵。

  解 在 MATLAB 命令提示符下输入：

```
>> m=[2 3 4 5];
>> vander(m)
ans=
     8     4     2     1
    27     9     3     1
    64    16     4     1
   125    25     5     1
```

（3）希尔伯特矩阵函数 hilb(n)。

希尔伯特（Hilbert）矩阵是一种病态矩阵，其元素 $A(i,j)=1/(i+j-1)$，i、j 分别为其行标和列标。即：

```
[1, 1/2, 1/3, …, 1/n]
[1/2, 1/3, 1/4, …, 1/(n+1)]
[1/3, 1/4, 1/5, …, 1/(n+2)]
…
[1/n, 1/(n+1), 1/(n+2), …, 1/(2n-1)]
```

希尔伯特矩阵是一种数学变换矩阵，正定，且高度病态（即任何一个元素发生一点变动，整个矩阵的值和逆矩阵都会发生巨大变化），病态程度和阶数相关。

MATLAB 中生成希尔伯特矩阵的函数是 hilb(n)；求希尔伯特矩阵的逆的函数是 invhilb(n)，其功能是求 n 阶希尔伯特矩阵的逆矩阵。（使用一般方法求逆会因为原始数据的微小扰动而产生不可靠的计算结果）

【例 2.16】生成一个 5 阶的希尔伯特矩阵及逆矩阵。

  解 在 MATLAB 命令提示符下输入：

```
>> clc
>> clear
>> hilb(5)
```

```
  ans=
      1.0000    0.5000    0.3333    0.2500    0.2000
      0.5000    0.3333    0.2500    0.2000    0.1667
      0.3333    0.2500    0.2000    0.1667    0.1429
      0.2500    0.2000    0.1667    0.1429    0.1250
      0.2000    0.1667    0.1429    0.1250    0.1111
  >> Y=invhilb(5)
  Y=
        25      -300      1050     -1400       630
      -300      4800     18900     26880    -12600
      1050    -18900     79380   -117600     56700
     -1400     26880   -117600    179200    -88200
       630    -12600     56700    -88200     44100
```

（4）托普利兹矩阵函数 toeplitz()。

托普利兹（Toeplitz）矩阵的特点是除第一行、第一列外，其他每个元素都与左上角的元素相同。生成托普利兹矩阵的函数为 toeplitz()。调用方法为：

```
A=toeplitz(b,c)%生成一个把b作为第1列、把c作为第一行、其他元素与左上角相邻元素相
等的矩阵
```

【例 2.17】建立一个托普利兹矩阵。

解 在 MATLAB 命令提示符下输入：

```
>> clear
>> b=[8 9 4 5 7];
>> c=[8 2 3 12 15 10];
>> A=toeplitz(b,c)
A=
     8     2     3    12    15    10
     9     8     2     3    12    15
     4     9     8     2     3    12
     5     4     9     8     2     3
     7     5     4     9     8     2
```

（5）线性等分函数 linspace()与对数等分函数 logspace()。

在实际应用中还会遇到 linspace()、logspace()等一些常见的创建矩阵或矩阵操作函数。调用方法为：

```
y=linspace(a,b,n)
y=logspace(a,b,n)
```

linspace()函数用于产生 a、b 之间的 n 点行线性的矢量，其中 a、b、n 分别为起始值、终止值、元素个数。若默认为 n，则默认点数为 100；logspace()函数在（$10^a, 10^b$）之间产生 n 个对数等分向量，n 默认为 50。

【例 2.18】在(0,2π)区间内产生 10 个线性等分点。

```
>> y=linspace(0,2*pi,10)
y=
    0 0.6981 1.3963 2.0944 2.7925 3.4907 4.1888 4.8869 5.5851 6.2832
```

【例 2.19】在[1,100]区间上产生 10 个对数等分点。

```
>>y=logspace(0,2,10)
y=
  1.0000 1.6681 2.7826 4.6416 7.7426 12.9155 21.5443 35.9381 59.9484 100.0000
```

（6）产生 1～n 的整数的无重复的随机排列函数 randperm(n)。

randperm(n)产生 1～n 的整数的无重复的随机排列，利用它可以得到无重复的随机整数，而 rand(1,n)产生 1 行 n 列的 0～1 之内的随机数矩阵，需注意二者的区别。

【例 2.20】生成 1～10 随机整数向量。

```
>> y=randperm(10)
y=
     6   3   7   8   5   1   2   4   9  10
```

（7）产生以 $a,b,c,d,\cdots$ 为对角线元素的矩阵函数 blkdiag($a,b,c,d,\dots$)。

【例 2.21】生成 1,2,3,4 为对角线元素的矩阵。

```
>> out=blkdiag(1,2,3,4)
out=
     1   0   0   0
     0   2   0   0
     0   0   3   0
     0   0   0   4
```

在命令窗口输入 help elmat 命令，可查看创建基本矩阵和特殊矩阵的相关函数，如表 2-1 和表 2-2 所示。

表 2-1　初等矩阵创建函数

命　令	说　　明	命　令	说　　明
zeros	0 数组	linspace	线性间隔向量
ones	1 数组	logspace	对数间隔向量
eye	单位矩阵	freqspace	频率响应的频率间隔
repmat	复制和平铺阵列	meshgrid	用于三维绘图的 X 和 Y 阵列
repelem	复制阵列的元素	accumarray	用累加构造数

表 2-2　特殊矩阵创建函数

命　令	说　　明	命　令	说　　明
compan	伴生矩阵	magic	魔方矩阵
gallery	测试矩阵	pascal	帕斯卡矩阵
hadamard	阿达玛矩阵	rosser	经典对称特征值检验问题
hankel	汉克尔矩阵	toeplitz	托普利兹矩阵
hilb	希尔伯特矩阵	vander	范德蒙德矩阵
invhilb	逆希尔伯特矩阵	wilkinson	威尔金森特征值检验矩阵

2.1.3　用冒号表达式建立矩阵

利用冒号表达式建立矩阵时，只需要把冒号表达式加中括号就可以了。需要注意的是，用冒号表达式建立矩阵一定要每行的元素个数相等。冒号表达式格式为：

```
a1:a2:a3      %a1 是起始数据，a2 是步长，a3 是终止数据。若 a2 省略不写，则默认步长为 1
```

【例 2.22】用冒号表达式建立矩阵。

解　在 MATLAB 命令提示符下输入：

```
>> clear
>> Y=1:1:6                %利用冒号表达式建立数据
Y=
     1   2   3   4   5
>> Y=[1:4;5:8]            %利用冒号表达式建立矩阵
Y=
     1   2   3   4
     5   6   7   8
```

```
>> Y=[1:4;5:9]              %报错显示无法建立矩阵
??? Error using==>vertcat
All rows in the bracketed expression must have the same
number of columns.
```

2.1.4　创建复合矩阵

复合矩阵可由中括号中的小矩阵建立，[*A*,*B*]表示按列存储矩阵，即将 *B* 矩阵接到 *A* 矩阵的列后面。[*A*;*B*]表示按行存储矩阵，即将 *B* 矩阵接到 *A* 矩阵的行后面。

【例 2.23】生成一个复合矩阵 *Y*，它由小矩阵 *X* 建立。

解　在 MATLAB 命令提示符下输入：

```
>> X=[1 2 3;4 5 6;7 8 9]
>> size(X)                  %size()函数用于求解多维矩阵的各维长度
ans=
     3     3
>> eye(size(X))
ans=
     1     0     0
     0     1     0
     0     0     1
>> ones(size(X))            %ones()函数用于创建全1阵；ones(n)生成n×n全1阵
ans=
     1     1     1
     1     1     1
     1     1     1
>> Y1=[X,eye(size(X))]
Y1=
     1     2     3     1     0     0
     4     5     6     0     1     0
     7     8     9     0     0     1
>> Y2=[Y1; ones(size(X)),X]
Y2=
     1     2     3     1     0     0
     4     5     6     0     1     0
     7     8     9     0     0     1
     1     1     1     1     2     3
     1     1     1     4     5     6
     1     1     1     7     8     9
```

【例 2.24】使用 repmat()函数生成一个复合矩阵。

解　在 MATLAB 命令提示符下输入：

```
>> a=magic(3)
a=
     8     1     6
     3     5     7
     4     9     2
>> b=repmat(a,2,3)
b=
     8     1     6     8     1     6     8     1     6
     3     5     7     3     5     7     3     5     7
     4     9     2     4     9     2     4     9     2
     8     1     6     8     1     6     8     1     6
```

3	5	7	3	5	7	3	5	7
4	9	2	4	9	2	4	9	2

★ 2.2 矩阵元素的操作 ★

矩阵元素的操作主要包括矩阵元素的提取和赋值等操作。其中矩阵元素的提取可以通过矩阵名与矩阵元素的索引值来获取相应位置上的矩阵元素，从本质上讲是对矩阵元素的寻址操作。矩阵元素的赋值可以通过命令或修改工作区的方式来给特定位置上的矩阵元素赋予新的数值。

2.2.1 矩阵元素的提取

在 MATLAB 中是通过矩阵名加圆括号以及圆括号内的索引来获取矩阵元素，可以利用全下标编址和单序号编址两种方式来获取某个特定位置上的矩阵元素。全下标编址是借助元素在矩阵中的行号、列号构成的数对(i,j)唯一定位某个元素在矩阵中的位置，如 $A(3,2)$ 表示矩阵第 3 行第 2 列上的元素。单序号编址是利用单个序号唯一定位某个元素在矩阵中的位置，采用单序号编址方式来获取矩阵元素时，MATLAB 是按列优先的规则来遍历矩阵元素并确定待获取元素位置的，这是因为矩阵元素是按列存储的。单序号与全下标(i,j)是一一对应的，以 $m×n$ 矩阵 A 为例，矩阵元素 $A(i,j)$ 对应的单序号为$(j-1)×m+i$，二者相互转换关系也可利用 sub2ind() 和 ind2sub() 函数求得。MATLAB 获取矩阵元素的具体方法，如表 2-3 所示。

表 2-3 获取矩阵元素的具体方法

获取方法	功　　能	获取方法	功　　能
A(i,j)	获取矩阵 A 的第 i 行第 j 列元素	A(i1:i2,j1:j2)	获取矩阵 A 的第 i1~i2 行、第 j1~j2 列元素
A(:,j)	获取矩阵 A 的第 j 列元素	A([i,j,k;a,b,c])	[i,j,k;a,b,c]构成的位置矩阵获取 A 矩阵指定位置上的元素
A(i,:)	获取矩阵 A 的第 i 行元素	A(i2:-1:i1,:)	逆序获取 A 矩阵第 i1~i2 行元素
A(i)	获取矩阵 A 的第 i 个元素，按列遍历获取元素	A(:,j2:-1:j1)	逆序获取 A 矩阵第 j1~j2 列元素

【例 2.25】生成一个 $5×6$ 矩阵，按照表 2-3 中的方法获取矩阵元素。

```
%生成5×6矩阵
>> a=randperm(30)
a=
    22  6   3   16  11  30  7  28  17  14  8   5  29  21  25
    27  26  19  15  1   23  2  18  24  13  9  20  10  12
>> b=reshape(a,5,6)
b=
    22    30     8    27    23    13
     6     7     5    26     2     9
     3    28    29    19     4    20
    16    17    21    15    18    10
    11    14    25     1    24    12
%全下标编址获取矩阵元素
>> b(3,4)
ans=
    19
```

```
%全下标编址获取矩阵元素，获取某一列所有元素
>> b(:,4)
ans=
    [27  26  19  15  1]'
>> b(:,end)
ans=
    [13  9  20  10  12]'          %说明：MATLAB 中输出实际结果显示为列向量
>> b(1:end,end)
ans=
    [13  9  20  10  12]'
%全下标编址获取矩阵元素，获取某一行所有元素
>> b(3,:)
ans=
    3    28    29    19    4    20
>> b(end,:)
ans=
    11    14    25    1    24    12
>> b(end,1:end)
ans=
    11    14    25    1    24    12
%单序号编址获取矩阵元素，按列遍历和获取元素
>> b(3)
ans=
    3
%获取矩阵 A 第 i1~i2 行、第 j1~j2 列元素
>> b(2:3,5:6)
ans=
    2    9
    4    20
%依据[i,j,k;a,b,c]构成的位置矩阵获取 A 矩阵指定位置上的元素
>> b([5,7,9;1,2,30])
ans=
    11    7    17
    22    6    12
%递序获取 A 矩阵第 i1~i2 行元素
>> b(4:-1:1,:)
ans=
    16    17    21    15    18    10
    3    28    29    19    4    20
    6    7    5    26    2    9
    22    30    8    27    23    13
%递序获取 A 矩阵第 j1~j2 列元素
>> b(:,4:-1:2)
ans=
    27    8    30
    26    5    7
    19    29    28
    15    21    17
    1    25    14
```

2.2.2　矩阵元素的赋值

矩阵元素的赋值也可理解为对矩阵元素的修改或更新。MATLAB 中有两种方法可以对矩阵元素进行赋值：一是通过在工作区中直接修改对应位置上矩阵元素的数值；二是可以通过赋值语句来修改指定元素的数值。

1. 通过工作区给矩阵元素赋值

【例 2.26】生成一个 2×3 矩阵，通过工作区给指定矩阵元素赋值。

```
%生成2×3矩阵
>> a=[1 2 3;4 5 6]
a=
     1     2     3
     4     5     6
```

生成矩阵 **a** 后，在工作区中为矩阵 **a** 分配了对应的空间，如图 2-1 所示，双击矩阵 **a** 可启动矩阵编辑器，如图 2-2 所示。在编辑器中可以直接对指定元素赋新值，再次输出时即可得到矩阵 **a** 的新元素值。

图 2-1　工作区中查看 **a** 矩阵　　　　　　　　　　图 2-2　矩阵编辑器

2. 通过赋值语句给矩阵元素赋值

在 MATLAB 中，用户也可以通过语句来实现对矩阵单个元素的赋值操作。如果赋值语句中指定的元素下标超出矩阵定义的下标范围，矩阵将会自动扩展到赋值语句中指定的下标范围，并为该元素赋新值，而扩展后得到的其余元素默认值为 0。

【例 2.27】生成一个 2×3 矩阵，通过赋值语句给指定矩阵元素赋值。

```
%生成2×3矩阵
>> a=[1 2 3;4 5 6]
%为指定元素a(2,1)赋值
>> a(2,1)=100
a=
     1     2     3
   100     5     6
%为指定元素a(3,2)赋值,但该元素下标超出已定义的矩阵a下标范围
>> a(3,2)=200
a=
     1     2     3
   100     5     6
     0   200     0
```

2.2.3　矩阵元素的删除

在 MATLAB 中，可以用空矩阵[ ]在矩阵中删除指定行或列上的元素。需要注意的是，空赋值只能具有一个非冒号索引。

【例 2.28】生成一个 2×3 矩阵，删除指定位置上的矩阵元素。

```
%生成2×3矩阵
>> a=[1 2 3;4 5 6]
>> a(3,2)=200
```

```
a=
     1     2     3
     4     5     6
     0   200     0
%删除指定位置上（第3行）矩阵元素
>> a(3,:)=[]
a=
     1     2     3
     4     5     6
```

2.3　矩阵的算术运算

矩阵的算术运算包括 + （加）、– （减）、* （乘）、/ （右除）、\ （左除）及^（乘方），使用 MATLAB 可以方便地实现矩阵的算术运算。

2.3.1　加、减运算

两个矩阵进行加、减运算时，两个矩阵必须具有相同的行数和列数。

【例 2.29】两个矩阵相加减。

解　在 MATLAB 命令提示符下输入：

```
>> clear
>> A=[1, 2, 3; 4, 5, 3; 9, 5, 6];
>> B=[12, 11, 10; 8, 7, 5; 1, 5, 2];
>> A+B
ans=
    13    13   13
    12    12    8
    10    10    8
>> A-B
ans=
   -11    -9   -7
    -4    -2   -2
     8     0    4
```

2.3.2　乘法运算

两个矩阵 A、B 进行乘法运算（$A \times B$）时，矩阵 $A (n \times m)$ 的列数必须和矩阵 $B (m \times k)$ 的行数相等，乘法运算后生成一个 $n \times k$ 阶矩阵。

1．两个矩阵相乘

【例 2.30】求两个矩阵 X、Y 相乘后得到的矩阵 Z。

解　在 MATLAB 命令提示符下输入：

```
>> clear
>> X=[1 3 5 7; 2 4 6 8];
>> Y=[1 2 3; 4 5 6; 7 8 9; 5 4 0];
>> Z=X*Y
Z=
    83    85   66
   100   104   84
```

2．矩阵的数乘

【例 2.31】求数乘矩阵 $Y=4X$。

解 在 MATLAB 命令提示符下输入：

```
>> clear
>> X=[1 2 3 4;5 6 7 8];
>> Y=4*X
Y=
    4    8   12   16
   20   24   28   32
```

3. 矩阵的乘方

【例 2.32】求矩阵的乘方 $Y=X^2$。

解 在 MATLAB 命令提示符下输入：

```
>> clear
>> X=[1 2 3;4 5 6;7 8 9];
>> Y=X^2            %注意：区分和对比 Y=X.^2
Y=
    30    36    42
    66    81    96
   102   126   150
```

2.3.3 矩阵相除运算

在 MATLAB 中，矩阵相除分为左除(\)和右除(/)。$X=A\backslash B$ 是方程 $AX=B$ 的解；而 $X=A/B$ 是方程 $XA=B$ 的解。注意左除和右除里面的 A、B 必须具有相应的行和列。

【例 2.33】已知矩阵 A、B，求 $A\backslash B$ 和 A/B 的值。

解 在 MATLAB 命令提示符下输入：

```
>> clear
>> A=[1 2;3 4];
>> B=[5 6;7 8];
>> X=A\B           %矩阵左除，求 A*X=B 的解
X=
   -3   -4
    4    5
>>X=B/A            %矩阵右除，求 X*A=B 的解
X=
   -1.0000   2.0000
   -2.0000   3.0000
```

2.4 矩阵关系与逻辑运算

在 MATLAB 中，关系运算与逻辑运算都是针对元素的操作，运算结果是特殊的逻辑数组。在逻辑分析时，逻辑真用 1 表示，逻辑假用 0 表示，这和 C 语言中逻辑运算法则是一样的。逻辑运算中所有的非零元素作为 1 处理。关系与逻辑运算符有 <、<=、>、>=、==、~=、&、|、~，另外还有一些关系与逻辑运算的函数。

2.4.1 关系运算

关系运算主要包括<、<=、>、>=、==、~=等，这些关系运算符既可以比较两个数组，也可以比较两个同维矩阵，实际上是比较两个数组或矩阵对应的元素，比较结果仍然是一个数组或矩阵。如果两个数组或矩阵的对应元素符合某个关系，则结果矩阵对应的元素为 1，否则值为 0。

【例 2.34】对于给定的矩阵 **A**、**B**，比较二者大小并将比较结果存储在矩阵 **C** 中。

解 在 MATLAB 命令提示符下输入：

```
>> clear
>> A=[1 2;3 4];
>> B=[2 4;1 0];
>> C=(A>B)
C=
  2×2 logical 数组 %对应位置上的元素比较大小，结果是一个同维的矩阵
    0   0
    1   1
```

可以发现，在关系比较时比较的对象（矩阵）的维度要一致，并且比较时取两个矩阵相同位置的元素比较，如果关系成立，比较后返回的矩阵中对应位置元素为逻辑 1；如果不成立，则为逻辑 0。

【例 2.35】对于给定的矩阵 **A**、**B**，判定二者是否相等。

解 在 MATLAB 命令提示符下输入：

```
>> clear
>> A=[1 2 3;3 4 9; 4 6 8];
>> B=[2 2 4;3 6 9; 7 2 8];
>> A==B
ans=
  3×3 logical 数组
    0   1   0
    1   0   1
    0   0   1
```

在 MATLAB 中，=和==是两种不同性质的运算符。=是赋值运算符，其运算法则是将右侧的值赋给左侧的变量；而==是关系运算符，其运算法则遵循的是数学上的关系比较法则。

2.4.2 逻辑运算

在多条件组合判断时，常需要逻辑运算操作，其包括逻辑与（&）、逻辑或（|）、逻辑非（~）三种基本运算符。元素级的逻辑运算符用于对标量或矩阵元素进行逻辑运算，得到一个结果标量或结果矩阵。

假设操作数为 a 和 b，则元素级逻辑运算符包括：

① $a\&b$：与运算，两标量或两元素均非 0 则返回 1，否则返回 0。

② $a|b$：或运算，两标量或者两元素至少有一个是非 0 则返回 1，否则返回 0。

③ $\sim a$：非运算，对矩阵元素取反，若元素为 0 则结果是 1，若元素非 0 则结果为 0。

与、或、非运算都有对应的函数形式：$A\&B$ = and(A,B), $A|B$=or(A,B), $\sim A$=not(A)。注意，如果两个矩阵或者两个数组要进行与、或等逻辑运算，则这两个矩阵或者数组要具有相同的维度。另外，需要说明的是，在逻辑运算中还有一种异或运算，其基本法则是：两标量或两元素均非 0 或均为 0 则返回 0，否则返回 1，在 MATLAB 中使用 xor() 来实现异或运算。

【例 2.36】对于给定的矩阵 **A**、**B**，对其进行与、或、非等逻辑运算并将结果输出。

解 在 MATLAB 命令提示符下输入：

```
>> clear
>> A=[1 2 3 9 6 8];
>> B=[1 1 0 3 6 4];
>> A&B
ans=
```

```
   1×6 logical 数组
   1   1   0   1   1   1
>> A|B
ans=
   1×6 logical 数组
   1   1   1   1   1   1
>> ~B
ans=
   1×6 logical 数组
   0   0   1   0   0   0
>> xor(A,B)
ans=
   1×6 logical 数组
   0   0   1   0   0   0
```

在逻辑运算中，参与运算的元素若为非零则视为 1。

2.4.3　逻辑函数与测试函数

MATLAB 中除了提供上述关系与逻辑运算符外，还提供了一系列的逻辑函数和测试函数，用于判断对象数据特性和测试特殊值或特殊条件的存在情况，并返回逻辑值 0 或 1，常用的逻辑函数如表 2-4 所示。

表 2-4　常用的逻辑函数

逻辑函数	函 数 意 义	逻辑函数	函 数 意 义
all()	判断是否所有元素为非零值	isfinite()	判断对象是否为有限数
any()	判断是否存在一个元素为非零值	isinf()	判断对象是否为无限大
exist()	查看变量或函数是否存在	isnan()	判断对象是否为素数
find()	找出向量或矩阵中非零元素的位置标识	isprime()	判断对象是否为素数
isempty()	判断矩阵是否为空矩阵	isreal()	判断对象是否为实数
isequal()	判断几个对象是否相等	isletter()	判断对象是否为字母
isnumeric()	判断对象是否为数值型	isspace()	判断对象是否为空格

【例 2.37】对于给定的矩阵 A，利用 all()、any() 及 find() 等函数对其进行处理并将结果输出。

解　在 MATLAB 命令提示符下输入：

```
>> clear
>> A=[1 0 2 9 6 8 0 4];
>> all(A)
ans=
   logical              %向量元素不全为非零，返回逻辑值 0
   0
>> A=[1 2 9 6 8 4];
>> all(A)
ans=
   logical              %向量元素全为非零，返回逻辑值 1
   1
>> any(A)
ans=
   logical              %向量存在非零元素，返回逻辑值 1
   1
>> A=zeros(6);
```

```
>> any(A)
ans=
  1×6 logical 数组            %矩阵每列元素均为零，返回逻辑值 0
     0  0  0  0  0  0
>> A=[1 5 0 3  0 2 6];
>> find(A)                    %返回矩阵中非零元素的位置
ans=
     1     2     4     6     7
>> isempty(find(A==7))        %判断向量中是否存在元素 7
ans=
  logical
     1
>> A=[1,2,3;0,2,1;5,0,2];
>> [x,y,v]=find(A)            %输出矩阵非零元素的位置及对应的元素
x=
    [1 3 1 2 1 2 3]'%注意：矩阵元素按列存储
y=
    [1 1 2 2 3 3 3]'
v=
    [1 5 2 2 3 1 2]'
>> A(find(A==2))=[]           %将矩阵 A 中所有元素 2 删除
A=
     1  0  5  0  3  1
```

★ 2.5　矩阵的集合运算 ★

MATLAB 中矩阵的集合运算主要包括集合交集、集合差集、集合异或、集合并等运算，如表 2-5 所示。

表 2-5　矩阵的集合运算

集合运算	功　　能	集合运算	功　　能
intersect	集合交集	setxor	集合异或（不在交集中的元素）
ismember	判定是否集合中元素	union	两个集合的并
setdiff	集合差集	unique	返回向量作为一个集合所有元素（去掉相同元素）

2.5.1　两个集合的交集

在 MATLAB 中计算两个矩阵 *A*、*B* 交集的函数是 intersect()，其功能是返回矩阵 *A*、*B* 的公共部分，即 *C*=*A*∩*B*，*A*、*B* 须为相同列数的矩阵。intersect() 函数调用格式为：

```
C=intersect(A,B)
C=intersect(A,B,'rows')        %将行当作运算单元，返回 A、B 共同拥有的行
[C,ia,ib]=intersect(A,B)       %C 为 A、B 的公共元素
                               %ia 表示公共元素在 a 中的位置
                               %ib 表示公共元素在 b 中的位置
```

【例 2.38】计算矩阵 *A*、*B* 的交集。

```
>> A=[1 5 3 2 6];
>> B=[1 2 3 4 6 10 20];
>> C=intersect(A,B)
C=
     1     2     3     6
```

```
%计算交集，并返回交集元素在原集合的下标
>> [C,i,j]=intersect(A,B)
C=
    1    2    3    6
i=
    1    4    3    5
j=
    1    2    3    5
```

【例 2.39】以行为单位计算矩阵 *A*、*B* 的交集。

```
>> A=[1 2 4;1 2 3;2 4 6;2 4 8;5 1 2;2 5 6];
>> B=[1 2 3;2 5 6;3 1 2;5 4 4];
>> [C,ia,ib]=intersect(A,B,'row')
C=
    1    2    3
    2    5    6
ia=
    2    6
ib=
    1    2
```

【例 2.40】计算字符矩阵 *A* 和元胞数组 *B* 的交集。

```
>> A=['bill';'gate';'debg';'rise']; %字符矩阵
>> B={'gate','debg'};              %元胞数组
>> [class(A);class(B)]
ans=
  2×4 char 数组
    'char'
    'cell'
>> C=intersect(A,B)
C=
  2×1 cell 数组 %结果为元胞数组
    {'debg'}
    {'gate'}
```

2.5.2　检测集合中的元素

MATLAB 中 ismember()函数的功能是判断矩阵 *A* 中的元素是否为矩阵 *B* 的成员，是则返回 1，否则返回 0，且返回值矩阵大小与矩阵 *A* 大小相同，其调用格式为：

```
ismember(A,B)
ismember(A,B,'rows')
[ia,ib]=ismember(A,B)
```

【例 2.41】判断矩阵 *A* 中的元素在矩阵 *B* 中的存在情况。

```
>> A=[1 2 3 5];
>> B=[1 3 4  6 7 8 9 12];
>> K=ismember(A,B)
K=
  1×4 logical 数组
    1    0    1    0
>> [ia,ib]=ismember(A,B)
ia=
  1×4 logical 数组
    1    0    1    0          %判定矩阵 A 中的元素在矩阵 B 中的存在情况
ib=
    1    0    2    0          %返回矩阵 A 中的元素存在于 B 矩阵的位置（索引）
```

【例 2.42】判断二维矩阵 *A* 中的元素在矩阵 *B* 中的存在情况。

```
>> A=[3 4;5 7];
>> B=[1 2 3 4;6 6 7 8;9 10 11 12];
>> K=ismember(A,B)
K=
  2×2 logical 数组        %判定结果矩阵的大小与矩阵 A 的大小相同
    1   1
    0   1
```

【例 2.43】判断矩阵 A 与矩阵 B 是否有相同的行。

```
>> A=[1 2 3 4;1 2 4 6;6 7 1 4];
>> B=[1 2 3 8;1 1 4 6;6 7 1 4];
>> k=ismember(A,B,'rows')    %以行为单位判定矩阵 A 与矩阵 B 的相同情况
k=
  3×1 logical 数组
    0   0   1              %1 表示元素相同的行
```

一些特殊的情况在学习时需加以注意：如果第一个矩阵中的某些值在第二个矩阵有多个相同的存在，或者是第一个矩阵有多个相同的值在第二个矩阵中有一个或多个相同存在，那么返回的就是在第二个矩阵该值首次出现的位置（索引）。

【例 2.44】判断矩阵 A 中的元素在矩阵 B 中存在情况。

```
>> A=[2 4 2 8 10];
>> B=[1 2 3 4 5];
>> [lia,lib]=ismember(A,B)
lia=
  1×5 logical 数组
    1   1   1   0   0
lib=
    2   4   2   0   0
```

矩阵 A 中有三个元素与矩阵 B 中的一个元素相同，即第一个元素 2、第二个元素 4、第三个元素 2 与矩阵 B 中的第二个元素相同，在返回矩阵 A 第一个元素、第三个元素在矩阵 B 中的位置（lib）时，以矩阵 A 中的 2 这个元素在 B 矩阵中首次出现的位置为返回值。

【例 2.45】若矩阵 A 中的多个元素与矩阵 B 中的若干元素相同，返回其判定结果。

```
>> A=[2 4 2 8 10];
>> B=[1 2 3 2 2];             %矩阵 A 中的两个元素与矩阵 B 中的三个元素相同
>> [lia,lib]=ismember(A,B)
lia=
  1×5 logical 数组
    1   0   1   0   0
lib=
    2   0   2   0   0
```

2.5.3 两集合的差

MATLAB 中利用 setdiff() 函数来计算两个矩阵集合的差，具体调用格式如下：

```
C=setdiff(A,B)          %返回属于 A 但不属于 B 的不同元素的集合，C=A-B
C=setdiff(A,B,'rows')   %返回属于 A 但不属于 B 的不同行
[C,i]=setdiff(…)        %C 与前面一致，i 表示 C 中元素在 A 中的位置
```

对于矩阵 A、矩阵 B，C=setdiff(A,B) 函数返回在矩阵 A 中却不在矩阵 B 中的元素，C 中不包含重复元素，并且从小到大排序。[C,i]=setdiff(A,B) 返回值 C 与前者相同，i 是 C 中元素在矩阵 A 中的下标（索引）。如果 A 中存在重复元素，并且该元素不在 B 中，就返回重复元素首次出现的下标。

【例 2.46】计算矩阵 A、B 的集合差。

```
>> A=[1 7 9 6 20];
>> B=[1 2 3 4 6 10 20];
>> c=setdiff(A,B)
c=
    7   9
```

【例 2.47】计算矩阵 **A**、**B** 的集合差，并返回对应的索引值。

```
>> A=[1 2 3 4;1 2 4 6;6 7 1 4];
>> B=[1 2 3 8;1 1 4 6;6 7 1 4];
>> [c,i]=setdiff(A,B,'rows')
c=
    1   2   3   4
    1   2   4   6
i=
    1   2
```

2.5.4 两个集合交集的非（异或）

两个集合交集的非（异或）用 setxor()函数实现，其功能是返回两个集合的异或，具体调用格式如下：

```
C=setxor(A,B)
%返回集合 A、B 交集的非，即属于 A 但不属于 B 的元素和属于 B 但不属于 A 的元素
C=setxor(A,B,'rows')
% A 与 B 是列数相同的矩阵，返回 A、B 的非公共行
[C,ia,ib]=setxor(…)
% ia 返回 C 中元素在 A 中的位置索引，ib 返回 C 中元素在 B 中的位置索引
```

【例 2.48】用 setxor()函数计算矩阵 **A**、**B** 以及 **X**、**Y** 的集合异或。

```
>> A=[1  2   3   4];
>> B=[2  4   5   8];
>> C=setxor(A,B)
C=
    1   3   5   8  %返回的是属于 A 但不属于 B 的元素和属于 B 但不属于 A 的元素
>> X=[1 2 3 4;1 2 4 6;6 7 1 4];
>> Y=[1 2 3 8;1 1 4 6;6 7 1 4];
>> [Z,ia,ib]=setxor(X,Y,'rows')   %返回 A、B 的非公共行
Z=
    1   1   4   6
    1   2   3   4
    1   2   3   8
    1   2   4   6
ia=
    1   2
ib=
    2   1
```

2.5.5 两集合的并集

MATLAB 中计算两个集合并的运算用 union()函数，其功能是返回参与运算集合的并集，调用格式如下：

```
C=union(A,B)            %返回 A、B 的并集，即 C = A∪B
C=union(A,B,'rows')     %返回由 A、B 不同行向量构成的矩阵，其中相同行向量只取其一
[C,ia,ib]=union(…)      %ia、ib 分别表示 C 中行向量在原矩阵(向量)中的位置
```

【例 2.49】用 union 函数计算矩阵 **A**、**B** 的集合并集。

```
>> A=[1 2 3; 4 5 6;7 8 9];
>> B=[1 2 3;2 4 6; 3 5 8;5 6 6];
```

```
>> C=union(A,B)'          %C 是由 A、B 矩阵元素构成的并集，重复元素只出现一次
C=
    1    2    3    4    5    6    7    8    9
>> [C,ia,ib]=union(A,B,'row')%C 由 A、B 的行向量构成，重复向量只出现一次
C=
    1    2    3
    2    4    6
    3    5    8
    4    5    6
    5    6    6
    7    8    9
ia=
    1    2    3
ib=
    2    3    4
```

2.5.6　取集合的单值元素

取集合的单值元素或去掉矩阵中重复的元素可以用 unique()函数实现，其功能是返回与指定集合中一样但不重复的元素，产生的结果向量默认按升序排序，若不需要自动排序，则可在调用 unique()函数时用'stable'参数予以标识。unique()函数调用格式如下：

```
B=unique(A)              %获取集合 A 的不重复元素构成的向量
B=unique(A,'rows')       %获取矩阵 A 的不同行向量构成的矩阵
[B,i,j]=unique(A)        %i 体现矩阵 B 中的元素在矩阵 A 中首次出现的位置
                         %j 体现矩阵 B 中的元素在矩阵 A 中的位置
```

【例 2.50】用 unique()函数去掉矩阵 A 中的重复元素、矩阵 X 中的重复向量。

```
>> A=[1,1,2,2,3,3,4,4,5,5];
>> [C,i,j]=unique(A)
C=
    1    2    3    4    5
i=
    1    3    5    7    9
j=
    1    1    2    2    3    3    4    4    5    5
>> X=[1 2 3 4;1 2 4 6;1 2 4 6]
X=
    1    2    3    4
    1    2    4    6
    1    2    4    6
>> [Y,i,j]=unique(X,'rows')
Y=
    1    2    3    4
    1    2    4    6
i=
    1    2
j=
    1    2    2
```

2.6　空间解析几何运算

空间解析几何是应用代数方法研究平面与空间直线、常见曲面等几何对象的基本性质。MATLAB 提供了空间向量与解析几何运算的函数，能够直观地绘制空间图形和进行空间几何计算。

2.6.1 向量运算

客观世界中如位移、速度、加速度、力、力矩等物理量不仅具有大小而且具有方向，此类量称为向量或矢量。向量的运算主要包括向量的加减、向量模与两点间距离、向量夹角、向量积与数量积、向量混合积以及正交规范化等。

1. 向量的模

在 MATLAB 中，norm()函数可以用来求一个矢量（向量）的模，但需要注意的是，norm()函数只能处理数值型的向量而不能处理符号型向量。其调用格式如下：

```
norm(A,p)        %返回向量 A 的 p 范数，即返回 sum(abs(A).^p)^(1/p),1<p<+∞
norm(A)          %返回向量 A 的 2 范数，即等价于 norm(A,2)
norm(A,inf)      %返回 max(abs(A))
norm(A,-inf)     %返回 min(abs(A))
```

【例 2.51】利用 norm()函数计算向量的模。

解 在 MATLAB 命令提示符下输入：

```
>> a=[2 4 -4];
>> norm(a,1)  %对于向量而言，1 范数就是求其各元素绝对值之和
ans=
    10
>> norm(a,2)  %对于向量而言，2 范数就是其各元素平方和的开平方
ans=
    6
```

2. 向量内积、向量积与混合积

向量内积是将向量对应元素相乘然后求和，即 $\sum (a_i \times b_i)$。MATLAB 中使用 dot()函数计算向量的内积，也可使用 $a'*b$ 或 $a*b'$ 方法来计算向量内积。设有 n 维向量为

$$\boldsymbol{x} = \begin{pmatrix} x_1 \\ x_2 \\ \vdots \\ x_n \end{pmatrix}, \quad \boldsymbol{y} = \begin{pmatrix} y_1 \\ y_2 \\ \vdots \\ y_n \end{pmatrix}$$

则 x 与 y 的内积为 $x_1y_1+x_2y_2+\cdots+x_ny_n$，调用函数 $dot(x,y)$ 可以实现向量的内积运算。

也就是说，对于两个向量 $\boldsymbol{A}$、$\boldsymbol{B}$，欲得到它们对应的元素的积的和，既可以使用 $y=\sum (a_i \times b_i)$ 方法计算，也可以用 dot()函数来计算。需要注意的是，在 MATLAB 中用 $y=a'*b$、$y=a*b'$ 或 sum($a.*b$)计算向量内积时，要保证乘号前是行向量，乘号后是列向量。函数 dot()的调用格式为：

```
C=dot(A,B)        %若 A、B 为向量，则返回向量 A 与 B 的点积，A 与 B 长度相同；
                  %若为矩阵，则 A 与 B 有相同的维数
C=dot(A,B,dim)    %在 dim 维数中给出 A 与 B 的点积
```

【例 2.52】已知 $\boldsymbol{a} = \begin{pmatrix} 1 \\ 1 \\ 1 \end{pmatrix}$ 和 $\boldsymbol{b} = \begin{pmatrix} 1 \\ 0 \\ 1 \end{pmatrix}$，求 $\boldsymbol{a}$，$\boldsymbol{b}$ 的内积。

解 在 MATLAB 命令提示符下输入：

```
>> clear
>> a=[1 1 1];
>> b=[1 0 1];
>> c=dot(a,b)
```

```
c=
    2
```

【例 2.53】 计算向量 **X**、**Y** 的点积。

解　在 MATLAB 命令提示符下输入：

```
>> X=[-1  0  2];
>> Y=[-2  -1  1];
>> sum(X.*Y)          %第 1 种计算方法
ans=
    4
>> Z=dot(X,Y)         %第 2 种计算方法
Z=
    4
```

在数学上，两向量的叉乘即 $C=A\times B$，是一个过两相交向量的交点且垂直于两向量所在平面的向量，若 $c=a\times b$，则 $|c|=|a||b|\cdot\sin\theta$，$c$ 的方向遵守右手定则。在 MATLAB 中，用函数 cross() 来实现两个向量的叉乘。其调用格式如下：

```
C=cross(A,B)          %若 A、B 为向量，则返回 A 与 B 的叉乘
C=cross(A,B,dim)      %在 dim 维数中给出向量 A 与 B 的叉积
```

向量内积与向量叉积在计算法则、几何意义与计算结果等方面均存在不同，具体如表 2-6 所示。

表 2-6　向量内积与向量叉积的区别

对比项目名称	向　量　内　积	向　量　叉　积
运算法则	$a\cdot b=|a||b|\cos\theta$	$a\times b=c$，其中 $|c|=|a||b|\cdot\sin\theta$，$c$ 的方向遵守右手定则
几何意义	向量 a 在向量 b 方向上的投影与向量 b 的模的乘积	c 是垂直 a、b 所在平面，且以 $|b|\cdot\sin\theta$ 为高、$|a|$ 为底的平行四边形的面积
计算结果	标量	矢量

向量的混合积是向量积和数量积（向量内积）的综合计算，如有 **A**、**B**、**C** 三个向量时，需要先计算两个向量的叉积，然后再计算向量内积，即 dot(cross(**A**,**B**),**C**)，dot() 函数要嵌套在 cross() 函数之外形成向量的混合积。

【例 2.54】 计算向量 $a=(1,2,3)$、$b=(4,5,6)$ 和 $c=(-3,6,-3)$ 的混合积 $a\cdot(b\times c)$。

```
>>a=[1  2  3];
>>b=[4  5  6];
>>c=[-3  6  -3];
>>x=dot(a,cross(b,c))
x=
    54
```

【例 2.55】 根据给定的向量，计算其内积、叉积和混合积。

解　在 MATLAB 命令提示符下输入：

```
>> A=[4 -6 2];
>> B=[1 1 -2];
>> C=[3 -1 6];
>> dot(A,B)              %向量 A，B 内积
ans=
    -6
>> cross(A,B)            %向量 A，B 叉积
ans=
    10    10    10
```

```
>> cross(B,A)                          %向量 B，A 叉积，不等于 cross(A,B)，即不满足交换律
ans=
   -10   -10   -10
>> cross(B,C)
ans=
    4   -12   -4
>> cross(C,B)
ans=
   -4    12    4
>> dot(cross(A,B),C)     % A、B、C 的混合积
ans=
    80
```

3. 向量夹角

在数学上，向量夹角 θ 的计算公式为 $\cos\theta=(ab$ 的内积$)/(|a||b|)$，其中$|a|$、$|b|$为向量 a、b 的模；在 MATLAB 中可以借助 dot()函数和 norm()函数来计算出两个向量夹角的余弦值，即 $\cos\theta=\text{dot}(a,b)/(\text{norm}(a)*\text{norm}(b))$，再利用 acos()函数计算出夹角值。

【例 2.56】根据给定的向量，计算其夹角。

解　在 MATLAB 命令提示符下输入：

```
>> a=[1 1 2];
>> b=[0 1 0];
>> acos(dot(a,b)/(norm(a)*norm(b)))
ans=
   1.1503
>> a=[0 0 1];
>> b=[0 1 0];
>> acos(dot(a,b)/(norm(a)*norm(b)))*180/pi    %夹角转换为角度
ans=
   90                                          %a、b 向量垂直
```

【例 2.57】计算向量 X、Y 的叉乘，并验证叉乘结果与向量 X、Y 的关系。

解　在 MATLAB 命令提示符下输入：

```
>> X=[1  2  3];
>> Y=[4  5  6];
>> Z=cross(X,Y)
Z=
   -3    6   -3
>> a=acos(dot(X,Z)/(norm(X)*norm(Z)))*180/pi %计算向量 X 与向量 Z 的夹角
a=
   90
>> b=acos(dot(Y,Z)/(norm(Y)*norm(Z)))*180/pi %计算向量 Y 与向量 Z 的夹角
b=
   90
```

本例中通过计算向量 Z 与向量 X、Y 的夹角可知，叉乘计算可得到垂直于向量(1,2,3)和(4,5,6)的向量 $\pm(-3,6,-3)$。

4. 向量规范正交化

当 $\text{dot}(x,y)=0$ 时，表示两向量正交，在 MATLAB 程序设计中可以调用函数 orth(A)实现把矩阵 A 变换为一组两两正交的单位向量组成的矩阵 B。

【例 2.58】把矩阵 $A=\begin{pmatrix} 1 & 2 & 1 \\ 1 & 1 & 0 \\ 1 & 2 & 4 \end{pmatrix}$ 规范正交化。

解　在 MATLAB 命令提示符下输入：

```
>> clear
>> A=[1 2 1;1 1 0;1 2 4];
>> B=orth(A)
B=
    -0.4273    -0.6396    -0.6390
    -0.1653    -0.6396     0.7507
    -0.8889     0.4264     0.1675
>> B'*B
ans=
    1.0000    -0.0000     0.0000
   -0.0000     1.0000    -0.0000
    0.0000    -0.0000     1.0000
```

B=orth(A)返回矩阵 A 的正交基，B 列与 A 列具有相同空间，B 列向量正交向量满足 $B'*B$ = eye(rank(A))，而 B 的列数是 A 的秩。

2.6.2　空间距离计算

空间距离计算包括点到点距离、点到线距离、点到面距离、直线间距离以及直线到平面的距离等。其中点到点、点到线、点到面距离是空间距离的最基本形式，直线间距离和直线到平面距离可以转化为这三种基本形式来进行计算。

1. 点到点的距离

空间上点 $X(x_1,y_1,z_1)$ 到点 $Y(x_2,y_2,z_2)$ 之间的距离 d 可表示为

$$d = \sqrt{(x_2 - x_1)^2 + (y_2 - y_1)^2 + (z_2 - z_1)^2}$$

【例 2.59】$M_1(1,2,3)$ 和 $M_2(0,1,0)$ 是几何空间上的两个点，计算其距离。

解　在 MATLAB 命令提示符下输入：

```
>> M1=[1,2,3];
>> M2=[0,1,0];
>> d=norm(M1-M2)
d=
    3.3166
```

2. 点到线的距离

设 $M_1(x_1,y_1,z_1)$ 是几何空间上的点，L: $\dfrac{x - x_0}{l} = \dfrac{y - y_0}{m} = \dfrac{z - z_0}{n}$ 是几何空间上的直线，其中 $M_0(x_0,y_0,z_0)$ 是直线 L 经过的点，方向向量为 $V=[l,m,n]$，如图 2-3 所示，则点 M_1 到直线 L 的距离 d 可表示为

$$d = \frac{\left|\overrightarrow{M_0M_1} \times V\right|}{|V|}$$

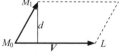

图 2-3　空间点到直线距离示意图

【例 2.60】计算点 $M_1(1,2,3)$ 到直线 L: $\dfrac{x - 1}{2} = \dfrac{y + 2}{-1} = \dfrac{z - 2}{3}$ 的距离 d。

解　在 MATLAB 命令提示符下输入：

```
>> m0=[-1,2,-2];
>> m1=[1,2,3];
>> v=[2,-1,3];
>> d=norm(cross(m1-m0,v))/norm(v)
d=
    1.7928
```

3．点到面的距离

设点 $M_1(x_1, y_1, z_1)$ 是几何空间上的点，π：$Ax + By + Cz + D = 0$ 是几何空间平面，则点 M_1 到平面 π 的距离 d 可表示为

$$d = \frac{\left| \boldsymbol{n} \cdot \overline{M_0 M_1} \right|}{|\boldsymbol{n}|}$$

其中，$\boldsymbol{n} = \{A, B, C\}$ 为平面 π 的法向量；M_0 是平面上任一点。

【例 2.61】 计算点 $M_1(8, 3, -4)$ 到平面 π：$2x - 2y + z - 3 = 0$ 的距离。

解 在 MATLAB 命令提示符下输入：

```
>> m0=[1 1 3];        % m0 为平面 π 上任意一个点
>> m1=[8 3 -4];
>> n=[2 -2 1];
>> d=abs(dot(n,m1-m0))/norm(n)
d=
    1
```

2.7 矩阵的特殊运算

除对矩阵进行算术运算、集合运算外，在实际应用中还涉及对矩阵对角线元素抽取、三角阵抽取、变维等特殊运算。MATLAB 2019Rb 有丰富的用于矩阵特殊运算的函数或运算符，常用的函数或运算符如表 2-7 所示。本节将介绍常用的矩阵特殊运算的规则和操作方法。

表 2-7 矩阵特殊运算函数或运算符

函数或运算符	功　能	函数或运算符	功　能
cat	串联数组	flip	翻转元素的顺序
reshape	改变阵列形状	rot90	旋转矩阵 90°
diag	对角矩阵与矩阵的对角线	:	规则间隔向量与矩阵索引
blkdiag	对角块连接	find	求非零元素的索引
tril	提取下三角部分	end	最后一个索引
triu	提取上三角部分	sub2ind	多个下标的线性索引
fliplr	左右翻转矩阵	ind2sub	线性索引的多个下标
flipud	向上/向下翻转矩阵	bsxfun	二元单光子展开函数

2.7.1 对角矩阵创建与矩阵对角元素抽取

在线性代数中经常会使用对角矩阵以及矩阵主对角线上的元素进行数值计算或科学仿真，在 MATLAB 中可以使用 diag() 函数来创建对角矩阵以及提取现有矩阵主对角线上的元素。

1．利用 diag() 函数创建对角矩阵

对角矩阵（Diagonal Matrix）是一个主对角线之外的元素皆为 0 的矩阵，当主对角线上的元素全为 1 时，则称该类对角矩阵称为单位矩阵。可使用 diag() 函数来创建对角矩阵，其调用格式如下：

```
X=diag(v)         %以 v 为主对角线元素，其余元素为 0 创建对角矩阵 X
X=diag(v,k)       %以向量 v 的元素作为矩阵 X 的第 k 条对角线元素创建矩阵
```

```
%当 k=0 时，v 为 X 的主对角线
%当 k>0 时，v 为上方第 k 条对角线
%当 k<0 时，v 为下方第 k 条对角线
```

【例 2.62】利用向量 v 创建对角矩阵 **X**、**Y**、**Z**。

```
>> v=[1 2 3 4];
>> X=diag(v)
X=
    1    0    0    0
    0    2    0    0
    0    0    3    0
    0    0    0    4
>> Y=diag(v,1)
Y=
    0    1    0    0    0
    0    0    2    0    0
    0    0    0    3    0
    0    0    0    0    4
    0    0    0    0    0
>> Z=diag(v,-1)
Z=
    0    0    0    0    0
    1    0    0    0    0
    0    2    0    0    0
    0    0    3    0    0
    0    0    0    4    0
```

【例 2.63】创建 5×5 矩阵，并将该矩阵第 1 列乘以 1，第 2 列乘以 2，依此类推。

```
>> A=[ 1 2 3 4 5;2 3 4 5 6;3 4 5 6 7;4 5 6 7 8;5 6 7 8 9]
A=
    1    2    3    4    5
    2    3    4    5    6
    3    4    5    6    7
    4    5    6    7    8
    5    6    7    8    9
>> X=diag(1:5)    %创建对角矩阵
X=
    1    0    0    0    0
    0    2    0    0    0
    0    0    3    0    0
    0    0    0    4    0
    0    0    0    0    5
>> B=A*X
B=
    1    4    9   16   25
    2    6   12   20   30
    3    8   15   24   35
    4   10   18   28   40
    5   12   21   32   45
```

2. 利用 diag()函数抽取矩阵对角元素

对于给定的既有矩阵，利用 diag()函数可以抽取对角线上的元素，并输出由这些元素组成的向量，调用格式如下：

```
v=diag(X)        %抽取主对角线元素构成向量 v
v=diag(X,k)      %抽取 X 的第 k 条对角线元素构成向量 v
                 %k=0 时，抽取主对角线元素
```

```
                                    %k>0 时,抽取上方第 k 条对角线元素
                                    %k<0 时,抽取下方第 k 条对角线元素
```

【例 2.64】创建 5×5 矩阵,抽取对角线上的元素并存储在 v1、v2、v3 向量中。

```
X=randperm(25)
>> A=reshape(X,5,5)
A=
    19    25     9    10    14
    12     6    18    17    22
    11    23    24     3     2
    16    20    13     8     5
    21     1     4     7    15
>> v1=diag(A)
v1=
    19     6    24     8    15
>> v2=diag(A,1)
v2=
    25    18     3     5
>> v3=diag(A,-2)
v3=
    11    20     4
```

2.7.2　上三角矩阵和下三角矩阵的抽取

由于带三角矩阵的矩阵方程容易求解,在解多元线性方程组时,总是将其系数矩阵通过初等变换化为三角矩阵来求解,且三角矩阵的行列式就是其对角线上元素的乘积,很容易计算,因此,在数值分析领域三角矩阵十分重要。一个所有顺序主子式不为零的可逆矩阵 A 可以通过 LU 分解变成一个单位下三角矩阵 L 与一个上三角矩阵 U 的乘积。在 MATLAB 中分别用 tril()函数和 triu()函数来抽取下三角矩阵和上三角矩阵,其调用格式如下:

```
L=tril(X)          %抽取 X 的主对角线的下三角部分构成矩阵 L
L=tril(X,k)        %抽取 X 的第 k 条对角线的下三角部分
                   %k=0 为主对角线
                   %k>0 主对角线以上
                   %k<0 主对角线以下

U=triu(X)          %抽取 X 的主对角线的上三角部分构成矩阵 U
U=triu(X,k)        %抽取 X 的第 k 条对角线的上三角部分
                   %k=0 为主对角线
                   %k>0 为主对角线以上
                   %k<0 为主对角线以下
```

【例 2.65】利用 tril()和 triu()函数抽取 4×4 方阵的三角矩阵。

```
>> A=ones(4)           %产生 4 阶全 1 阵
A=
     1     1     1     1
     1     1     1     1
     1     1     1     1
     1     1     1     1
>> L=tril(A,1)             %取主对角线上第 1 条对角线的下三角矩阵
L=
     1     1     0     0
     1     1     1     0
     1     1     1     1
     1     1     1     1
>> L=tril(A)              %取主对角线的下三角矩阵
L=
```

```
        1   0   0   0
        1   1   0   0
        1   1   1   0
        1   1   1   1
>> U=triu(A,-1)        %取主对角线下第1条对角线的上三角矩阵
U=
        1   1   1   1
        1   1   1   1
        0   1   1   1
        0   0   1   1
```

2.7.3　矩阵的变维

在 MATLAB 中，矩阵的变维有两种方法，即 ":" 和函数 reshape()，前者主要针对两个已知维数矩阵之间的变维操作，而后者是对于一个矩阵的操作。不论采用哪种变维方法，都应保证变维前后矩阵元素个数相同，否则将报错。需要注意的是，由于矩阵的元素是按列存储的，在变维操作时对矩阵元素是按列的顺序进行读取和转换的，并且变维操作不改变矩阵的存储结构。

1. ":" 变维

【例 2.66】将 2×6 的矩阵 A 变换为 3×4 矩阵。

```
>> A=[1 2 3 4 5 6;6 7 8 9 0 1]
A=
        1   2   3   4   5   6
        6   7   8   9   0   1
>> B=ones(3,4)
B=
        1   1   1   1
        1   1   1   1
        1   1   1   1
>> B(:)=A(:)
B=
        1   7   4   0     %按列读取和转换矩阵元素
        6   3   9   6
        2   8   5   1
```

2. reshape() 函数变维

在矩阵元素个数保持不变的前提下，reshape() 函数将原矩阵转换为指定维数的新矩阵，其遵循按列逐个读取和转换的规则对原矩阵元素进行分布重组，调用格式如下：

```
B=reshape(A,m,n)          %返回以矩阵A的元素构成的m×n矩阵B
B=reshape(A,m,n,p,…)      %将矩阵A变维为m×n×p×…
B=reshape(A,[m n p…])     %同上
B=reshape(A,size)         %由size决定变维的大小，元素个数与A中元素个数相同
```

【例 2.67】利用 reshape() 函数将 3×4 的矩阵 A 变换为 2×6 的矩阵 B。

```
>> A=[1 4 7 10 ;2 5 8 11; 3 6 9 12 ]
A=
        1    4    7   10
        2    5    8   11
        3    6    9   12
>> B=reshape(A,2,6)
B=
        1    3    5    7    9   11
        2    4    6    8   10   12
```

```
>> B=reshape(A,2,[])%可用[]代替其中一个维度,该维度由系统计算确定,但最多只能有一
个维度是用[]代替
B=
   1   3   5   7   9   11
   2   4   6   8   10  12
```

【例 2.68】利用 reshape()函数将 2×2 的矩阵 A 转换为 1×4 的矩阵 B,并分析转换结果。

```
>> A=[1 2;3 4]
A=
   1   2
   3   4
>> B=reshape(A,1,4)
B=
   1   3   2   4
>> B=reshape(A',1,4)      %对比分析可见,reshape()函数是按列读取和转换矩阵元素的
B=
   1   2   3   4
```

2.8 矩阵的线性运算

矩阵的线性运算包括矩阵的特征值与特征向量的求法、二次型、秩和线性相关性等。MATLAB 为矩阵的线性运算提供了大量的运算函数,通过调用这些函数,可以进行相应的矩阵线性运算。

2.8.1 矩阵的特征值及特征向量

MATLAB 中计算矩阵 A 的特征值和特征向量的函数是 eig(A),有以下三种常用的调用格式:

（1）E=eig(A):求矩阵 A 的全部特征值,构成向量 E。

（2）[V,D]=eig(A):返回两个矩阵 V 和 D,D 的主对角线由 A 的特征值组成,V 的列由 A 的特征向量组成,使得 $AV=VD$。

（3）[V,D]=eig(A,'nobalance'):与第（2）种格式类似,但第（2）种格式中是对 A 进行相似变换后求矩阵 A 的特征值和特征向量,而格式（3）直接求矩阵 A 的特征值和特征向量,其精确度要比第（2）种格式高。

【例 2.69】求矩阵 $Y = \begin{pmatrix} -1 & 1 & 3 \\ 1 & 2 & 3 \\ 2 & 5 & 6 \end{pmatrix}$ 的特征值。

解 在 MATLAB 命令提示符下输入:

```
>> clear
>> Y=[-1 1 3;1 2 3;2 5 6];
>> E=eig(Y)
E=
    9.0599
   -1.6612
   -0.3987
```

【例 2.70】求矩阵 $Y = \begin{pmatrix} 1 & 2 & 3 \\ 0 & 2 & 0 \\ 4 & 5 & 6 \end{pmatrix}$ 的特征值和特征向量。

解 在 MATLAB 命令提示符下输入:

```
>> clear
>> Y=[1  2  3;0  2  0;4  5  6];
>> [V,D]=eig(Y)
V=
   -0.8610   -0.4050   -0.3215
         0         0    0.7349
    0.5086   -0.9143   -0.5971
D=
   -0.7720         0         0
         0    7.7720         0
         0         0    2.0000
```

2.8.2　矩阵的二次型

n 个变量 $x_1, x_2, \cdots, x_n$ 的二次齐次函数 $f(x_1, x_2, \cdots, x_n) = \sum\limits_{i=1}^{n}\sum\limits_{j=1}^{n} a_{ij} x_i y_j$，其中 $a_{ij} = a_{ji}$（i, j=1, 2, $\cdots$, n），称为 n 元二次型，简称二次型。若令 $\boldsymbol{x} = [x_1, x_2, \cdots, x_n]'$，$\boldsymbol{A} = [a_{11}, a_{12}, \cdots, a_{1n};$ $a_{21}, a_{22}, \cdots, a_{2n}; a_{n1}, a_{n2}, \cdots, a_{nn}]$，则二次型 f 可改写为矩阵向量形式 $f = \boldsymbol{x}^{\mathrm{T}} \boldsymbol{A} \boldsymbol{x}$。其中 $\boldsymbol{A}$ 称为二次型矩阵。任一实二次型 f 都可合同变换为规范型 $f = z_1^2 + z_2^2 + \cdots + z_p^2 - z_{p+1}^2 - \cdots - z_r^2$。

【例 2.71】求一个正交变换 $\boldsymbol{X} = \boldsymbol{P} \boldsymbol{Y}$，把二次型 $f(x_1, x_2, x_3) = 4x_2^2 - 3x_3^2 + 4x_1 x_2 - 4x_1 x_3 + 8x_2 x_3$ 化成标准形。

解　在 MATLAB 命令提示符下输入：

```
>>clear
>> A=[0 2 -2;2 4 4;-2 4 -3]
A=
     0     2    -2
     2     4     4
    -2     4    -3
>> [P,D]=eig(A)
P=
    0.4082    0.8944   -0.1826
   -0.4082   -0.0000   -0.9129
    0.8165   -0.4472   -0.3651
D=
   -6.0000         0         0
         0    1.0000         0
         0         0    6.0000
>> syms y1 y2  y3   %声明变量
>> y=[y1;y2;y3];
>> X=vpa(P,2)*y    %vpa 表示可变精度计算，这里取 2 位精度
>> f=[y1 y2 y3 ]*D*y
f=
    -6*y1^2+y2^2+6*y3^2
```

即 $f = -6y_1^2 + y_2^2 + 6y_3^2$。

2.8.3　矩阵的秩

1. 矩阵和向量组的秩

矩阵 $\boldsymbol{A}$ 的秩指的是矩阵 $\boldsymbol{A}$ 中非零子式最高阶的阶数，记为 $r(\boldsymbol{A})$；MATLAB 通过调用函数 rank() 可以求矩阵的秩，调用格式如下：

```
k=rank(A)
```
返回矩阵 *A* 的行（或列）向量中线性无关个数。
```
k=rank(A,tol)
```
tol 为给定误差。

【例 2.72】求下面矩阵 *Z* 的秩。

$$Z = \begin{pmatrix} 2 & 2 & -1 & 1 \\ 4 & 3 & -1 & 2 \\ 8 & 5 & -3 & 4 \\ 3 & 3 & -2 & 2 \end{pmatrix}$$

解　在 MATLAB 命令提示符下输入：
```
>> clear
>> Z=[2,2,-1,1;4,3,-1,2;8,5,-3,4;3,3,-2,2]
Z=
    2    2   -1    1
    4    3   -1    2
    8    5   -3    4
    3    3   -2    2
>> r=rank(Z)
r=
    4
>> r=rank(Z,0.01)
r=
    4
>> r=rank(Z,0.0001)
r=
    4
```
这里说明 *Z* 是一个满秩矩阵。

2．矩阵和向量组的相关性

【例 2.73】求向量组 $a_1 = (\begin{matrix} 1 & 2 & 1 & 3 \end{matrix})$，$a_2 = (\begin{matrix} 4 & -1 & -5 & -6 \end{matrix})$，$a_3 = (\begin{matrix} -1 & -3 & -4 & -7 \end{matrix})$，$a_4 = (\begin{matrix} 2 & 1 & 2 & 0 \end{matrix})$ 的秩，并判断其线性相关性。

解　在 MATLAB 命令提示符下输入：
```
>> clear
>> Z=[1 2 1 3;4 -1 -5 -6;-1 -3 -4 -7;2 1 2 0];
>> k=rank(Z)
k=
    4
```
由于秩为 4 等于向量个数，因此该向量组线性无关。

2.8.4　矩阵的线性变换

在线性代数中，常把矩阵通过行变换化为行最简形，即非零行向量的第一个元素为 1，且包含这些元素的列的其他元素都为 0。利用矩阵的行最简形，可以求出矩阵的秩、矩阵的逆、向量的最大无关组。在 MATLAB 中调用函数 rref() 就可以把矩阵化为行最简形，其格式为：
```
R=rref(A)
```
给出矩阵的行最简形。
```
[R,jb]=rref(A)
```
jb 是一个向量，r=length(jb) 是矩阵 *A* 的秩，A(:,jb) 为矩阵的列向量基，jb 表示列向量基的所在列数。

【例 2.74】将矩阵 $\begin{pmatrix} 1 & 2 & 1 \\ 1 & 3 & 1 \\ 2 & 3 & 4 \end{pmatrix}$ 化为行最简形。

解　在 MATLAB 命令提示符下输入：

```
>> clear
>> A=[1 2 1;1 3 1;2 3 4];
>> B=rref(A)
B=
    1    0    0
    0    1    0
    0    0    1
>> [R,jb]=rref(A)
R=
    1    0    0
    0    1    0
    0    0    1
jb=
    1    2    3
```

2.9　矩阵分析

矩阵分析主要包括矩阵结构的变换，如矩阵的转置、旋转、左右翻转、上下翻转，矩阵的逆与伪逆运算；方阵的行列式的运算等；矩阵的初等变换，利用 MATLAB 可以方便快捷地进行上述运算。

2.9.1　矩阵结构变换

1．矩阵的转置

矩阵转置为矩阵的行列互换操作，MATLAB 中矩阵转置的运算符是 "'"。

【例 2.75】求矩阵 A 的转置。

解　在 MATLAB 命令提示符下输入：

```
>> clear
>> A=[1 2 3;4 5 6]
A=
    1    2    3
    4    5    6
>> A=[1 2 3;4 5 6]'
A=
    1    4
    2    5
    3    6
```

2．矩阵的旋转

矩阵的旋转是利用函数 rot90(A,k)，功能是将矩阵 A 按照逆时针方向旋转 90° 的 k 倍，当 k 为 1 时可省略。

【例 2.76】求矩阵 B 的旋转。

解　在 MATLAB 命令提示符下输入：

```
>> clear
```

```
>> A=[1 2 3;4 5 6]'
A=
    1    4
    2    5
    3    6
>> B=rot90(A,1)
B=
    4    5    6
    1    2    3
>> B=rot90(A,2)
B=
    6    3
    5    2
    4    1
```

3. 矩阵的左右翻转

通过调用函数 fliplr(*A*)可以实现矩阵的左右翻转。

【例 2.77】求矩阵 *A* 的左右翻转。

解　在 MATLAB 命令提示符下输入：

```
>> clear
>> A=[1 2 3;4 5 6]'
A=
    1    4
    2    5
    3    6
>> fliplr(A)
ans=
    4    1
    5    2
    6    3
```

4. 矩阵的上下翻转

通过调用函数 flipud(*A*)可以实现矩阵的上下翻转。

【例 2.78】求矩阵 *A* 的上下翻转。

解　在 MATLAB 命令提示符下输入：

```
>> clear
>> A=[1 2 3;4 5 6]'
>> flipud(A)
ans=
    3    6
    2    5
    1    4
```

2.9.2　矩阵的逆矩阵与广义逆矩阵

1. 矩阵的逆矩阵

通过调用函数 inv(*A*)可以求矩阵 *A* 的逆。

【例 2.79】用求逆矩阵的方法解线性方程组 $\begin{cases} x_1 + 2x_2 + 3x_3 = 5 \\ x_1 + 4x_2 + 9x_3 = -2 \\ x_1 + 8x_2 + 27x_3 = 6 \end{cases}$。

解 在 MATLAB 命令提示符下输入：

```
>> clear
>> A=[1,2,3;1,4,9;1,8,27];
>> b=[5,-2,6]';
>> x=inv(A)*b
x=
    23.0000
   -14.5000
     3.6667
```

一般情况下，用左除比求矩阵的逆的方法更有效，即 $x=A\backslash b$。

2．矩阵的伪逆

当矩阵 A 的行数 m 与列数 n 不等或 $\det(A) = 0$ 时，则不存在逆矩阵。但存在广义逆矩阵 P，它满足 $APA=A$，$PAP=P$，这里称矩阵 P 为矩阵 A 的广义逆矩阵。在 MATLAB 中，调用函数 pinv(A)可以求一个矩阵的伪逆矩阵。

【例 2.80】 求 A 的广义逆矩阵，并将结果存储到 B 中。

解 在 MATLAB 命令提示符下输入：

```
>> clear
>> A=[3,1,1,1;1,3,1,1;1,1,3,1];
>> B=pinv(A)
B=
    0.3929   -0.1071   -0.1071
   -0.1071    0.3929   -0.1071
   -0.1071   -0.1071    0.3929
    0.0357    0.0357    0.0357
```

【例 2.81】 求矩阵 A 的广义逆矩阵。

解 在 MATLAB 命令提示符下输入：

```
>> clear
>> Y=[1,2,3;3,2,1;0,1,2];
>> pinv(Y)
ans=
   -0.0705    0.3013   -0.1282
    0.0641    0.0897    0.0256
    0.1987   -0.1218    0.1795
```

此时矩阵 A 的行列式为 0，不存在逆矩阵。

2.9.3 方阵的行列式

求方阵 A 所对应的行列式的值的函数 det(A)。

【例 2.82】 求方阵 A 的行列式的值。

解 在 MATLAB 命令提示符下输入：

```
>> clear
>> A=magic(4)
A=
    16     2     3    13
     5    11    10     8
     9     7     6    12
     4    14    15     1
>> det(A)
ans=
    5.134e-13
```

【例 2.83】求解线性方程组 $\begin{cases} 2x_1 + 2x_2 - 3x_3 + x_4 = 4 \\ 4x_1 + 3x_2 - x_3 + 2x_4 = 6 \\ 8x_1 + 5x_2 - 3x_3 + 4x_4 = 12 \\ 3x_1 + 3x_2 - 2x_3 + 2x_4 = 6 \end{cases}°$

分析：对于线性方程组 $DX=b$，首先把线性方程组左边定义为系数矩阵 D，方程组的右边定义为常数项向量 b，然后依次用方程组的右边向量 b 置换 D 的第 1 列、第 2 列、第 3 列、第 4 列，求出的各解即为线性方程组的解。

解　在 MATLAB 命令提示符下输入：

```
>> D=[2,2,-1,1;4,3,-1,2;8,5,-3,4;3,3,-2,2]
D=
    2    2   -1    1
    4    3   -1    2
    8    5   -3    4
    3    3   -2    2
>> b=[4;6;12;6];
>> D1=[b,D(:,2:4)];
>> D2=[D(:,1:1),b,D(:,3:4)];
>> D3=[D(:,1:2),b,D(:,4:4)];
>> D4=[D(:,1:3),b];
>> DD=det(D)
DD=
    2
>> x1=det(D1)/DD
x1=
    1
>> x2=det(D2)/DD
x2=
    1
>> x3=det(D3)/DD
x3=
   -1
>> x4=det(D4)/DD
x4=
   -1
>> [x1,x2,x3,x4]
ans=
    1    1   -1   -1
```

2.10 矩阵的分解

矩阵的分解主要包括矩阵的三角分解、矩阵的正交分解、矩阵的根分解。MATLAB 为矩阵的分解提供了简单好用的命令函数，可以快速实现矩阵的分解，大大提高运算速度。

2.10.1 矩阵的三角分解

三角分解又称 LU 分解、Gauss 消去分解，可以将任何方阵表示为一个下三角矩阵 L 和一个上三角矩阵 U 的乘积，即 $A=LU$。MATLAB 中 LU 分解的命令为[L,U]=lu(A)，即将方阵 A 分解为交换下三角矩阵 L 和上三角矩阵 U，使 $A=LU$；[L,U,P]=lu(A)，即将方阵 A 分解为变换形式的下三角矩阵 L 和上三角矩阵 U，使 $PA=LU$。例如，$A*X=b$ 变成 $L*U*X=b$，所以

$X=U\backslash(L\backslash b)$，这样可以大大提高运算速度。

【例 2.84】LU 分解 3 阶幻方矩阵。

解 在 MATLAB 命令提示符下输入：

```
>> clear
>> A=magic(3);
>> [L,U]=lu(A);
L=
    1.0000         0         0
    0.3750    0.5441    1.0000
    0.5000    1.0000         0
U=
    8.0000    1.0000    6.0000
         0    8.5000   -1.0000
         0         0    5.294
```

【例 2.85】求线性方程组 $\begin{cases} 4x_1 + 2x_2 + x_3 = 2 \\ 3x_1 - x_2 + 2x_3 = 10 \\ 11x_1 + 3x_2 = 8 \end{cases}$ 的一个特解。

设线性方程组的系数矩阵为 A，常数项矩阵为 b，则

$$A = \begin{pmatrix} 4 & 2 & 1 \\ 3 & -1 & 2 \\ 11 & 3 & 0 \end{pmatrix}, \quad b = [2,10,8]'$$

解 在 MATLAB 命令提示符下输入：

```
>> clear
>> A=[4 2 1;3 -1 2;11 3 0];
>> B=[2 10 8]';
>> D=det(A)
>> [L,U]=lu(A)
>> X=U\(L\B)
```

运行结果如下：

```
D=
    40
L=
    0.3636   -0.5000    1.0000
    0.2727    1.0000         0
    1.0000         0         0
U=
   11.0000    3.0000         0
         0   -1.8182    2.0000
         0         0    2.0000
X=
    1.4500
   -2.6500
    1.5000
```

2.10.2 矩阵的正交分解

正交分解，即 QR 分解，就是将矩阵分解为一个正交阵或者酉矩阵和一个上三角阵的乘积。其中 R 为上三角阵，Q 为酉矩阵。存在置换矩阵 E，使得 $AE=QR$。对矩阵 A 进行 QR 分解的函数是[Q,R]=qr(A)，根据方阵 A，求一个正交矩阵 Q 和一个上三角矩阵 R，使 $A=QR$。

命令为：

```
[Q,R]=qr(A)
[Q,R,E]=qr(A)
[Q,R]=qr(A,0)
[Q,R,E]=qr(A,0)
```

【例 2.86】对矩阵 $A = \begin{pmatrix} 2 & 1 & -2 \\ 1 & 2 & 1 \\ 2 & 5 & 3 \end{pmatrix}$ 进行 QR 分解。

解 在 MATLAB 命令提示符下输入：

```
>> clear
>> A=[2,1,-2;1,2,1;2,5,3];
>> [Q,R]=qr(A)
Q=
   -0.6667    0.7362    0.1162
   -0.3333   -0.1550   -0.9300
   -0.6667   -0.6587    0.3487
R=
   -3.0000   -4.6667   -1.0000
        0   -2.8674   -3.6037
        0         0   -0.1162
```

2.10.3 矩阵的平方根分解

应用 MATLAB 函数 C=chol(*A*)可以实现矩阵 *A* 的平方根分解。如果矩阵 *A* 是正定矩阵，那么存在唯一的对角线元素为正数的下三角矩阵 *L*，使得 *A*=*L*·*L*′。平方根分解的目的就是找出这个矩阵 *L*。

【例 2.87】用平方根分解法分解矩阵 *A* 和 *a*。

解 在 MATLAB 命令提示符下输入：

```
>> a=[6 3 1; 6 4 2;2 2 2];
>> c=chol(a)
c=
   2.4495    1.2247    0.4082
        0    1.5811    0.9487
        0         0    0.9661
>> c'*c
ans=
   6.0000    3.0000    1.0000
   3.0000    4.0000    2.0000
   1.0000    2.0000    2.0000
 >> A=[1 1 1;1 2 3; 1 3 6]
A=
   1    1    1
   1    2    3
   1    3    6
>> c=chol(A)
c=
   1    1    1
   0    1    2
   0    0    1
>> c'*c
ans=
   1    1    1
```

```
        1    2    3
        1    3    6
```

★ 2.11 稀 疏 矩 阵 ★

稀疏矩阵指的是矩阵中只包含个别非零元素，通常非零元素仅占总元素的约 1%甚至更少。对于那些非零元素很少的大矩阵来说，按照行列进行存储，会造成计算机资源的很大浪费。因此 MATLAB 对稀疏矩阵采取了特殊的处理，但运算规则和满矩阵一样。

2.11.1 稀疏矩阵的创建

1．稀疏矩阵定义

若矩阵中只有很少的非零元素，则这样的矩阵称为稀疏矩阵，其只对非零元素进行操作，这种特性具有节约矩阵存储空间和计算时间的优点，显然，如下面的矩阵 A，若按照稀疏矩阵来处理可以减少存储空间和计算时间。

```
A=[0 0 0 5;
   0 2 0 0;
   1 3 0 0;
   0 0 4 0];
```

2．调用函数创建稀疏矩阵 sparse()

给出一个矩阵 A，我们可以使用 MATLAB 函数 sparse()把它转换成稀疏矩阵，该函数语法为：

```
S=sparse(A)
```

将矩阵 A 转化为稀疏矩阵形式，即由 A 的非零元素和下标构成稀疏矩阵 S，若 A 本身为稀疏矩阵，则返回 A 本身。

【例 2.88】创建一个稀疏矩阵 S。

```
>> clear
>> A=[ 0 0 0 5;
       0 2 0 0;
       1 3 0 0;
       0 0 4 0];
>> S=sparse(A)
S=
   (3,1)    1
   (2,2)    2
   (3,2)    3
   (4,3)    4
   (1,4)    5
```

括号内的坐标是元素在矩阵中位置索引，坐标按照元素值排列。

3．调用函数创建稀疏矩阵 S=sparse(r,c,s,m,n)

函数 sparse()更常用的用法是用来产生稀疏矩阵，具体语法如下：

```
S=sparse(r,c,s,m,n)
```

其中，r 和 c 是我们希望产生的稀疏矩阵的矩阵中非零元素的行和列索引向量，参数 s 是一个向量，它包含索引对(r,c)对应的数值，m 和 n 是结果矩阵的行维数和列维数。例如：

```
>> s=sparse( [3 2 3 4 1],[1 2 2 3 4],[1 2 3 4 5],4,4)
s=
   (3,1)    1
```

```
    (2,2)    2
    (3,2)    3
    (4,3)    4
    (1,4)    5
```

4. 将稀疏矩阵转化为满矩阵 full()

将稀疏矩阵转化为满矩阵的函数为 full()。调用格式如下：

```
A=full(S)
```

其中，S 为稀疏矩阵，A 为满矩阵。

【例 2.89】将稀疏矩阵 S 转化为满矩阵。

解　在 MATLAB 命令提示符下输入：

```
>> clear
>> S=sparse(2:7,2:7,1:6)
S=
    (2,2)    1
    (3,3)    2
    (4,4)    3
    (5,5)    4
    (6,6)    5
    (7,7)    6
>> A=full(S)
A=
    0    0    0    0    0    0    0
    0    1    0    0    0    0    0
    0    0    2    0    0    0    0
    0    0    0    3    0    0    0
    0    0    0    0    4    0    0
    0    0    0    0    0    5    0
    0    0    0    0    0    0    6
```

从中可以看出矩阵 A 的存储空间要远远大于其稀疏矩阵 S 的存储空间。

2.11.2　稀疏矩阵的查看

1. 使用 find()函数查看稀疏矩阵

find()函数可以用来查看所有矩阵，调用格式如下：

```
[i,j,s]=find(A)
```

其中，i、j、s 为返回值，i 为非零元素的行下标向量，j 为非零元素的列下标向量，s 为非零元素值向量。

【例 2.90】使用 find()函数查看稀疏矩阵 A。

解　在 MATLAB 命令提示符下输入：

```
>> clear
>> S=sparse(1:6,11:16,21:26)
S=
    (1,11)    21
    (2,12)    22
    (3,13)    23
    (4,14)    24
    (5,15)    25
    (6,16)    26
>> [i,j,s]=find(S)
```

```
i=                      j=                          s=
    1                       11                          21
    2                       12                          22
    3                       13                          23
    4                       14                          24
    5                       15                          25
    6                       16                          26
```

2. 查看稀疏矩阵非零元素的分布图形

调用函数 spy()可以查看稀疏矩阵中非零元素的分布图形。调用格式如下：

```
spy(S)
```

画出稀疏矩阵 **S** 中非零元素的分布图形。**S** 也可以是满矩阵。

```
spy(S,markersize)
```

markersize 为整数，指定点阵大小。

```
spy(S,'LineSpec')
```

'LineSpec'指定绘图标记和颜色。

```
spy(S,'LineSpec',markersize)
```

参数含义与上面相同。

【例 2.91】画稀疏矩阵 **S** 非零元素的分布图形。

解　在 MATLAB 命令提示符下输入：

```
>> clc
>> clear
>> S=sparse(1:6,11:16,21:26);
>> spy(S,3)
```

运行结果如图 2-4 所示。

【例 2.92】画稀疏矩阵 **A** 非零元素的分布图形。

解　在 MATLAB 命令提示符下输入：

```
>> clc
>> clear
>> load west0479        %调用 MATLAB 数据文件 west0479
>> A=west0479;          %将数据取为系数矩阵 A
>> spy(A)
```

运行结果如图 2-5 所示。

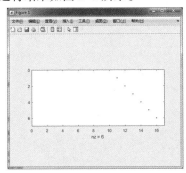

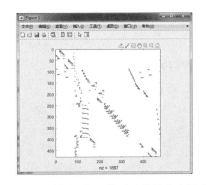

图 2-4　稀疏矩阵 **S** 非零元素的分布图形　　　　图 2-5　稀疏矩阵 **A** 非零元素的分布图形

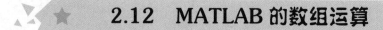

2.12 MATLAB 的数组运算

矩阵与数组都是指含有 M 行 N 列数字的矩形结构。它们的外观相同，但是代表不同的变量。数组有行与列的概念，数组运算是两矩阵对应元素进行相关运算，要求两矩阵的维数相同，而矩阵运算则采用线性代数的运算方式。

2.12.1 创建数组

创建数组与创建矩阵的方法相同。

【例 2.93】创建一个数组 A。

解 在 MATLAB 命令提示符下输入：

```
>> clear
>> A=[1:6]
A=
    1    2    3    4    5    6
```

2.12.2 数组的算术运算

数组的加减运算与矩阵的加减运算相同，其余的数组运算均须多加"."符号。数组的运算符号为+（加）、-（减）、.*（乘）、./（左除）、.^（乘方）。

1. 数组的加减运算

【例 2.94】求数组 $A+B$，$A-B$。

解 在 MATLAB 命令提示符下输入：

```
>> clear
>> A=1:6
A=
    1    2    3    4    5    6
>> B=7:12
B=
    7    8    9    10    11    12
>> A+B
ans=
    8    10    12    14    16    18
>> A-B
ans=
    -6    -6    -6    -6    -6    -6
```

2. 数组的标量运算

【例 2.95】求数组 $A*4$。

解 在 MATLAB 命令提示符下输入：

```
>> clear
>> A=[1:6]
A=
    1    2    3    4    5    6
>> A*4
ans=
    4    8    12    16    20    24
```

3. 数组的乘法运算

【例 2.96】求数组 $A.*B$。

解 在 MATLAB 命令提示符下输入：

```
>> clear
>> A=[1:6]
A=
    1    2    3    4    5    6
>> B=[7:12]
B=
    7    8    9   10   11   12
>> A.*B
ans=
    7   16   27   40   55   72
>> B.*A
ans=
    7   16   27   40   55   72
```

4．数组的除法运算

【例 2.97】求数组 $A./B$、$B./A$、$A.\backslash B$、$B.\backslash A$。

解 在 MATLAB 命令提示符下输入：

```
>> clear
>> A=[1:6]
A=
    1    2    3    4    5    6
>> B=[7:12]
B=
    7    8    9   10   11   12
>> A./B
ans=
    0.1429   0.2500   0.3333   0.4000   0.4545   0.5000
>> B./A
ans=
    7.0000   4.0000   3.0000   2.5000   2.2000   2.0000
>> A.\B
ans=
    7.0000   4.0000   3.0000   2.5000   2.2000   2.0000
>> B.\A
ans=
    0.1429   0.2500   0.3333   0.4000   0.4545   0.5000
```

5．数组的乘方运算

【例 2.98】求数组的乘方运算。

解 在 MATLAB 命令提示符下输入：

```
>> clear
>> A=[1:6]
A=
    1    2    3    4    5    6
>> B=[0:5]
B=
    0    1    2    3    4    5
>> A.*2
ans=
    2    4    6    8   10   12
>> A.^2
ans=
    1    4    9   16   25   36
```

```
>> A.^B
ans=
  Columns 1 through 5
    1    2    9   64   625
  Column 6
   7776
>> A.*B
ans=
    0    2    6   12   20   30
```

2.12.3 MATLAB 中矩阵与数组的关系

矩阵最早来自于方程组的系数以及常数所构成的方阵,这一概念是在 19 世纪由英国数学家凯利提出的。数组则是在程序设计中,为了处理方便,把具有相同类型的若干变量按有序的形式组织起来的一种形式,这些按照序列排列的同类数据元素的集合称为数组。在 MATLAB 中,按照数组元素的类型不同,可分为数值数组、字符数组、单元数组、构造数组等。

在 MATLAB 中,矩阵和数组的区别在于:

(1)矩阵是数学上的概念,数组是计算机程序设计领域的概念。

(2)矩阵作为变换或映射算符的体现,其有着明确而严格的数学规则。

(3)数组的规则是 MATLAB 软件定义的,其目的在于使数据管理方便、操作简单、命令形式自然、执行计算有效。

(4)矩阵与数组的运算规则存在一定区别,如表 2-8 所示。

表 2-8　矩阵与数组运算的比较

运算符	矩阵	+	–	*	^	\	/	'
	数组	+	–	.*	.^	.\	./	.'
数学含义		加	减	乘	乘方	左除	右除	转置

在 MATLAB 中,矩阵和数组的联系体现在:

(1)矩阵以数组的形式存在。

(2)一维数组相当于向量,二维数组相当于矩阵,可以将矩阵理解为数组的子集。

★ 小　结 ★

本章重点为矩阵的建立,其中包括利用相关函数命令建立矩阵和直接建立矩阵两种方法;矩阵的算术运算包括 +(加)、–(减)、*(乘)、/(右除)、\(左除)及 ^(乘方)运算;矩阵的关系与逻辑运算包括大于、小于、等于等关系运算和与或非等逻辑运算,并涉及返回值为逻辑值的逻辑函数与测试函数等;矩阵的集合运算包括集合交集、集合差集、集合异或、集合并等运算;矩阵的特殊运算包括对矩阵对角线元素抽取、三角阵抽取、变维等特殊运算;矩阵的线性运算包括矩阵的特征值与特征向量的求法、二次型、秩和线性相关性等运算;空间解析几何运算包括向量内积、叉积、混合积、向量范数、向量夹角以及空间距离计算等;矩阵分析包括矩阵的结构变换、矩阵的逆与伪逆、方阵的行列式;矩阵的分解包括矩阵的三角分解、正交分解、平方根分解;稀疏矩阵的相关运算以及 MATLAB 数组的相关运算。读者可以自己尝试利用相关的数学知识,通过本章所讲的运算实现更为复杂的数学运算。

★ 习　题 ★

1. 利用前面学过的方法分别产生一个 3 阶的单位矩阵和 3×3 的魔方矩阵。

2. 已知矩阵 A=[1 2 1; 4 2 6; 7 6 9]，矩阵 B = [2 3 4;4 5 7; 1 2 3]，求 $A+B$、$A-B$、$A \cdot B$、A/B、A^2 的值。

3. 求矩阵 $A = \begin{pmatrix} 3 & 1 & 0 \\ 2 & -1 & 0 \\ 4 & 2 & 2 \end{pmatrix}$ 的特征值和特征向量。

4. 将矩阵 $A = \begin{pmatrix} 6 & 0 & 0 \\ 0 & 3 & 2 \\ 0 & 2 & 4 \end{pmatrix}$ 正交规范化。

5. 求一个正交变换 $X=PY$，把二次型 $f=6x_1x_2+2x_2x_3+2x_3x_1$ 化成标准形。

6. 求向量组 α_1=(1　2　2　2)，α_2=(-2　4　-1　3)，α_3=(-1　2　0　3) 的秩，并判断其线性相关性。

7. 求矩阵 $A = \begin{pmatrix} 1 & 3 & 2 \\ 1 & 1 & 1 \end{pmatrix}$ 的转置及其伪逆。

8. 建立一个 3×3 随机矩阵，并求其行列式。

9. 求矩阵 $\begin{pmatrix} 1 & 1 & 3 & 3 \\ 1 & 2 & 1 & 3 \\ 2 & 2 & 4 & 1 \\ 1 & 3 & 2 & 2 \end{pmatrix}$ 的 LU 分解和正交分解。

10. 创建一个稀疏矩阵，并查看稀疏矩阵的元素分布图。

11. 将矩阵 $\begin{pmatrix} 1 & 1 & 1 \\ 3 & 3 & 3 \\ 1 & 2 & 1 \end{pmatrix}$ 化为行最简型。

12. 已知数组 A=[1　2　3　4　5　6]，B=[7　2　2　9　10　11]，求 $A+B$，$A-B$，$A \cdot B$，A/B，A^2。

13. 对于矩阵 $\begin{pmatrix} 1 & 1 & 3 & 3 \\ 1 & 2 & 1 & 3 \\ 2 & 2 & 4 & 1 \\ 1 & 3 & 2 & 2 \end{pmatrix}$，利用 diag() 函数抽取对角线元素、上三角矩阵、下三角矩阵。

14. 将矩阵 $\begin{pmatrix} 1 & 1 & 3 & 3 \\ 1 & 2 & 1 & 3 \\ 2 & 2 & 4 & 1 \\ 1 & 3 & 2 & 2 \end{pmatrix}$ 转化成 2×8 的新矩阵。

15. 创建 5×5 矩阵，并将该矩阵第 1 行乘以 1，第 2 行乘以 2，依此类推。

16. 对于 A=[1　2　3;4　5　6;7　2　2], B=[7　2　2;9　10　11;4　5　6], 求集合交集、集合差集、集合异或、集合并集。

17. 求向量 $a = \begin{pmatrix} 1 \\ 2 \\ 2 \end{pmatrix}$ 和 $b = \begin{pmatrix} 1 \\ 0 \\ 1 \end{pmatrix}$ 的内积，并判断是否正交。

第 3 章

MATLAB 数值计算

本章要点

◎ 了解数据的数值运算；

◎ 理解曲线的拟合与插值、快速傅里叶变换；

◎ 掌握线性方程（组）的数值求解、多项式的数值运算、数值的微分与积分及其微分方程的求解。

MATLAB 具有大量的数值计算功能，如线性方程组的求解、多项式的数值运算、曲线的拟合与插值、快速傅里叶变换、数值微分与微分方程求解等。利用 MATLAB 的数值计算功能可以方便快捷地实现相关问题的求解。

★ 3.1 线性方程（组）的数值求解 ★

MATLAB 可以迅速地求出线性方程和线性方程组的数值解。求解方法大致分为直接法和迭代法两大类。下面分别介绍线性方程与线性方程组的数值求解方法。

1. 线性方程数值求解

线性方程的求根运算可以直接通过调用求根函数 roots() 来求解。

【例 3.1】求解 $5x-6=0$ 的根。

解 在 MATLAB 命令提示符下输入：

```
>> clear
>> p=[5 -6];
>> roots(p)
ans=
    1.2000
```

2. 利用左除法、求逆法、linsolve() 函数和 solve() 函数求线性方程组的解

【例 3.2】求线性方程组 $\begin{cases} 3x_1 + x_2 - x_3 = 3.6 \\ x_1 + 2x_2 + 4x_3 = 2.1 \\ -x_1 + 4x_2 + 5x_3 = -1.4 \end{cases}$ 的解。

解

方法 1：利用左除法。

```
>> A=[3 1 -1;1 2 4;-1 4 5];
>> b=[3.6;2.1;-1.4]
>> x=A\b
```

```
x=
    1.481
   -0.4606
    0.3848
```

方法 2：求逆法。

```
>> A=[3 1 -1;1 2 4;-1 4 5];
>> b=[3.6;2.1;-1.4];
>> x=inv(A)*b
x=
    1.4818
   -0.4606
    0.3848
```

方法 3：用 linsolve()函数求解。

```
>> A=[3 1 -1;1 2 4;-1 4 5];
>> b=[3.6;2.1;-1.4];
>> x=linsolve(A,b)
x=
    1.4818
   -0.4606
    0.3848
```

方法 4：用 solve()函数求解。

```
>> syms x1 x2 x3
>> [x1 x2 x3]=solve(3*x1+x2-x3==3.6,x1+2*x2+4*x3==2.1,-x1+4*x2+5*x3==-1.4)
x1=
    163/110
x2=
    -76/165
x3=
    127/330
```

如果要控制精度，可以使用 vpa()函数。

```
>> x1=vpa(x1,5)
x1=
    1.4818
```

具体选择哪种方法，可以根据需要选择。新版本 MATLAB 对 solve()函数进行了优化，其调用方法进行了更新，详细情况可参见例 1.2。

3. 利用矩阵三角分解 LU 求线性方程组的解

矩阵的三角分解 LU、正交分解 QR 已经在第 2 章讲过，在此不再复述。例如，经过 LU 分解，方程组 $AX=B$ 的系数矩阵 A 可以化为 $A=LU$，则方程组的解为：$X = U^{-1}(L^{-1}B)$。

【例 3.3】用矩阵的三角分解求线性方程组 $ax=b$ 的数值解。

解 在 MATLAB 命令提示符下输入：

```
>> clear
>> a=[4 5 8 7;8 2 1 3;9 1 0 2;6 5 7 3]
a=
    4    5    8    7
    8    2    1    3
    9    1    0    2
    6    5    7    3
>> [l,u]=lu(a)
l=
    0.4444    1.0000         0         0
    0.8889    0.2439    1.0000         0
```

```
     1.0000          0          0          0
     0.6667     0.9512     0.6410     1.0000
u=
     9.0000     1.0000          0     2.0000
          0     4.5556     8.0000     6.1111
          0          0    -0.9512    -0.2683
          0          0          0    -3.9744
>> b=[7 6 2 1]';
>> x=inv(u)*(inv(l)*b)
x=
    -0.7419
     4.7032
    -3.4323
     1.9871
>> x=a\b;
x=
    -0.7419
     4.7032
    -3.4323
     1.9871
```

由上例可以看出，inv(u)*(inv(l)*b) 和 a\b 计算的结果是一样的。

3.2　非线性方程与非线性方程组的数值求解

与线性方程和线性方程组的求解相比，非线性方程与非线性方程组的求解情况要复杂很多，通过调用函数 solve() 和 fsolve() 可以分别实现非线性方程与非线性方程组的数值求解。

3.2.1　非线性方程数值求解

通过调用函数 solve() 可以对非线性方程进行数值求解。

【例 3.4】求解方程 $x - \sin x - \cos x = 0$。

解　在 MATLAB 命令提示符下输入：

```
>> clear
>> syms x                  % 声明 x 为符号变量
>> solve(x-sin(x)-cos(x)==0)
ans=
    1.2587281774926764586391391659652
```

说明：计算时会发出警告提示无法求出方程的解析解，建议改用 vpasolve() 函数求数值解。

3.2.2　非线性方程组数值求解

非线性方程组数值求解函数为 fsolve()。调用格式为：

```
X=fsolve(fun,x0)
```

即求函数 fun() 在 x_0 处（或 x_0 附近）的解。

【例 3.5】求下列非线性方程组在 (0.5, 0.5) 附近的数值解。

$$\begin{cases} x - 0.6\sin x - 0.3\cos y = 0 \\ y - 0.6\cos x + 0.3\sin y = 0 \end{cases}$$

（1）建立函数文件 myfunction.m，详见第 6 章。

```
function q=myfunction(p)
    x=p(1);
```

```
    y=p(2);
    q(1)=x-0.6*sin(x)-0.3*cos(y);
    q(2)=y-0.6*cos(x)+0.3*sin(y);
```

（2）在给定的初值 x_0=0.5,y_0=0.5 下，调用 fsolve()函数求方程的根。

```
x=fsolve('myfunction',[0.5,0.5]',optimset('Display','off'))
x=
    0.6354
    0.3734
```

将求得的解代回原方程，可以检验结果是否正确，命令如下：

```
q=myfunction(x)
q=
    1.0e-009 *
    0.2375    0.2957
```

可见得到了较高精度的结果。

从计算机的编程实现角度讲，如今的任何算法都无法准确地给出任意非代数方程的所有解，但是我们有很多成熟的算法来实现其在某点附近的解。

【例 3.6】求圆 $x^2+y^2+z^2-12=0$ 和直线 $\begin{cases} 6x+2y+z=0 \\ 2x-5y-z-3=0 \end{cases}$ 的两个交点。

解 建立方程组函数文件 fxyz2.m：

```
function F=fxyz2(X)
    x=X(1);
    y=X(2);
    z=X(3);
    F(1)=x^2+y^2+z^2-12;
    F(2)=6*x+2*y+z;
    F(3)=2*x-5*y-z-3;
```

在 MATLAB 命令提示符下输入：

```
>> clear
>> X1=fsolve('fxyz2',[2,1,-1])        %求直线与球面的第一个交点
>> X2=fsolve('fxyz2',[1,2,1])         %求直线与球面的第二个交点
X1=
    0.4782    0.2753    -3.4199
X2=
    -0.1072    -1.2858    3.2148
```

★ 3.3　多项式数值计算 ★

多项式是一种基本数值分析工具，很多复杂的函数都可以用多项式逼近。表 3-1 和表 3-2 概括了在本节讨论的多项式操作特性。

表 3-1　多项式函数及说明

多项式函数	说　　明	多项式函数	说　　明
conv(a,b)	乘法	polyval(p,x)	计算 x 点中多项式值
[q, r]=deconv(a,b)	除法	[r,p,k]=residue(a,b)	部分分式展开式
poly(r)	用根构造多项式	[a,b]=residue(r,p,k)	部分分式组合
polyder(a)	对多项式或有理多项式求导	roots(a)	求多项式的根
polyfit(x,y,n)	多项式数据拟合		

表 3-2　多项式操作函数及说明

多项式函数	说　　明	多项式函数	说　　明
mmp2str(a)	多项式向量到字符串变换	mmpadd(a,b)	多项式加法
mmp2str(a,' x ')	多项式向量到字符串变换	mmpsim(a)	多项式简化
mmp2str(a,' x ', 1)	常数和符号多项式变换		

3.3.1　多项式的建立

已知一个多项式的全部根 X，求多项式系数的函数是 poly(X)。该函数返回以 X 为全部根的一个多项式 P，当 X 是一个长度为 m 的向量时，则 P 是一个长度为 $m+1$ 的向量。在 MATLAB 中，多项式可由一个行向量表示，它的系数按降序排列。

多项式用以下的方法定义：

$$P(x) = a_0 x^n + a_1 x^{n-1} + a_2 x^{n-2} + \cdots + a_{n-1} x + a_n$$

可以表示成系数向量 $P = [a_0\ a_1\ a_2 \cdots a_{n-1}\ a_n]$。除了用系数向量的方法表示外，还可以通过 poly() 函数创建多项式。命令格式为：

```
poly(A)
```

当 A 是矩阵时，创建矩阵 A 的特征多项式；当 A 为向量时，创建以向量中元素为根的多项式的系数向量，即设 $A = [a_0\ a_1\ a_2 \cdots a_{n-1}\ a_n]$，则生成的多项式的系数向量为 $(x-a_0)(x-a_1)(x-a_2) \cdots (x-a_n)$ 的展开式对应项的系数。

注意：创建多项式时，必须包括具有零系数的项。除非特别辨认，否则 MATLAB 无法知道其中的哪一项为零。

【例 3.7】设某多项式的根为 $x=[1\ 2\ 3\ 4]$，请求出该多项式并进行验证。

解　在 MATLAB 命令提示符下输入：

```
>> clear
>> x=[1 2 3 4];          %多项式的根向量，并以此构造多项式(x-1)(x-2)(x-3)(x-4)
>> y=poly(x)            %构造出的多项式的系数向量
y=
    1   -10    35   -50    24
>> x_root=roots(y)    %验证多项式
x_root=
    4.0000
    3.0000
    2.0000
    1.0000
```

3.3.2　多项式求根

已知多项式 $p(x)$，求对应的根的函数是 roots(P)，这里，P 是 $p(x)$ 的系数向量，该函数返回方程 $p(x)=0$ 的全部根（含重根和复根）。

【例 3.8】求多项式 $p = x^3 - 2x^2 - 3x + 4$ 的根。

解　在 MATLAB 命令提示符下输入：

```
>> clear
>> p=[1 -2 -3 4];                %多项式系数向量
>> roots(p)
```

```
ans=
    -1.516
     2.5616
     1.0000
```

在 MATLAB 中，无论是一个多项式还是它的根都是向量。MATLAB 按惯例规定，多项式是行向量，根是列向量。分析例 3.7 和例 3.8 可以看出，给出多项式也可以求得多项式的根；反之，给出一个多项式的根，也可以构造相应的多项式，这分别需要使用 roots() 函数和 poly() 函数来实现。

3.3.3 多项式求值

求多项式 $p(x)$ 在某点或某些点的函数值的函数是 polyval() 和 polyvalm()。若 x 为一数值，则求多项式在该点的值。若 x 为向量或矩阵，则对向量或矩阵中的每个元素求其多项式的值。当 a 为标量或向量时，函数的命令格式如下：

```
polyval(p,a)
```

用该函数求多项式 p 在 $x=a$ 点处的值；当 a 为向量或矩阵时，求 x 分别等于 $a(i)$ 时多项式的值。

```
polyvalm(p,m)
```

其中，m 为方阵，其功能是将方阵整体代入多项式进行矩阵运算。需要注意的是，此情况下矩阵运算采用的是线性代数中的矩阵乘法、除法等法则。

【例 3.9】对于多项式 $p=x^3+2x^2+3x+4$，分别计算其上述情况下的值。

解 在 MATLAB 命令提示符下输入：

```
>> clear
>> p=[1 2 3 4];
>> x=[4 3 2 1];
>> m=magic(4)
m=
    16     2     3    13
     5    11    10     8
     9     7     6    12
     4    14    15     1
>> polyval(p,1)        %计算多项式在 x=1 处的值
ans=
    10
>> polyval(p,x)        %计算多项式在 x(i) 处的值
ans=
   112    58    26    10
>> polyval(p,m)        %计算多项式在 m(i) 处的值
ans=
   4660     26     58   2578
    194   1610    234    668
    922    466    310   2056
    112   3182   3874     10
>> polyvalm(p,m)       %对比 polyval(p,m) 的计算结果
ans=
   11168   9826   9957   10771
   10075  10689  10586   10372
```

```
 10455   10337   10274   10656
 10024   10870   10905    9923
```

【例 3.10】使用多项式求值，结合 plot() 函数绘制多项式函数的曲线。

解　在 MATLAB 命令提示符下输入：

```
>> clc
>> clear
>> p=[1 3 6];
>> x=[-5:5]
x=
   -5 -4 -3 -2 -1 0 1 2 3 4 5
>> y=polyval(p,x)
y=
   16 10 6 4 4 6 10 16 24 34 46
>> plot(x,y)
```

运行结果如图 3–1 所示。

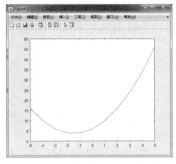

图 3–1　多项式函数的曲线

3.3.4　多项式的四则运算

1. 多项式的加减法

对于多项式加减法，没有直接的函数，直接用 +、− 符号即可。需要注意的是，两个多项式向量大小必须相同。

【例 3.11】求 $p(x)=x^3+2x^2+3x+4$ 和 $q(x)=4x^3+3x^2+2x+1$ 的和。

解　在 MATLAB 命令提示符下输入：

```
>> clear
>> p=[1 2 3 4];
>> q=[4 3 2 1];
>> d=p+q
d=
    5    5    5    5
```

结果是 $d(x)=5x^3+5x^2+5x+5$。当两个多项式阶次不同时，低阶的多项式必须用首零填补，以使其与高阶多项式有同样的阶次。

【例 3.12】求 $p(x)=x^3+2x^2+3x+4$ 和 $q(x)=2x+4$ 的解。

在 MATLAB 命令提示符下输入：

```
>> clear
>> p=[1 2 3 4];
>> q=[0 0 2 4];
>> d=p+q
d=
    1    2    5    8
```

结果是 $d(x)=x^3+2x^2+5x+8$。要求首零而不是尾零，是因为相关系数像 x 幂次一样，必须对齐。

【例 3.13】求 $f(x)=2x^3+4x^2+5x+8$ 和 $d(x)=3x^3+7x^2+9x+1$ 的差。

在 MATLAB 命令提示符下输入：

```
>> clear
>> f=[2 4 5 8];
>> d=[3 7 9 1];
>> f-d
ans=
   -1   -3   -4    7
```

2．多项式的乘法 conv()

多项式的乘法函数为 conv()。调用格式为：

```
conv(f1,f2)
```

表示求多项式 f_1 和 f_2 的乘积。

【例 3.14】求两个多项式 $a(x)=x^3+2x^2+3x+4$ 和 $b(x)=5x^3+6x^2+7x+8$ 的乘积。

解　在 MATLAB 命令提示符下输入：

```
>> clear
>> a=[1 2 3 4];
>> b=[5 6 7 8];
>> c=conv(a,b)
c=
    5   16   34   60   61   52   32
```

结果是 $c(x)=5x^6+16x^5+34x^4+60x^3+61x^2+52x+32$。

3．多项式的除法

多项式的除法函数为 deconv()。调用格式为：

```
[q,r]=deconv(f1,f2)
```

用于对多项式 f_1 和 f_2 进行除法运算。其中 q 返回多项式 f_1 除以 f_2 的商式，r 返回 f_1 除以 f_2 的余式。

【例 3.15】求多项式 $c(x)=3x^3+8x^2+7x+2$ 除以 $a(x)=5x^2+2x+3$ 的商。

解　在 MATLAB 命令提示符下输入：

```
>> clear
>> c=[3 8 7 2];
>> a=[5 2 3];
>> [q,r]=deconv(c,a);
>> dx=poly2str(q,'x');   %以常见的方式表示两个多项式的商
>> q,r,dx
q=
    0.6000   1.3600
r=
    0    0    2.4800   -2.0800
dx=
    0.6 x + 1.36
```

3.3.5　多项式的导函数

对多项式求导数的函数是 polyder()。调用格式为：

```
dp=polyder(P)
```

它的功能是求多项式 P 的导函数。

```
dp=polyder(P,Q)
```

用于求 $P*Q$ 的导函数。

```
[p,q]=polyder(P,Q)
```

是求 P/Q 的导函数，导函数的分子存入 p，分母存入 q。

【例 3.16】求多项式 $g(x)=4x^2+7$ 的导函数。

解　在 MATLAB 命令提示符下输入：

```
>> clear
>> f=[4 0 7];
>> df=polyder(f)
```

```
df=
    8    0
```

【例 3.17】求多项式 $f(x)=2x^3+5x+3$，$g(x)=x+4$ 的导函数。

解　在 MATLAB 命令提示符下输入：

```
>> clear
>> f=[2,0,5,3];
>> df=polyder(f)
df=
    6    0    5
>> g=[1,4];
>> dp=polyder(f,g)
dp=
    8    24    10    23
>> [p,q]=polyder(f,g)
p=
    4    24    0    17
q=
    1    8    16
```

★ 3.4　数据的数值计算 ★

MATLAB 可以通过调用函数快速实现数据的统计与分析、数据的插值与拟合以及插值拟合曲线的绘制。

3.4.1　数据统计与分析

MATLAB 中的数据分析是以列矩阵进行的，不同的变量存储在各列中，如表 3-3 所示。

表 3-3　数据分析函数

数据分析函数	说　明	数据分析函数	说　明
corrcoef(x)	相关系数	max(x),max(x,y)	最大元素
cov(x)	协方差矩阵	mean(x)	均值或列的平均值
cplxpair(x)	把向量分类为复共轭对	median(x)	列的中值
cross(x, y)	向量的向量积	min(x),min(x,y)	最小元素
cumprod(x)	累乘积	prod(x)	列元素的积
cumsum(x)	累加和	rand(x)	均匀分布随机数
del2(A)	五点离散拉普拉斯算子	randn(x)	正态分布随机数
diff(x)	计算元素之间差	sort(x)	按升序排列
dot(x, y)	向量的点积	std(x)	列的标准方差
gradient(Z,dx,dy)	近似梯度	subspace(A,B)	两个子空间之间的夹角
histogram(x)	直方图和棒图	sum(x)	各列的元素和

1. 求矩阵最大元素 max()和最小元素 min()

【例 3.18】求矩阵 a=magic(6)的每行及每列的最大和最小元素，并求整个矩阵的最大元素和最小元素。

解　在 MATLAB 命令提示符下输入：

```
>> clear
>> a=magic(6)
a=
    35     1     6    26    19    24
     3    32     7    21    23    25
    31     9     2    22    27    20
     8    28    33    17    10    15
    30     5    34    12    14    16
     4    36    29    13    18    11
>> max(a,[],2)    %求每行最大元素
ans=
    [35 32 31 33 34 36]′
>> min(a,[],2)    %求每行最小元素
ans=
    [1 3 2 8 5 4]′
>> max(a)         %求每列最大元素
ans=
    35    36    34    26    27    25
>> min(a)         %求每列最小元素
ans=
     3     1     2    12    10    11
>> max(max(a))    %求整个矩阵 a 的最大元素
ans=
    36
>> min(min(a))    %求整个矩阵 a 的最小元素
ans=
     1
```

2. 求矩阵的平均值 mean()和中值 median()

求矩阵和向量元素的平均值的函数是 mean(),求中值的函数是 median()。它们的调用方法和 max()函数的调用方法完全相同。

【例 3.19】求矩阵 *a*=magic(5)的平均值和中值。

解 在 MATLAB 命令提示符下输入:

```
>> clear
>> a=magic(5)
a=
    17    24     1     8    15
    23     5     7    14    16
     4     6    13    20    22
    10    12    19    21     3
    11    18    25     2     9
>> mean(a)
ans=
    13    13    13    13    13
>> median(a)
ans=
    11    12    13    14    15
```

3. 矩阵元素求和 sum()与求积 prod()

矩阵和向量的求和与求积的基本函数分别是 sum()和 prod(),调用方法和 max()的调用方法类似。

【例 3.20】求矩阵 *a*=magic(5) 的每行元素的乘积和全部元素的乘积。

解 在 MATLAB 命令提示符下输入:

```
>> clear
>> a=magic(5)
>> b=prod(a,2)
b=
    48960
   180320
   137280
   143640
    89100
>> prod(b)
ans=
    1.5511e+25      %求 a 的全部元素的乘积
```

4．矩阵元素累加和 cumsum()与累乘积 cumprod()

矩阵元素累加和与累乘积的函数分别是 cumsum()和 cumprod()。函数的调用方法和 sum()
及 prod()函数的调用方法相同。

【例 3.21】求矩阵 *a* 的累加和与累乘积。

解　在 MATLAB 命令提示符下输入：

```
>> clear
>> a=[1 2 3 4;1 1 1 1;1 2 3 2;1 2 1 2];
>> cumsum(a)
ans=
     1     2     3     4
     2     3     4     5
     3     5     7     7
     4     7     8     9
>> cumprod(a)
ans=
     1     2     3     4
     1     2     3     4
     1     4     9     8
     1     8     9    16
```

5．标准方差 std()

计算数据序列的标准方差的函数为 std()。对于向量 *X*，std(*X*)返回一个标准方差；对于矩
阵 *A*，std(*A*)返回一个行向量，它的各个元素便是矩阵 *A* 各列或各行的标准方差。std()函数的
一般调用格式为：

```
std(A,FLAG,dim)
```

其中，dim 取 1 或 2。当 dim 取 1 时，求各列元素的标准方差；当 dim 取 2 时，则求各行
元素的标准方差。FLAG 用于标注公差是除以 N 还是 N-1，其值可取 0 或 1，FLAG 取 0 时除
以（N-1），FLAG 取 1 时除以 N。

【例 3.22】求矩阵 *a*=[3 4 7; 2 6 8; 4 9 1]的标准方差。

解　在 MATLAB 命令提示符下输入：

```
>> clear
>> a=[3 4 7;2 6 8;4 9 1];
>> std(a)
ans=
    1.0000    2.5166    3.7859
>> std(a,0,1)
ans=
    1.0000    2.5166    3.7859
>> std(a,0,2)
ans=
    [2.0817    3.0551    4.0415]'
```

6. 元素排序 sort()

对向量 X 排序的函数是 sort(X)，函数返回一个对 X 中的元素按升序排列的新向量。sort() 函数也可以对矩阵 A 的各列（或行）重新排序，其调用格式为：

```
[Y,I]=sort(A,dim)
```

其中，dim 指明对 A 的列还是行进行排序，若 dim=1（若省略则为默认方式）则按列排序；若 dim=2 则按行排序。Y 是排序后的矩阵，I 记录 Y 中的元素在 A 中的位置。

【例 3.23】已知矩阵 y=[3 –5 9 2; 21 45 –45 78; 6 43 –19 23; 1 5 6 9]，对 y 矩阵做各种排序。

解 在 MATLAB 命令提示符下输入：

```
>> clear
>> y=[3 -5 9 2;21 45 -45 78;6 43 -19 23;1 5 6 9];
>> sort(y)                        %每列按升序排列
ans=
     1    -5   -45     2
     3     5   -19     9
     6    43    -6    23
    21    45    -9    78
>> -sort(-y,2)                    %每行按降序排列
ans=
     9     3     2    -5
    78    45    21   -45
    43    23     6   -19
     9     6     5     1
>> [a,b]=sort(y,1)               %按列排序，并将每个元素所在行号送矩阵 b
a=
     1    -5   -45     2
     3     5   -19     9
     6    43   -16    23
    21    45   -19    78
b=
     4     1     2     1
     1     4     3     4
     3     3     4     3
     2     2     1     2
>> [a,b]=sort(y,2)               %按行排序，并将每个元素所在列号送矩阵 b
a=
    -5     2    03     9
   -45    21    45    78
   -19     6    23    43
     1     5     6     9
b=
     2     4     1     3
     3     1     2     4
     3     1     4     2
     1     2     3     4
```

3.4.2 数据分段插值

数据分段插值就是通过插值点，用折线或低次曲线连接起来逼近原曲线。数据分段插值方法是信号和图像处理的重要方法之一，可以用来强化信号、平滑图像等。常用的有一维数据插值和二维数据插值。

1. 一维数据插值

一维数据插值函数为 interp1()。调用格式为：

```
yi=interp1(x,y,xi,method)
```

计算函数对已知数据 x、y 在 x_i 处的插值，其对应值返回到 y_i。如果 y 是矩阵，则对 y 的每列进行插值运算。method 是插值方法，允许的取值有：① linear，表示线性插值（若省略则为默认方式）直接完成计算；② nearest，表示最近相邻点插值，直接完成计算；③ spline，表示三次样条函数插值；④ pchip，表示三次多项式插值。

【例 3.24】已知某数据 product 随每年 year 的采样结果，用数值插值法计算它的插值和插值曲线。

解　在 MATLAB 命令提示符下输入：

```
>> clear
>> year=1900:10:2010;
>> product=[75.995,91.972,105.711,123.203,131.669,150.697,179.323,203.
212,226.505,249.633,256.344,267.893];              %product 随 year 的采样值
>> p1995=interp1(year,product,1995)
p1995=
    252.9885
>> x=1900:1:2010;
>> y=interp1(year,product,x,'pchip');
>> plot(year,product,'o',x,y)
```

运行结果如图 3-2 所示。

```
>> y=interp1(year,product,x,'nearest');
>> plot(year,product,'o',x,y)
```

运行结果如图 3-3 所示。

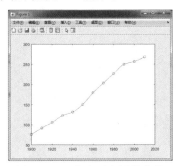 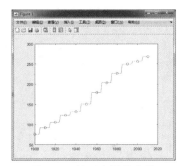

图 3-2　三次多项式插值曲线　　　　　图 3-3　最近点插值曲线

```
>> y=interp1(year,product,x,'linear');
>> plot(year,product,'o',x,y)
```

运行结果如图 3-4 所示。

```
>> y=interp1(year,product,x,'spline');
>> plot(year,product,'o',x,y)
```

运行结果如图 3-5 所示。

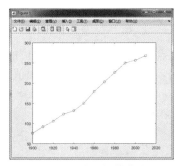 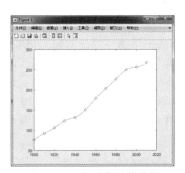

图 3-4　线性插值曲线　　　　　　　图 3-5　三次样条插值曲线

【例 3.25】已知检测参数 f 随时间 t 的采样结果，用数值插值法计算 t=2，7，12，17，22，17，32，37，42，47，52，57 时 f 的值。

解 在 MATLAB 命令提示符下输入：

```
>> clear
>> T=0:5:65;
>> X=2:5:57;
>> F=[3.2015,2.2560,879.5,1835.9,2968.8,4136.2,5237.9,6152.7,…
6725.3,6848.3,6403.5,6824.7,7328.5,7857.6];
>> F1=interp1(T,F,X)                    %用线性方法插值
F1=
   1.0e+003 *
   Columns 1 through 6
     0.0028    0.3532    1.2621    2.2891    3.4358    4.5769
   Columns 7 through 12
     5.6038    6.3817    6.7745    6.6704    6.5720    7.0262
>> F2=interp1(T,F,X,'nearest')         %用最近方法插值
F2=
   1.0e+003 *
   Columns 1 through 6
     0.0032    0.0023    0.8795    1.8359    2.9688    4.1362
   Columns 7 through 12
     5.2379    6.1527    6.7253    6.8483    6.4035    6.8247
>> F3=interp1(T,F,X,'spline')          %用三次样条方法插值
F3=
   1.0e+003 *
   Columns 1 through 6
    -0.1702    0.3070    1.2560    2.2698    3.4396    4.5896
   Columns 7 through 12
     5.6370    6.4229    6.8593    6.6535    6.4817    7.0441
>> F4=interp1(T,F,X,'cubic')           %用三次多项式方法插值
F4=
   1.0e+003 *
   Columns 1 through 6
     0.0025    0.2232    1.2484    2.2736    3.4365    4.5913
   Columns 7 through 12
     5.6362    6.4362    6.7978    6.6917    6.5077    7.0186
```

2. 二维数据插值

解决二维插值问题的函数为 interp2()。其调用格式为：

```
z1=interp2(x,y,z,x1,y1,'method')
```

其中 x、y 是两个向量，分别描述两个参数的采样点，z 是与参数采样点对应的采样变量的样本值，x_1、y_1 是两个向量或标量，描述欲插值的点。method 的取值与一维插值函数相同。

【例 3.26】求 $z=(x^2-2x)\mathrm{e}^{-x^2-y^2-xy}$ 的二维数据插值，并画出图像。

解 在 MATLAB 命令提示符下输入：

```
>> clc
>> clear
>> [x,y]=meshgrid(-3:.6:3,-2:.4:2);
```

```
>> z=(x.^2-2*x).*exp(-x.^2-y.^2-x.*y);
>> [x1,y1]=meshgrid(-3:.2:3,-2:.2:2);     %选较密的插值点，用默认的线性插值算法进行插值
>> z1=interp2(x,y,z,x1,y1);
>> surf(x1,y1,z1)
>> axis([-3,3,-2,2,-0.7,1.5])
```

运行结果如图 3-6 所示。

```
>> z1=interp2(x,y,z,x1,y1,'cubic');
>> surf(x1,y1,z1)
>> axis([-3,3,-2,2,-0.7,1.5])
```

运行结果如图 3-7 所示。

```
>> z2=interp2(x,y,z,x1,y1,'spline');
>> figure;
>> surf(x1,y1,z2)
>> axis([-3,3,-2,2,-0.7,1.5])
```

运行结果如图 3-8 所示。

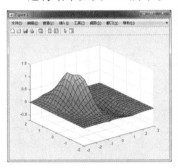 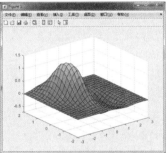 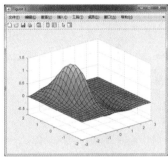

图 3-6　线性插值曲线　　　　图 3-7　三次多项式插值曲线　　　图 3-8　三次样条插值曲线

【例 3.27】设 $z=x^2+y^2$，对 z 函数在(0.5,0.5)点处插入数值。

解　在 MATLAB 命令提示符下输入：

```
>> clear
>> x=0:0.1:10;
>> y=0:0.2:20;
>> [x,y]=meshgrid(x,y);
>> z=x.^2+y.^2;
>> interp2(x,y,z,0.5,0.5)                %对函数在(0.5,0.5)点进行插值
ans=
    0.5100
>> surf(x,y,z)
>> axis([-3,3,-2,2,-0.7,1.5])
```

运行结果如图 3-9 所示。

```
>> interp2(x,y,z,0.5,0.5,'cubic')
ans=
    0.5000
>> surf(x,y,z)
>> axis([-3,3,-2,2,-0.7,1.5])
```

运行结果如图 3-10 所示。

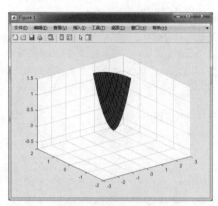

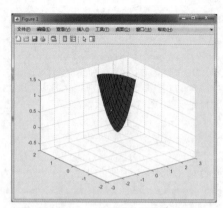

图 3-9　线性插值曲线　　　　　图 3-10　三次多项式插值曲线

```
>> interp2(x,y,z,0.5,0.5,'spline')
ans=
    0.5000
>> surf(x,y,z)
>> axis([-3,3,-2,2,-0.7,1.5])
```
运行结果如图 3-11 所示。
```
>> interp2(x,y,z,0.5,0.5,'nearest')
ans=
    0.4100
>> surf(x,y,z)
>> axis([-3,3,-2,2,-0.7,1.5])
```
运行结果如图 3-12 所示。

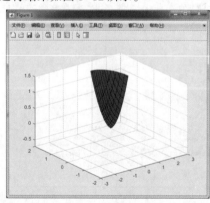

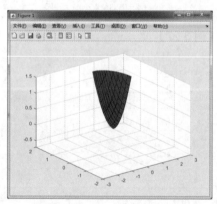

图 3-11　三次样条插值曲线　　　　　图 3-12　最近点插值曲线

3.4.3　曲线拟合

使用曲线拟合的函数为 polyfit()。调用格式如下：
```
P=polyfit(X,Y,N)
```
根据输入数据 X 和 Y 生成一个 N 阶的拟合多项式。D=polyval(p,x)根据数据 x，用拟合多项式 p 生成拟合好的数据。

【例 3.28】下面这组数据为检测仪器采样结果：2，7，12，17，22，17，32，37，42，47，

52，57，求这组数据的拟合方程。

解　在 MATLAB 命令提示符下输入：

```
>> clc
>> clear
>> d=1:12;
>> a=[2 7 12 17 22 17 32 37 42 47 52 57];
>> p=polyfit(d,a,4);
>> px=poly2str(p,'x');
>> pv=polyval(p,d);
>> p,pv
p=
    -0.0102    0.2561    -2.0158    10.1771    -6.5354
pv=
    Columns 1 through 6
     1.8718    7.6410    11.9417    15.6985    19.5913    24.0552
    Columns 7 through 12
    29.2805    35.2129    41.5532    47.7576    53.0373    56.3590
>> plot(d,a,d,pv)
```

运行结果如图 3-13 所示。

【例 3.29】用一个 7 次多项式逼近函数 $\cos 2x$。

解　在 MATLAB 命令提示符下输入：

```
>> clear
>> X=linspace(0,2*pi,50);
>> Y=cos(2*X);
>> [a,b]=polyfit(X,Y,7)
a=
   -0.0000 -0.0199 0.3749  -2.5995  7.9983 -10.1026 2.9833 0.8092
b=
    包含以下字段的 struct:
     R: [8×8 double]
    df: 42
    normr: 0.7549
>> plot(X,Y,X,polyval(a,X))
```

运行结果如图 3-14 所示。

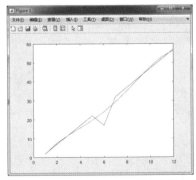

图 3-13　例 3.28 实际曲线与拟合曲线比较图

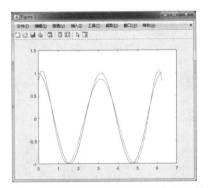

图 3-14　例 3.29 拟合曲线和实际曲线比较图

3.4.4 函数极值与最优化问题求解

极值是一个函数的极大值或极小值。如果一个函数在一点的一个邻域内处处都有确定的值，而以该点处的值为最大（小），这函数在该点处的值就是一个极大（小）值。如果它比邻域内其他各点处的函数值都大（小），它就是一个严格极大（小）。该点就相应地称为一个极值点或严格极值点。极值与最值既有区别又有联系，极值是局部概念，只对某个点的邻域有效；而最值是全局概念，对整个定义域或一段区间有效。最值一般是极值点、不可导点或端点（可取到的情况下）的函数值。

1. 函数最小值求解

求最小值的函数为 fminbnd() 和 fminsearch()，其中 fminbnd() 函数是求解一维函数的极值，fminsearch() 函数是求解多维函数的极值。

```
fminbnd(f,x1,x2)
```

其中，f 是需要求极值的函数，x_1、x_2 为自变量的变化范围，也就是求 f 在 $x_1 < x < x_2$ 之间的极值点 x。求函数最大值点的时候，只需要 fminbnd($-f,x_1,x_2$) 返回 $f(x)$ 函数在区间 (x_1,x_2) 上的最大值。因为，$-f(x)$ 在区间 (x_1,x_2) 上的最小值点就是 $f(x)$ 在 (x_1,x_2) 的最大值点。$[x,fval]$=fminbnd() 是指给出极值点和极值点的函数值。fminsearch() 函数和 fminbnd() 函数用法大致相同。唯一不同的是[x,fval,exitflag,output]=fminsearch():fval 返回函数在 x 点的极值，exitflag 指明了函数结束的原因，exitflag>0，表明函数正常结束；exitflag=0，表明函数达到了迭代的最大次数；exitflag<0，表明函数没有达到极值点。output 返回一个自定义结构：output_algorithm 返回求函数极值的所有方法，output_function 返回函数值的个数，output_iterations 返回求出极值所用的迭代次数。

【例 3.30】求函数 $f(x)=4x^3+5x^2+6$ 在区间 $(-6,6)$ 上的最小值点和最大值点。

解 在 MATLAB 命令提示符下输入：

```
>> clc
>> clear
>> fminbnd('4*x^3+5*x^2+6',-6,6)
ans=
    -6.0000
>> fminbnd('-(4*x^3+5*x^2+6)',-6,6)
ans=
    6
>> [x,fval]=fminbnd('-(4*x^3+5*x^2+6)',-6,6)
x=
    6.0000
fval=
    -1050
>> [x,fval]=fminbnd('4*x^3+5*x^2+6',-6,6)
x=
    -6.0000
fval=
    -677.9858
```

【例 3.31】设有函数 $f(x,y)=100(y-x^2)^2+(1-x)^2$，求函数的极值。

解 在 MATLAB 命令提示符下输入：

```
>> x=-3:0.1:3;
>> y=-2:0.1:4;
>> [X,Y]=meshgrid(x,y);
>> F=100*(Y-X.^2).^2+(1-X).^2;
>> contour3(X,Y,F,300)
```

```
>> xlabel('x')
>> ylabel('y')
>> axis([-3,3,-2,4,0,inf])
>> view([161,45])
>> hold on
>> plot3(1,1,0,'.r','MarkerSize',10)
>> hold off
>> ff=inline('100*(x(2)-x(1)^2)^2+(1-x(1))^2','x');
>> x0=[-1.2,1];
>> [sx,sfval,sexit,soutput]=fminsearch(ff,x0)
sx=
    1.0000    1.0000
sfval=
    8.1777e-10
sexit=
    1
soutput=
    包含以下字段的 struct:
    iterations: 85
     funcCount: 159
     algorithm: 'Nelder-Mead simplex direct search'
       message: '优化已终止:当前的 x 满足使用 1.000000e-04 的 OPTIONS.TolX 的终
止条件, F(X)满足使用 1.000000e-04 的 OPTIONS.TolFun 的收敛条件'
```

结果表明函数在(1,1)处取得极小值 sfval = 8.1777e-10，如图 3–15 所示，函数迭代 85 次后正常终止，采用 Nelder–Mead simplex direct search 算法。可以看出 Rosenbrock banana 函数有香蕉状的谷底，由于在平坦的香蕉状谷底搜索最小值点是比较困难的，搜索算法性能达不到时往往会无法搜索到该函数的最小值点或者搜索出的结果误差较大，事实上该函数的最小值不是所有的方法都能够找到的，因此可以用 Rosenbrock banana 函数来评价搜索算法的性能，其亦成为著名的搜索方法测试函数。

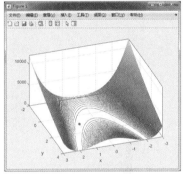

图 3–15　Rosenbrock banana 函数
及其最小值点

2．有约束最优化问题求解

在一定限定条件下寻求某种决策方案，使得期望指标达到最优的问题即为有约束最优化问题。工程实际问题决策往往涉及最优控制或最佳方案选择，在多个备选或可行方案中确定最佳的方案，其实质是通过构建适当的数学模型将决策问题转化为问题状态空间上的全局最小值求解问题。

（1）线性规划问题求解。

线性规划是研究在一组自变量的线性约束条件下，求解线性目标函数的最小值或最大值（最大值可转化为求解最小值），线性规划的数学模型具有三个基本要素：

① 与自变量相关的若干线性约束条件。

② 自变量的取值限制。

③ 关于自变量的线性目标函数。

线性规划的一般形式为

$$\min_{x} f^{\mathrm{T}} x$$

$$\text{s.t.} \begin{cases} A.x \leqslant b \\ Aeq = beq \\ lb \leqslant x \leqslant ub \end{cases}$$

MATLAB 中求解线性规划问题的函数是 linprog()，其调用格式如下：

```
x=linprog(f,A,b,Aeq,beq)
x=linprog(f,A,b,Aeq,beq,lb,ub)
x=linprog(f,A,b,Aeq,beq,lb,ub,x0)
x=linprog(f,A,b,Aeq,beq,lb,ub,x0,options)
[x,fval]=linprog(…)
[x,fval,exitflag]=linprog(…)
[x,fval,exitflag,output]=linprog(…)
[x,fval,exitflag,output,lambda]=linprog(…)
```

其中，f 是目标函数系数向量，A 是不等式约束矩阵，b 是不等式约束右边项系数向量，Aeq 是等式约束矩阵，beq 是等式约束右边项系数向量，lb 是自变量下限向量，ub 是自变量上限向量。

【例 3.32】求解下列目标函数的最小值。

$$\min f(x) = -5x_1 - 4x_2 - 6x_3$$

$$\text{s.t.} \begin{cases} x_1 - x_2 + x_3 \leqslant 20 \\ 3x_1 + 2x_2 + 4x_3 \leqslant 42 \\ 3x_1 + 2x_2 \leqslant 30 \\ x_i \geqslant 0, \quad i = 1, 2, 3 \end{cases}$$

解 在 MATLAB 命令提示符下输入：

```
>> f=[-5; -4; -6];
>> A=[1 -1 1;3 2 4;3 2 0];
>> b=[20; 42; 30];
>> lb=[0; 0; 0];
>> [x,fval,exitflag,output,lambda]=linprog(f,A,b,[],[],lb)
Optimal solution found.
x=
     0
   15.0000
    3.0000
fval=
   -78
exitflag=
    1
output=
  包含以下字段的 struct:
         iterations: 3
      constrviolation: 0
            message: 'Optimal solution found.'
          algorithm: 'dual-simplex'
      firstorderopt: 1.7764e-15
lambda=
  包含以下字段的 struct:
      lower: [3×1 double]
      upper: [3×1 double]
```

```
        eqlin: []
      ineqlin: [3×1 double]
```

【例 3.33】求解目标函数 $f(x)$ 的最小值。

$$\min f(x) = 2x_1 + 3x_2 - 5x_3$$

$$\text{s.t.} \begin{cases} x_1 + x_2 + x_3 \leqslant 7 \\ 2x_1 - 5x_2 + x_3 \geqslant 10 \\ x_1 + 3x_2 + x_3 \leqslant 12 \\ x_i \geqslant 0, i = 1, 2, 3 \end{cases}$$

解　在 MATLAB 命令提示符下输入：

```
>> c=[2;3;-5];              %目标函数的系数
>> a=[-2,5,-1;1,3,1];       %不等式的系数
>> b=[-10,12];              %不等式的右边的矩阵
>> aeq=[1,1,1];             %等式部分的系数
>> deq=7;                   %等式的右边的值
>> x=linprog(-c,a,b,aeq,deq,zeros(3,1))
Optimal solution found.
x=
    6.4286
    0.5714
         0
>> value=c'*x
value=
   14.5714                  %最大值
```

（2）多目标线性规划问题求解。

在实际问题中目标函数可能有多个。例如，一个大型的工程其最终的目标是多方面的，既要考虑工程的成本尽量少，又要考虑企业投产带来的生态和社会效应等多方面的因素。诸如此类问题就是多目标的规划问题。在相同的约束条件下，要求多个目标函数都得到最好的满足，这便是多目标规划。若目标函数和约束条件都是线性的，则称为多目标线性规划。多目标线性规划有两个和两个以上的目标函数，且目标函数和约束条件全是线性函数，其数学模型可描述为

$$\min_{x,\ \gamma} \gamma$$

$$\text{s.t.} \begin{cases} F(x) - \text{weight} \cdot \gamma \leqslant \text{goal} \\ c(x) \leqslant 0 \\ \text{ceq}(c) = 0 \\ A \cdot x \leqslant b \\ \text{Aeq} \cdot x \leqslant \text{beq} \\ \text{lb} \leqslant x \leqslant \text{ub} \end{cases}$$

在 MATLAB 中利用 fgoalattain() 函数可以进行多目标线性（或非线性）规划问题求解，其调用格式如下：

```
x=fgoalattain(fun,x0,goal,weight)
x=fgoalattain(fun,x0,goal,weight,A,b)
x=fgoalattain(fun,x0,goal,weight,A,b,Aeq,beq)
x=fgoalattain(fun,x0,goal,weight,A,b,Aeq,beq,lb,ub)
x=fgoalattain(fun,x0,goal,weight,A,b,Aeq,beq,lb,ub,nonlcon)
x=fgoalattain(fun,x0,goal,weight,A,b,Aeq,beq,lb,ub,nonlcon,options)
[x,fval]=fgoalattain(…)
```

```
[x,fval,attainfactor]=fgoalattain(…)
[x,fval,attainfactor,exitflag]=fgoalattain(…)
```

其中，goal 向量为各目标函数要达到的上界，维数是目标的个数，weight 为搜索步长权重。需要注意的是求解之前要建立三个向量，即 goal 向量、weight 向量和 x0 向量，分别用来表示目标判断、权重和初始解；而 goal 一般为事先给定或已知，weight 一般按照目标比例确定；初始值的选取可以根据条件目测一个，如果无法直接目测确定可以随机生成一个初始值向量，这样的随机初始值向量一般不会影响结果。

【例 3.34】某工厂因生产需要欲采购一种原材料，市场上的这种原料有两个等级，甲级单价 2 元/kg，乙级单价 1 元/kg。要求所花总费用不超过 200 元，购得原料总量不少于 100 kg，其中甲级原料不少于 50 kg，问如何确定最好的采购方案。

解 设 x_1、x_2 分别为采购甲级和乙级原料的数量（kg），要求采购总费用尽量少，采购总质量尽量多，采购甲级原料尽量多。由题意可得数学模型如下：

$$\min f_1 = 2x_1 + x_2$$
$$\min f_2 = -x_1 - x_2$$
$$\text{s.t.} \begin{cases} 2x_1 + x_2 \leqslant 200 \\ -x_1 - x \leqslant -100 \\ -x_1 \leqslant -50 \\ x_1, x_2 \geqslant 0 \end{cases}$$

在 MATLAB 建立 buy_fun() 函数 M 文件：

```
function f=buy_fun(x)
    f(1)=2*x(1)+ x(2);      %f(1)表示的是原料采购总费用
    f(2)=-x(1)- x(2);       %f(2)表示的是采购总质量
    f(3)=-x(1);             %f(3)甲级原料的总质量
```

在 MATLAB 命令提示符下输入：

```
%第1步：给定目标、权重按目标比例确定、给出初值
>> goal=[200 -100 -50]; %goal中的数据表示f(1)，f(2)，f(3)各自的目标数值
>> weight=[200 -100 -50];
>> x0=[55 55]; %初始值x0可依给定条件随机设定但不是随意的，此处55和55符合条件
%第2步：给出约束条件的系数
>> A=[2 1;-1 -1;-1 0];   %3*2矩阵A中的数值是目标函数的系数矩阵
>> b=[200 -100 -50];     %目标函数结果的矩阵
>> lb=zeros(2,1);        %限定条件
%第3步：调用fgoalattain()函数求解
>>[x,fval,attainfactor,exitflag]=fgoalattain(@buy_fun,x0,goal,weight,A
,b,[],[],lb,[])
%计算结果
x=
    50    50
fval=
    150  -100   -50
attainfactor=
    3.4101e-10
exitflag=
    4
```

依计算结果可知，最好的采购方案是采购甲级原料和乙级原料各 50 kg。此时采购总费用为 150 元，总质量为 100 kg，甲级原料总质量为 50 kg。在使用时需注意，fgoalattain() 函数以

最小优化为目标，所以目标函数的数值目标是≤的时候，系数为"+"；而目标函数是≥的时候，系数为"–"。

【例 3.35】某工厂生产两种产品甲和乙，已知生产甲产品 100 kg 需 6 工时，生产乙产品 100 kg 需 8 工时。假定每日可用的工时数为 48 工时。这两种产品每 100 kg 均可获利 100 元。乙产品较受欢迎，且若有个老顾客要求每日供应他乙产品 500 kg，问应如何安排生产计划？

解　设生产甲产品 x_1 百公斤，乙产品 x_2 百公斤，产品加工耗费工时 $f_1(x)$，获利 $f_2(x)$，满足老客户需求量 $f_3(x)$，则问题的数学模型为多目标规划：

$$\min f_1 = 6x_1 + 8x_2$$
$$\min f_2 = -100x_1 - 100x_2$$
$$\text{s.t.} \begin{cases} 6x_1 + 8x_2 \leqslant 48 \\ -x_2 \leqslant 5 \\ x_1,\ x_2 \geqslant 0 \end{cases}$$

在 MATLAB 建立 plan_fun()函数 M 文件：

```
function f=plan_fun (x)
    f(1)=6*x(1)+8*x(2);
    f(2)=-100*x(1)-100*x(2);
    f(3)=-x(2);
```

在 MATLAB 命令提示符下输入：

```
>> goal=[48 -800 -5];
>> weight=[48 -800 -5];
>> x0=[3;3];
>> A=[6 8;0 -1];
>> b=[48;-5];
>> lb=zeros(2,1);
>>[x,fval,attainfactor,exitflag]=fgoalattain(@plan_fun,x0,goal,weight,
A,b,[],[],lb,[])
x=
    1.3333
    5.0000
fval=
    48.0000 -633.3333  -5.0000
attainfactor=
    9.9341e-10
exitflag=
    4
```

求解结果为生产甲产品 133.33 kg，乙产品 500 kg，工时刚好为 48，可获利 633.333 3 元，刚好满足老客户的需求。

（3）二次规划问题求解

二次规划（Quadratic Programming，QP）是解决特殊类型的数学优化问题过程，即优化（最小化或最大化）几个受线性变量影响的二次函数的问题对这些变量的限制。二次规划的一般形式为

$$\min_x \boldsymbol{f}^{\mathrm{T}} \boldsymbol{x} + \frac{1}{2} \boldsymbol{x}^{\mathrm{T}} \boldsymbol{H} \boldsymbol{x}$$
$$\text{s.t.} \begin{cases} A \cdot \boldsymbol{x} \leqslant b \\ \mathrm{Aeq}\boldsymbol{x} = \mathrm{beq} \\ \mathrm{lb} \leqslant \boldsymbol{x} \leqslant \mathrm{ub} \end{cases}$$

二次规划模型与线性规划类似，只是其目标函数具有变量的二次项。在 MATLAB 中求解二次规划问题是使用 quadprog()函数，其调用格式如下：

```
x=quadprog(H,f,A,b)
x=quadprog(H,f,A,b,Aeq,beq)
x=quadprog(H,f,A,b,Aeq,beq,lb,ub)
x=quadprog(H,f,A,b,Aeq,beq,lb,ub,x0)
x=quadprog(H,f,A,b,Aeq,beq,lb,ub,x0,options)
x=quadprog(H,f,A,b,Aeq,beq,lb,ub,x0,options,p1,p2,…)
[x,fval]=quadprog(…)
[x,fval,exitflag]=quadprog(…)
[x,fval,exitflag,output]=quadprog(…)
[x,fval,exitflag,output,lambda]=quadprog(…)
```

【例 3.36】求解下列二次规划问题最优解。

$$\min f(x) = \frac{1}{2}x_1^2 + x_2^2 - x_1 x_2 - 2x_1 - 6x_2$$

$$\text{s.t.} \begin{cases} x_1 + x_2 \leqslant 2 \\ -x_1 + 2x_2 \leqslant 2 \\ 2x_1 + x_2 \leqslant 3 \\ x_1, \ x_2 \geqslant 0 \end{cases}$$

解 第一，将目标函数 $f(x)$ 转化为二次规划问题标准形式：

$$f(x) = f^{\mathrm{T}}x + \frac{1}{2}x^{\mathrm{T}}Hx$$

$$x = \begin{pmatrix} x_1 \\ x_2 \end{pmatrix}$$

第二，因向量 f 只与 $f(x)$ 的一次项有关，即：

$$f^{\mathrm{T}}x = -2x_1 - 6x_2$$

$$f = \begin{pmatrix} -2 \\ -6 \end{pmatrix}$$

第三，矩阵 H 只与两个变量 x_1 和 x_2 的二次项有关，即：

$$\frac{1}{2}x^{\mathrm{T}}Hx = -\frac{1}{2}x_1^2 + x_2^2 - x_1 x_2$$

$$H = \begin{pmatrix} 1 & -1 \\ -1 & 2 \end{pmatrix}$$

需要注意的是，本例中二次项中有个系数是 1/2，与二次型不相同，因此矩阵 H 的元素需是二次型中矩阵元素的两倍。

第四，确定约束条件向量，本例中约束条件只有不等式约束且 x_1、x_2 只给出下边界，因此 Aeq、beq 和 ub 为空，不等式约束矩阵 A 和不等式约束右边项系数向量 b 如下：

$$A = \begin{pmatrix} 1 & 1 \\ -1 & 2 \\ 2 & 1 \end{pmatrix}, \quad b = \begin{pmatrix} 2 \\ 2 \\ 3 \end{pmatrix}$$

第五，调用 quadprog()函数以求解最优值，在 MATLAB 命令提示符下输入：

```
>> f=[-2; -6];
>> H=[1 -1; -1 2];
```

```
>> A=[1 1; -1 2; 2 1];
>> b=[2; 2; 3];
>> lb=[0; 0];
>> [x,fval,exitflag,output,lambda]=quadprog(H,f,A,b,[],[],lb)
x=
    0.6667
    1.3333
fval=
    -8.2222
exitflag=
    1
output=
  包含以下字段的 struct:

            message: 'Minimum found that satisfies the constraints.'
          algorithm: 'interior-point-convex'
      firstorderopt: 2.6645e-14
      constrviolation: 0
         iterations: 4
       linearsolver: 'dense'
        cgiterations: []
lambda=
  包含以下字段的 struct:
    ineqlin: [3×1 double]
      eqlin: [0×1 double]
      lower: [2×1 double]
      upper: [2×1 double]
```

利用 quadprog() 函数计算得最优解为：

$$\min f(\boldsymbol{x}) = -8.2222$$
$$\boldsymbol{x} = \begin{pmatrix} 0.6667 \\ 1.3333 \end{pmatrix}$$

（4）非线性约束最优化问题求解。

求解对象的目标函数或约束条件中至少有一项是非线性的，一般称为非线性计算，寻找此类问题最大值或最小值即为非线性约束最优化问题求解。非线性函数的求最优化模型可描述为：

$$\min_{x} f(x)$$
$$\text{s.t.} \begin{cases} c(x) \leqslant 0 \\ \text{ceq}(c) = 0 \\ A \cdot x \leqslant b \\ \text{Aeq} \cdot x \leqslant \text{beq} \\ \text{lb} \leqslant x \leqslant \text{ub} \end{cases}$$

其中，$f(x)$、$c(x)$、$\text{ceq}(x)$ 为非线性函数。MATLAB 中可使用 fmincon() 函数求非线性函数的求最优化问题，其调用格式如下：

```
x=fmincon(fun,x0,A,b)      %fun 为非线性函数
x=fmincon(fun,x0,A,b,Aeq,beq)
x=fmincon(fun,x0,A,b,Aeq,beq,lb,ub)
```

```
x=fmincon(fun,x0,A,b,Aeq,beq,lb,ub,nonlcon)
x=fmincon(fun,x0,A,b,Aeq,beq,lb,ub,nonlcon,options)
x=fmincon(fun,x0,A,b,Aeq,beq,lb,ub,nonlcon,options,P1,P2,…)
[x,fval]=fmincon(…)
[x,fval,exitflag]=fmincon(…)
[x,fval,exitflag,output]=fmincon(…)
[x,fval,exitflag,output,lambda]=fmincon(…)
[x,fval,exitflag,output,lambda,grad]=fmincon(…)
[x,fval,exitflag,output,lambda,grad,hessian]=fmincon(…)
```

【例 3.37】 求以下非线性函数的最小值及最优解，搜索初始值为[5,5,5]′。

$$\min f(x) = -\sqrt{x_1 x_2 x_3}$$

$$\text{s.t.} \begin{cases} -x_1 - 2x_2 + 2x_3 \leqslant -1 \\ 2x_1 + 3x_2 + 4x_3 \leqslant 21 \end{cases}$$

解 依据非线性约束最优化模型可知：

$$A = \begin{pmatrix} -1 & -2 & 2 \\ 2 & 3 & 4 \end{pmatrix}, \quad b = \begin{pmatrix} -1 \\ 21 \end{pmatrix}$$

在 MATLAB 命令提示符下输入：

```
>> x0=[5; 5; 5];
>> A=[-1,-2,2;2,3,4];
>> b=[-1;21];
>> f=@(x)(-(x(1)*x(2)*x(3))^0.5);
>> [x,fval]=fmincon(f,x0,A,b)
x=
    3.5000
    2.3333
    1.7500
fval=
   -3.7804
```

3.5　数值微分与积分

通过调用 MATLAB 函数 gradient()、diff(x)、diff(x,n)可以分别实现计算函数 x 的一阶微分及 n 阶微分，此外 MATLAB 还为数值计算提供了相应的函数。

3.5.1　数值微分

MATLAB 中没有直接提供求数值导数的函数，可借助数值梯度函数 gradient()或向前差分函数 diff()来计算数值导数。gradient()是求数值梯度函数的命令，其调用格式为：

```
[Fx,Fy]=gradient(x)
```

其中，Fx 为其水平方向上的梯度，Fy 为其垂直方向上的梯度。Fx 的第一列元素为原矩阵第二列与第一列元素之差，Fx 的第二列元素为原矩阵第三列与第一列元素之差除以 2，依此类推：Fx(i,j)=(F(i,j+1)-F(i,j-1))/2，最后一列则为最后两列之差。同理，可以得到 Fy。

diff()是符号运算命令，采用差分方式来计算数值微分。dx=diff(x)计算函数 x 的一阶微分；dx=diff(x,n)计算 x 的 n 阶微分，diff(x,2)=diff(diff(x))计算函数 x 的 2 阶微分；dx=diff(A,n,dim) 计算矩阵 A 的 n 阶微分，dim=1 时（默认），按列计算微分，dim=2 按行计算微分。

【例 3.38】利用 gradient() 函数计算 $y=\sin x$ 在 $[0,2\pi]$ 上的数值导数，并做出 y 和 y' 的图形。

解　在 MATLAB 命令提示符下输入：

```
>> clear
>> d=pi/100;
>> x=0:d:2*pi;
>> y=sin(x);
>> dydx=gradient(y)/d;
>> plot(x,dydx,'m','linewidth',2)
>> hold on
>> plot(x,y,'b')
>> legend('dydx','y')
```

运行结果如图 3-16 所示。

【例 3.39】利用 gradient() 函数求 $f=4\cos^2(x)+5\sin(y^3)$ 的梯度，并绘制梯度矢量分布图。

解　在 MATLAB 命令提示符下输入：

```
>> X=-5:0.5:5;                    %离散化变量
>> Y=X;
>> [x,y]=meshgrid(X,Y);           %生成计算网格
>> f=4*cos(x).^2+5*sin(y.^3);     %计算网格节点上的函数值
>> [Dx,Dy]=gradient(f);           %用数值方法求函数梯度
>> quiver(X,Y,Dx,Dy)              %用矢量绘图函数绘出梯度矢量大小分布
```

在 MATALB 中，只能计算数值梯度，必须将函数 f 离散化，用差分代替微分实现解析函数的梯度计算，运行结果如图 3-17 所示。

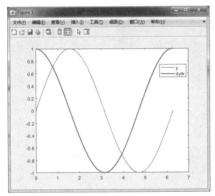

图 3-16　利用 gradient() 函数计算导数

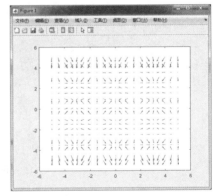

图 3-17　利用 gradient() 函数计算梯度

【例 3.40】求函数 $f(x)=7x^3+3x^2+\sin x+8$ 的数值导数，并做出 $f(x)$ 和 $f'(x)$ 的图像。

解　在 MATLAB 命令提示符下输入：

```
>> clear
>> x=-4:0.01:4;
>> f=7.*x.^3+3.*x.^2+sin(x)+8;
>> y=diff(f);
>> plot(f)
>> plot(y)
```

运行结果如图 3-18 和图 3-19 所示。

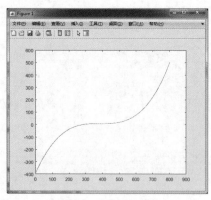

图 3-18 $f(x)$ 的图像

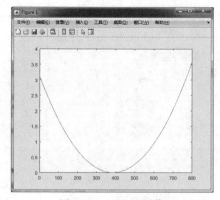

图 3-19 $f'(x)$ 的图像

【例 3.41】 求函数 $f(x)=4\cos x+7\sin2\,x$ 的 1～5 阶差分。

解 在 MATLAB 命令提示符下输入：

```
>> clear
>> x=linspace(0,2*pi,10);
>> f=4*cos(x)+7*sin(2*x);
>> y=diff(f)
y=
    Columns 1 through 6
     5.9578    -6.8691  -11.1509    -0.1961     8.9990     3.3214
    Columns 7 through 9
    -5.7617    -2.1299     7.8295
>> y=diff(f,2)
y=
    Columns 1 through 6
   -12.8269    -4.2818    10.9548     9.1951    -5.6776    -9.0832
    Columns 7 through 8
     3.6318     9.9594
>> y=diff(f,3)
y=
    Columns 1 through 6
     8.5451    15.2366    -1.7597   -14.8727    -3.4056    12.7150
    Column 7
     6.3276
>> y=diff(f,4)
y=
    6.6915  -16.9963  -13.1131   11.4672   16.1205   -6.3874
>> y=diff(f,5)
y=
  -23.6878     3.8832    24.5802     4.6534  -22.5079
```

【例 3.42】 采用 diff()函数和 gradient()函数分别计算 $x=\cos t$ 在[0,2π]上的数值导数，并绘图对比。

解 在 MATLAB 命令提示符下输入：

```
>> clear
>> d=pi/100;
>> t=0:d:2*pi;
>> x=cos(t);
>> dxdt_diff=diff(x)/d;     %计算导数
>> dxdt_grad=gradient(x)/d; %计算导数
```

```
>> subplot(1,2,1)
>> plot(t,x,'b')
>> hold on
>> plot(t,dxdt_grad,'g','LineWidth',8)
>> plot(t(1:end-1),dxdt_diff,'.k','MarkerSize',8)
>> axis([0,2*pi,-1.1,1.1])
>> title('[0, 2\pi]')
>> legend('x(t)','dxdt_{grad}','dxdt_{diff}','Location','North')
>> xlabel('t')
>> box off
>> hold off
>> subplot(1,2,2)
>> kk=(length(t)-10):length(t);
>> hold on
>> plot(t(kk),dxdt_grad(kk),'og','MarkerSize',8)
>> plot(t(kk-1),dxdt_diff(kk-1),'.k','MarkerSize',8)
>> title('[end-10, end]')
>> xlabel('t'),box off
>> legend('dxdt_{grad}','dxdt_{diff}','Location','SouthEast')
>> hold off
```

运行结果如图 3-20 所示。

3.5.2　数值积分

1. 被积函数是一个连续函数

连续被积函数是 quad()。调用格式如下：

```
quad(f,a,b,t,trace)
```

其中，f 是被积函数表达式或者函数文件名；a、b
是定义函数积分的上限和下限；t 是计算精度，默认值
是 0.001；trace 设置是否用图形展开分积分过程，1 为展
开，0 为不展开。数值积分函数还有一种形式为 quad8()，
其用法与 quad() 函数完全相同。但需要注意的是，quad()
是基于变步长辛普生法的 MATLAB 计算积分函数，而

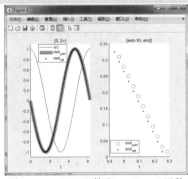

图 3-20　diff() 函数和 gradient() 函数
计算导数结果对比

quad8() 是基于牛顿 – 柯特斯法的 MATLAB 计算积分函数。quad8() 不管是在精度上还是在速度
上都明显高于 quad()，但现在这个函数已经不用了，取而代之的是 quadl()。quadl() 函数基于
洛巴托求积（Lobatto Quadrature）算法，在要求的绝对误差范围内，用自适应递推复合 Lobatto
数值积分法计算数值积分，对于高精度和光滑函数效率更高。

【例 3.43】求积分 $\int_0^1 e^{-x^2} dx$，并在相同精度条件下对比 quad() 和 quadl() 调用次数。

解　建立一个函数文件 ex.m：

```
function ex=ex(x)
    ex=exp(-x.^2);          %注意应用点运算
return
```

在 MATLAB 命令提示符下输入：

```
>> clear
>> quad('ex',0,1,1e-6)      %注意函数名应加字符引号
ans=
    0.7468
>> quadl('ex',0,1,1e-6)     %用另一函数求积分
```

```
ans=0.7468
%对比调用次数
>> [I,n]=quad('ex',0,1,1e-6)
I=
    0.7468
n=
    13
>> [I,n]=quadl('ex',0,1,1e-6)
I=
    0.7468
n=
    18
```

2. 被积函数是一个离散函数

被积函数是离散函数的积分函数为 trapz()或 cumsum()。调用格式为：

```
trapz(x,y)
```

它是梯形法求数值积分，其中函数关系 $y=f(x)$，给出 y 相对于 x 的积分值。

```
cumsum(y)
```

它是欧拉法求数值积分，cumsum 对 y 的列向量进行积分运算，等距离单位步长，但是积分精度较差。

【例 3.44】 用 trapz()函数计算函数积分。

解　在 MATLAB 命令提示符下输入：

```
>> clear
>> x=-2:0.01:2;
>> y=sin(2*x)+exp(x.^4);
>> trapz(x,y)
ans=
    5.8966e+005
```

3. 二维函数积分

二维函数的积分函数为 dblquad()。调用格式为：

```
y=dblquad('f',inmin,inmax,outmin,outmax)
```

其中，f 是被积分的函数，inmin、inmax、outmin、outmax 分别是内外层积分的上下限。

```
Y=dblquad('f',inmin, inmax,outmin,outmax,tol,trace)
```

tol 指定计算积分的相对误差，trace 表示非零时绘制积分函数的点轨迹，等于零时不绘制积分函数的点轨迹。

【例 3.45】 计算二重积分 $\int_0^{20} \mathrm{d}y \int_0^{20} \mathrm{e}^{-x^2-y^2} \mathrm{d}x$。

解　首先画出函数的三维积分曲面图，先建立一个函数文件 fun.m：

```
function f=fun(x,y)
    f=exp(-x.^2-y.^2);
```

在 MATLAB 命令提示符下输入：

```
>> clc
>> clear
>> x=[0:0.1:20];
>> y=[0:0.1:20];
>> [xi,yi]=meshgrid(x,y);
>> zi=fun(xi,yi);
>> mesh(xi,yi,zi)
```

运行结果如图 3-21 所示。

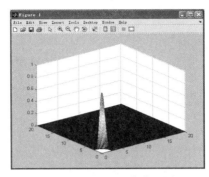

图 3-21　三维积分曲面图

最后求积分函数：

```
>> g=inline('exp(-x.^2-y.^2)');
>> dblquad(g,0,20,0,20)
ans=
    0.7854
```

3.6　常微分方程的数值求解

ODE（Ordinary Differential Equations）求解器有多种，每一种求解器均有其适应场合范围和采用的求解数学原理，如 Runge-Kutta、Adams、NDFs 等，ode23、ode45 等是常用的 ODE 求解器。在 MATLAB 中，利用 ode23、ode45 求解器求常微分方程数值解的函数为 ode23()、ode45()，调用格式为：

```
[X,Y]=ode23(f,[x0,xn],y0)
[X,Y]=ode45(f,[x0,xn],y0)
```

其中，f 是待求解的目标微分方程，[x0,xn]是求解微分方程时的积分范围，y0 是初值向量，告诉求解器这三个参数即可求解微分方程；X、Y 是两个向量，X 对应自变量 x 在求解区间 $[x_0, x_n]$ 的一组采样点，其采样密度是自适应的，无须指定；Y 是与对 X 应的一组解，f 是一个函数，$[x_0, x_n]$ 代表自变量的求解区间，$y_0 = y(x_0)$，由方程的初值给定。函数在求解区间 $[x_0, x_n]$ 内，自动设立采样点向量 X，并求出解函数 y 在采样点 X 处的样本值。

ode23()、ode45()是两个求解微分方程的命令函数，但适应的场合、计算效率存在差别。事实上，二者采用的数学原理均是 Runge-Kutta 法，不同之处在于计算的阶数不同。初学者往往对数学原理不能透彻理解，那么在此情况下，可以优先采用 ode45()来求解微分方程，若不成功再更换和尝试其他求解器。

一般情况下，ode45()应用相对较广。在容许误差大的情况下，ode23()的效率要比 ode45() 高一些，但精度相对低一些。通常情况下，ode23()、ode45()的计算结果能够保持一致，但在一些特殊情况下，二者的计算结果会存在一定程度上的偏离，在实际计算时需要权衡计算效率和计算精度来确定求解器。

【例 3.46】求解微分方程 $\dfrac{\mathrm{d}y}{\mathrm{d}x} = 2x - 1$，并画出解在区间[0,10]上的图像。

解　建立一个函数文件 f1.m：

```
function Y=f1(x,y)
    Y=2*x-1;
```

在 MATLAB 命令提示符下输入：

```
>> clc
>> clear
>> [x,y]=ode45(@f1,[0,10],1);
>> plot(x,y)
```

运行结果如图 3-22 所示。

【例 3.47】 求微分方程 $\dfrac{\mathrm{d}y}{\mathrm{d}x}-5y=(x-1)\sin x+(x+1)\cos x$，并绘出解在区间[0,5]上的图像。

解　建立一个函数文件 f2.m:

```
function Y=f2(x,y)
    Y=5*y+(x+1)*cos(x)+(x-1)*sin(x);
```

在 MATLAB 命令提示符下输入：

```
>> clc
>> clear
>> [x,y]=ode45(@f2,[0,5],1);
>> plot(x,y)
```

运行结果如图 3-23 所示。

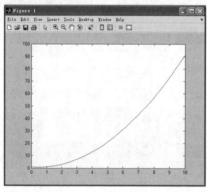
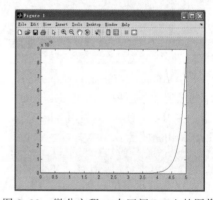

图 3-22　微分方程 y' 在区间[0,10]上的图像　　　图 3-23　微分方程 y' 在区间[0,5]上的图像

【例 3.48】 求解微分方程数值解，并与其精确解 $y(t)=\sqrt{t+1}+1$ 进行比较。

$$y'=\frac{y^2-t-2}{4(t+1)},0\leqslant t\leqslant 20$$

$$y(0)=2$$

解　在 MATLAB 命令提示符下输入：

```
>> f=@(t,y)(y^2-t-2)/4/(t+1);
>> [t,y]=ode23(f,[0,20],2);
>> y1=sqrt(t+1)+1;
>> plot(t,y,'b:','linewidth',2);
>> hold on
>> plot(t,y1,'r','linewidth',2);
```

运行结果如图 3-24 所示。

【例 3.49】 分别利用 ode23()、ode45()在[0,3]区间上求解微分方程数值解。

$$\begin{cases} y'=t*(1+\mathrm{heaviside}(t-1))-3*\mathrm{heaviside}(t-2) \\ y(0)=1 \end{cases}$$

$$\mathrm{heaviside}(t)=\begin{cases} 0, & t\leqslant 0 \\ 1, & t>0 \end{cases}$$

解 在 MATLAB 命令提示符下输入：

```
>> odefun=@(t,y)t*(1+heaviside(t-1))-3*heaviside(t-2);
>> [tout,yout]=ode45(odefun,[0,3],1);
>> [touts,youts]=ode23(odefun,[0,3],1);
>> plot(tout,yout,'r',touts,youts,'b')
>> grid on
```

运行结果如图 3-25 所示。

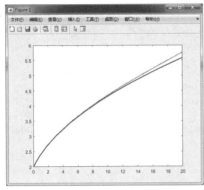
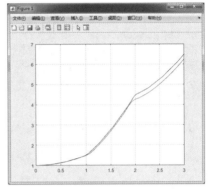

图 3-24 微分方程数值解与精确解   图 3-25 ode23()与 ode45()求解微分方程

★ 3.7 快速傅里叶变换 ★

傅里叶变换在物理学、电子类学科、数论、组合数学、信号处理、概率论、统计学、密码学、声学、光学、海洋学、结构动力学等领域都有着广泛的应用。例如在信号处理中，傅里叶变换的典型用途是将信号分解成幅值谱，显示与频率对应的幅值大小。傅里叶原理表明：任何连续测量的时序或信号都可以表示为不同频率的余弦（或正弦）波信号的无限叠加。FFT 是离散傅里叶变换的快速算法，可以将一个时域信号变换到频域。在 MATLAB 中，用 fft()函数实现离散时间序列的快速傅里叶变换，其调用格式如下：

```
Y=fft(X)       %用快速傅里叶变换(FFT)算法计算 X 的离散傅里叶变换(DFT)
Y=fft(X,n)     %返回 n 点 DFT，如果未指定 n 值，则 Y 的大小与 X 相同
Y=fft(X,n,dim) %返回沿维度 dim 的傅里叶变换，如对于给定的矩阵 X，fft(X,n,2)
               %返回每行的 n 点傅里叶变换
```

假设采样频率为 F_s、信号频率为 F、信号长度为 L、采样点数为 N，那么 FFT 之后结果就是一个 N 点的复数，每一个点对应着一个频率点，该频率点的模值，就是该频率值下的幅度特性，某点 n 所表示的频率为：$F_n=(n-1)*F_s/N$，故 F_n 所能分辨到频率为 F_s/N。如果采样频率 Fs 为 1 024 Hz，采样点数为 1 024 点，则可以分辨到 1 Hz；1 024 Hz 的采样率采样 1 024 点，刚好是 1s，也就是说，采样 1 s 时间的信号并做 FFT，则结果可以分辨到 1 Hz。如果采样 2 s 时间的信号，则 N 为 2 048 并做 FFT，则结果可以分辨到 0.5 Hz。所以，要提高频率分辨力，必须增加采样点数，频率分辨率和采样时间是倒数关系。采样频率 F_s 被 $N-1$ 个点平均分成 N 等份，每个点的频率依次增加，为了方便进行 FFT 运算，通常 N 取大于信号长度 L 的 2 的整数次方。

【例 3.50】以 128 Hz 的采样频率对 $x(t)$ 进行采样和快速傅里叶变换，并绘制幅频响应和相频响应图。

$$x(t) = 2 + 5\cos\left(20\pi t - \frac{\pi}{6}\right) + 4\cos\left(50\pi t - \frac{\pi}{2}\right)$$

解　在 MATLAB 命令提示符下输入：

```
>> clear
>> Fs=128;                      %采样频率
>> T=1/Fs;                      %采样时间
>> L=256;                       %信号长度
>> t=(0:L-1)*T; %时间
>> x=2+5*cos(2*pi*10*t-pi/6)+4*cos(2*pi*25*t-pi/2);   %原始信号
>> y=x+randn(size(t));  %添加噪声
>> figure;
>> plot(t,y)
>> title('加噪声的信号')
>> xlabel('时间(s)')
>> N=2^nextpow2(L);     %采样点数，其越大分辨的频率越精确，N>=L，超出部分信号补0
>> Y=fft(y,N)/N*2;      %除以 N 乘以 2 才是真实幅值，N 越大，幅值精度越高
>> f=Fs/N*(0:1:N-1);    %频率
>> A=abs(Y);            %幅值
>> P=angle(Y);          %相值
>> figure;
>> subplot(211);plot(f(1:N/2),A(1:N/2));    %fft 返回数据具有对称性,只画前一半
>> title('幅值频谱')
>> xlabel('频率(Hz)')
>> ylabel('幅值')
>> subplot(212);plot(f(1:N/2),P(1:N/2));
>> title('相位谱频')
>> xlabel('频率(Hz)')
>> ylabel('相位')
```

运行结果如图 3-26 和图 3-27 所示。

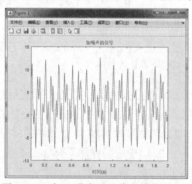

图 3-26　加入噪声后的待变换信号 $x(t)$

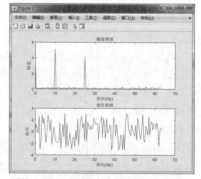

图 3-27　幅频响应和相频响应图

【例 3.51】比较时域和频域中的余弦波，采样频率为 1 kHz，信号持续时间为 1 s。

解　在 MATLAB 命令提示符下输入：

```
>> clc
>> clear
>> Fs=1000;                     %采样频率
>> T=1/Fs;                      %采样周期
>> L=1000;                      %信号长度
```

```
>> t=(0:L-1)*T;
>> x1=cos(2*pi*50*t);          %3 个余弦信号
>> x2=cos(2*pi*150*t);
>> x3=cos(2*pi*300*t);
>> X=[x1; x2; x3];
>> for i=1:3                    %绘制余弦信号图形
    subplot(3,1,i)
    plot(t(1:100),X(i,1:100))
    title(['Row ',num2str(i),' in the Time Domain'])
end
>> n=2^nextpow2(L);            %用零填充 X 每一行，使每行长度为比当前长度大的最小的 2 幂值
>> dim=2;                      %按指定维度进行 fft 变换，取 2 是以行进行 fft 变换
>> Y=fft(X,n,dim);            %计算信号的傅里叶变换
>> P2=abs(Y/L);              %计算每个信号的双侧频谱和单侧频谱
>> P1=P2(:,1:n/2+1);
>> P1(:,2:end-1)=2*P1(:,2:end-1);
>> for i=1:3                    %绘制幅频响应图
    subplot(3,1,i)
    plot(0:(Fs/n):(Fs/2-Fs/n),P1(i,1:n/2))
    title(['Row ',num2str(i),' in the Frequency Domain'])
end
```

运行结果如图 3-28 和图 3-29 所示。

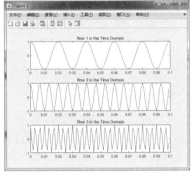

图 3-28　余弦信号

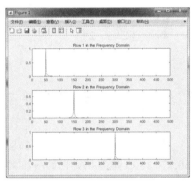

图 3-29　幅频响应

★ 小　结 ★

　　本章重点为线性方程与线性方程组的数值求解，求解方法分为直接法和迭代法；非线性方程与非线性方程组的数值求解，主要通过调用相关函数进行求解；多项式数值计算包括多项式的建立、多项式求值、多项式的四则运算、多项式的导函数；数据的数值计算主要包括求最大最小元素、求平均值、求和与求积、求累加和与累乘积、求样本方差、求元素排序；曲线的拟合与二次、三次样条插值；数值的微分与积分；常微分方程数值求解；快速傅里叶变换等。

　　数值计算的内容非常丰富，读者可以开动脑筋利用现有的函数来实现更为丰富的数值计算。此外，除数值计算外，MATLAB 还可以实现大量的符号运算功能，如何实现函数运算功能将在下一章中进行详细介绍。

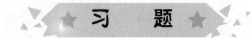

习 题

1. 求方程 $x^4 - 2x^2 = 1$ 的根。

2. 用 LU 分解求方程组 $\begin{cases} x_1 - x_2 + 2x_3 - x_4 = 3 \\ x_1 + x_2 - 5x_3 + 2x_4 = 0 \\ 4x_1 - x_2 + x_3 = 3 \\ x_1 + x_2 + 2x_3 - x_4 = 0 \end{cases}$ 的根。

3. 求非线性方程 $x - \ln x + \cos x = 1$ 的解。

4. 求多项式 $p(x) = 2x^3 + 3x^2 + x + 1$ 和多项式 $q(x) = 3x^3 + 3x + 1$ 的和及其乘积。

5. 求多项式 $p(x) = 3x^3 + 3x^2 + 1$ 的导函数。

6. 求矩阵 $\begin{pmatrix} 1 & 1 & 3 \\ 1 & 1 & 1 \\ 2 & 1 & 2 \end{pmatrix}$ 的平均值、中值、行最大最小元素。

7. 求矩阵 $A = \begin{pmatrix} 0 & 1 & 3 \\ 1 & 0 & 1 \\ 1 & 1 & 1 \end{pmatrix}$ 的标准方差，并对元素进行排序。

8. 求数据 $(123,222,256,300,278,221,129,523,214,232,122)$ 随数据 $(100,110,120,130,140, 150,160,170,180,190,200)$ 变化的一维插值，并画出插值曲线。

9. 求函数 $z = \sin(x^3 + y^3)$ 的二维线性插值曲线。

10. 求函数 $y = x^3 + x - 2$ 在区间 $[-3,3]$ 上的最大最小值。

11. 求函数 $f(x) = x^3 + \cos x - 1$ 的数值导函数，并做出一阶导数的函数图像。

12. 求积分 $\int_0^1 e^{\cos x} dx$ 。

13. 求二重积分 $\int_0^1 dy \int_0^2 (x^2 + y) dx$ 。

14. 求解 $\min z = 2x_1 + 3x_2 + 5x_3$ ，约束条件为 $\begin{cases} x_1 + 4x_2 + 2x_3 \geqslant 8 \\ 3x_1 + 2x_2 \geqslant 6 \\ x_1, x_2, x_3 \geqslant 0 \end{cases}$ 。

15. 求解目标函数 $f(x) = x_1^2 + x_2^2 + 5$ 的最小值，约束条件为 $\begin{cases} x_1^2 - x_2 \geqslant 0 \\ -x_1 + x_2^2 + 2 = 0 \\ x_1, x_2 \geqslant 0 \end{cases}$。

16. 求解微分方程 $\begin{cases} \dfrac{\mathrm{d}^2 x}{\mathrm{d}t^2} - 1000(1 - x^2)\dfrac{\mathrm{d}x}{\mathrm{d}t} - x = 0 \\ x(0) = 2 \\ x'(0) = 0 \end{cases}$ 的数值解，并绘制对应的图形。

17. 求解微分方程组 $\begin{cases} y_1' = y_2 y_3 \\ y_2' = -y_1 y_3 \\ y_3' = -0.51 y_1 y_2 \\ y_1(0) = 0, y_2(0) = 1, y_3(0) = 1 \end{cases}$ 的数值解，并绘制对应的图形。

18. 对于信号 $x(t)$=cos($0.48\pi t$)+cos($0.52\pi t$)进行快速傅里叶变换，并绘制出相应的图形：

（1）执行 FFT 点数与原信号长度相等（100 点）。

（2）执行 FFT 点数（120 点）大于原信号长度（100 点）。

（3）执行 FFT 点数与原信号长度相等（120 点）。

19. 正弦衰减信号 $x(t) = \sin(0.08\pi t) \times \mathrm{e}^{t/80}$ 进行快速傅里叶变换，并绘制其幅值曲线、相位曲线、实部曲线和虚部曲线。

第4章

MATLAB 符号计算

🎯 **本章要点**

◎ 了解 MATLAB 符号计算功能；

◎ 理解符号函数和符号矩阵的基本运算；

◎ 掌握建立符号矩阵和符号函数、利用 MATLAB 计算符号函数的微积分及其对符号函数方程的求解、符号函数图像的绘制。

MATLAB 具有强大的符号运算功能，如创建符号矩阵和符号函数，以及完成符号矩阵和符号函数的基本计算等。利用 MATLAB 的符号计算功能可以进行函数的微积分运算及其符号方程的求解、符号函数图像的绘制。

★ 4.1 符号矩阵与符号函数的创建 ★

MATLAB R2019b 使用 str2sym() 函数来建立符号矩阵；新版本直接输入方法创建符号矩阵与旧版本保持一致，即先通过 syms 命令定义符号变量然后利用已定义的符号变量建立符号矩阵。

4.1.1 建立符号矩阵

1. 用 str2sym() 函数建立符号矩阵

旧版本 MATLAB 中，符号矩阵的建立主要通过调用 sym() 函数及直接输入两种方法。调用 MATLAB 函数 sym()、syms() 可以实现定义符号变量和符号表达式，创建符号数学函数等功能。在新版本 MATLAB 中已不支持 sym('…') 这种建立符号矩阵的方式，替代的方法是在新版本 MATLAB 中用 str2sym() 函数替代 sym() 函数来建立符号矩阵。

【例 4.1】建立一个符号矩阵，并进行运算。

解 在 MATLAB 命令提示符下输入：

```
>> clear
>> a=str2sym('[a1,a2,a3;b1,b2,b3;c1,c2,c3]')
a=
    [a1, a2, a3]
    [b1, b2, b3]
    [c1, c2, c3]
>> a+2
ans=
    [ 2+a1, 2+a2, 2+a3]
```

```
    [ 2 + b1, 2 + b2, 2 + b3]
    [ 2 + c1, 2 + c2, 2 + c3]
>> b=str2sym('[1/a1,1/a2,1/a3;1/b1,1/b2,1/b3;1/c1,1/c2,1/c3]')
b=
    [ 1/a1, 1/a2, 1/a3]
    [ 1/b1, 1/b2, 1/b3]
    [ 1/c1, 1/c2, 1/c3]
```

2. 直接输入法建立符号矩阵

【例 4.2】用直接输入法建立一个符号矩阵。

解 在 MATLAB 命令提示符下输入：

```
>> clear
>> syms a1 a2 a3 b1 b2 b3 c1 c2 c3
>> b=[[ a1, a2, a3];[ b1, b2, b3];[ c1, c2, c3 ]]
b=
    [a1, a2, a3]
    [b1, b2, b3]
    [c1, c2, c3]
```

3. 把数值矩阵转换为符号矩阵

用 sym()函数可以把数值矩阵转换为符号矩阵。

【例 4.3】把数值矩阵转换为符号矩阵。

解 在 MATLAB 命令提示符下输入：

```
>> clear
>> a=magic(4)
a=
    16     2     3    13
     5    11    10     8
     9     7     6    12
     4    14    15     1
>> sym(a)
ans=
    [ 16,  2,   3, 13]
    [  5, 11, 10,   8]
    [  9,  7,  6, 12]
    [  4, 14, 15,  1]
>> a=[1/1 1/2 1/3;1/4 1/5 1/6;1/7 1/8 1/9]
a=
    1.0000    0.5000    0.3333
    0.2500    0.2000    0.1667
    0.1429    0.1250    0.1111
>> sym(a)
ans=
    [   1, 1/2, 1/3]
    [ 1/4, 1/5, 1/6]
    [ 1/7, 1/8, 1/9]
>> sym([1/1 1/2 1/3;1/4 1/5 1/6;1/7 1/8 1/9])
ans=
    [   1, 1/2, 1/3]
    [ 1/4, 1/5, 1/6]
    [ 1/7, 1/8, 1/9]]
```

4.1.2　建立符号函数

1．使用 sym()、syms()函数建立符号变量和符号表达式

sym()函数用于建立单个符号量，syms()函数用于建立多个符号变量和符号表达式。

```
syms  var1 var2 … varn
```

函数定义符号变量 var1，var2，…，varn 等。用这种格式定义符号变量时不要在变量名上加字符分界符（'），变量间用空格而不用逗号分隔。

【例 4.4】建立一个魔方矩阵并进行运算。

解　在 MATLAB 命令提示符下输入：

```
>> clear
>> X=magic(4)
X=
   16    2    3   13
    5   11   10    8
    9    7    6   12
    4   14   15    1
>> A=sym(X)
A=
   [ 16,  2,  3, 13]
   [  5, 11, 10,  8]
   [  9,  7,  6, 12]
   [  4, 14, 15,  1]
>> A+1
ans=
   [ 17,  3,  4, 14]
   [  6, 12, 11,  9]
   [ 10,  8,  7, 13]
   [  5, 15, 16,  2]
```

【例 4.5】比较符号变量和数值变量的差别。

解　在 MATLAB 命令提示符下输入：

```
>> clear
>> a=sym('e');                        %定义 4 个单独的符号变量
>> b=sym('f');
>> c=sym('g');
>> d=sym('h');
>> r=3;                               %定义 4 个数值变量
>> x=4;
>> y=5;
>> z=6;
>> B=[a,b;c,d]                        %建立符号矩阵 B
B=
    [e, f]
    [g, h]
>> C=[r,x;y,z]                        %建立数值矩阵 C
C=
    3    4
    5    6
>> det(B)                             %计算符号矩阵 B 的行列式
ans=
    -f*g+e*h
>> det(C)                             %计算数值矩阵 C 的行列式
ans=
    -2.0000
```

【例 4.6】比较符号常数与数值在代数运算时的差别。

解　在 MATLAB 命令提示符下输入：

```
>> clear
>> qi1=sym(pi);                       %定义 4 个符号变量
>> k1=sym(6);
>> k2=sym(2);
>> k3=sym(3);
>> qi2=pi;                            %定义 4 个数值变量
>> r1=3;
>> r2=4;
>> r3=6;
>> cos(qi1/3)                         %计算符号表达式cos(π/3)的值
ans=
    1/2
>> cos(qi2/4)                         %计算数值表达式cos(π/4)的值
ans=
    0.7071
>> sqrt(k1)                           %计算符号表达式√k1 的值
ans=
    6^(1/2)
>> sqrt(r1)                           %计算数值表达式√r1 的值
ans=
    1.7321
>> sqrt(k3+sqrt(k2))                  % 计算符号表达式√(k3+√k2) 的值
ans=
    (2^(1/2)+3)^(1/2)
>> sqrt(r3+sqrt(r2))                  % 计算数值表达式√(r3+√r2) 的值
ans=
    2.8284
```

2．创建符号表达式

【例 4.7】用两种方法创建符号表达式 x^2+8y^2+xy+3。

解　在 MATLAB 命令提示符下输入：

```
>> clear
>> U=str2sym('x^2+8*y^2+x*y+3')      %定义符号表达式 U=x^2+8*y^2+x*y+3
U=
    3+8*y^2+x*y+x^2
>> syms x y;                          %建立符号变量x、y
>> V= x^2+8*y^2+x*y+3;                %定义符号表达式 V=x^2+8*y^2+x*y+3
V =
    3+8*y^2+x*y+x^2
>> 3*U+V-8                            %求符号表达式的值
ans=
    4*x^2+4*x*y+32*y^2+4
```

3．创建抽象函数

抽象函数是指 $g(x)$、$f(x)$ 等无具体表达式的函数。

【例 4.8】创建抽象函数。

解　在 MATLAB 命令提示符下输入：

```
>> clear
>> g=str2sym('g(x)')
g=
    g(x)
```

4. 创建符号数学函数

可以利用符号表达式来创建符号数学函数。

【例 4.9】利用符号表达式创建符号数学函数。

解 在 MATLAB 命令提示符下输入：

```
>> clear
>> syms x y z
>> d=5*x^3+7*sin(2*y)*sin(z)+log(10)
d=
    7*sin(2*y)*sin(z)+5*x^3+2592480341699211/1125899906842624
>> e=6*x+4*y+3*z+2
e=
    2 + 3*z + 4*y + 6*x
>> f=cos(x+z)/sin(x-y)
f=
    cos(z+x)/sin(-y+x)
>> e-d
ans=
    6*x+4*y+3*z-7*sin(2*y)*sin(z)-5*x^3-340680528013963/11258999068426244
>> e/d
ans=
    (2+3*z+4*y+6*x)/(7*sin(2*y)*sin(z)+5*x^3+2592480341699211/1125899906842624)
>> e.^3
ans=
    (2 + 3*z + 4*y + 6*x)^3
>> f.^e
ans=
    (cos(z+x)/sin(-y+x))^(2+3*z+4*y+6*x)
```

4.2 符号矩阵与符号函数的基本运算

符号矩阵的基本运算包括加、减、乘、除四则运算及乘方运算，符号函数的运算包括符号函数的基本运算以及因式分解及其化简。MATLAB 为符号矩阵和符号函数的运算提供了大量函数，通过调用这些函数可以方便地实现符号矩阵和符号函数的运算。

4.2.1 符号矩阵的基本运算

符号矩阵的基本运算分别是：$a+b$ 实现两个符号矩阵相加，即 $a+b$；$a-b$ 实现两个符号矩阵相减，即 $a-b$；$a*b$ 实现两个符号矩阵相乘，即 $a \times b$；a/b 实现两个符号矩阵相除，即 $a \div b$；$a.^b$ 实现两个符号矩阵的幂运算，即 a^b。

符号求和函数为 sum(a)，当 a 是符号矢量时，对所有的 a 元素求和；当 a 是符号矩阵时，对指定的列进行求和。

【例 4.10】求下列符号矩阵 a 和 b 的基本运算。

解 在 MATLAB 命令提示符下输入：

```
>> clear
>> syms a b c
>> sum(str2sym('[log(a),b^2,1,3]'))
ans=
    log(a)+b^2+4
>> sum(str2sym('[log(4),2^2,2,4,6,8]'))
```

```
ans=
     log(4)+24
>> x=[a,3,b;a-3,b+2,1;2,3,4]
x=
     [  a,    3,    b]
     [a-3,  b+2,    1]
     [  2,    3,    4]
>> x.^2
ans=
     [     a^2,          9,   b^2]
     [(-3+a)^2,    (2+b)^2,     1]
     [       4,          9,    16]
>> sum(x)
ans=
     [ -1+2*a, 8 + b, 5+b]
>> a=sym(magic(4))
a=
     [16,    2,    3,   13]
     [ 5,   11,   10,    8]
     [ 9,    7,    6,   12]
     [ 4,   14,   15,    1]
>> sym([1/1 1/2 1/3;1/4 1/5 1/6;1/7 1/8 1/9])
ans=
     [  1, 1/2, 1/3]
     [1/4, 1/5, 1/6]
     [1/7, 1/8, 1/9]
>> a+b
ans=
     [b + 16,  b +  2,  b +  3,  b + 13]
     [b +  5,  b + 11,  b + 10,  b +  8]
     [b +  9,  b +  7,  b +  6,  b + 12]
     [b +  4,  b + 14,  b + 15,  b +  1]
>> a-b
ans=
     [16 - b,   2 - b,   3 - b, 13 - b]
     [ 5 - b,  11 - b,  10 - b,  8 - b]
     [ 9 - b,   7 - b,   6 - b, 12 - b]
     [ 4 - b,  14 - b,  15 - b,  1 - b]
>> a*b
ans=
     [16*b,   2*b,   3*b, 13*b]
     [ 5*b,  11*b,  10*b,  8*b]
     [ 9*b,   7*b,   6*b, 12*b]
     [ 4*b,  14*b,  15*b,    b]
>> a/b
ans=
     [16/b,   2/b,   3/b, 13/b]
     [ 5/b,  11/b,  10/b,  8/b]
     [ 9/b,   7/b,   6/b, 12/b]
     [ 4/b,  14/b,  15/b,  1/b]
 >> a.^b
ans=
     [16^b,   2^b,   3^b, 13^b]
     [ 5^b,  11^b,  10^b,  8^b]
     [ 9^b,   7^b,   6^b, 12^b]
     [ 4^b,  14^b,  15^b,    1]
```

【例 4.11】求下列符号矩阵 *x* 和 *y* 的基本运算。

解 在 MATLAB 命令提示符下输入:

```
>> clear
>> syms a b
>> x=[a/b cos(a);sin(b)  a-b]
x=
    [a/b,    cos(a)]
    [sin(b),    a-b]
>> y=[a-b a/b;2 3]
y=
    [a-b,a/b]
    [ 2,  3]
>> x+1
ans=
    [   a/b+1, cos(a)+1]
    [sin(b)+1,    1-b+a]
>> 4*y
ans=
    [-4*b+4*a, (4*a)/b]
    [       8,      12]
>> x+y
ans=
    [a-b+a/b,    cos(a)+a/b]
    [sin(b) + 2,     a-b+3]
>> x*y
ans=
    [2*cos(a)+(a*(a-b))/b,    3*cos(a)+a^2/b^2]
    [2*a-2*b+sin(b)*(a-b),3*a-3*b+(a*sin(b))/b]
 >> x-y
 ans=
    [b-a+a/b,   cos(a)-a/b]
    [sin(b)-2,       a-b-3]
 >> x/y
ans=
    [-(3*a-2*b*cos(a))/(3*b^2-3*a*b+2*a),          (a^2+b^3*cos(a)-a*b^2*
cos(a))/(b*(3*b^2-3*a*b+2*a))]
    [-(3*b*sin(b)-2*a*b+2*b^2)/(3*b^2-3*a*b+2*a),(2*a*b^2-a^2*b+a*sin
(b)-b^3)/(3*b^2-3*a*b+2*a)]
 >> x.^y
ans=
    [1/(a/b)^(b-a), cos(a)^(a/b)]
    [sin(b)^2,              (-b+a)^3]
>> x.^2
ans=
    [a^2/b^2,  cos(a)^2]
    [sin(b)^2, (-b+a)^2]
```

4.2.2 符号函数的基本运算

1. 基本运算

基本运算包括加、减、乘、除、乘方等运算,由于 MATLAB 采用了重载技术,使得符号计算表达式的运算符和基本函数,在形状、名称以及使用方法上都与数值计算中的运算符和基本函数几乎完全相同,可以直接用数值矩阵运算规则。

【例 4.12】求 a^2 和 b 相加。

解　在 MATLAB 命令提示符下输入：

```
>> clear
>> syms a b
>> a^2+b
ans=
    a^2+b
```

【例 4.13】求符号函数的基本运算。

解　在 MATLAB 命令提示符下输入：

```
>> clear
>> syms x y z;
>> f=3*x+x^3*x-3*x+x^2          %符号表达式 f=3x+x³x-3x+x² 的结果为最简形式
f=
    x^4+x^2
```

2．因式分解、展开与化简

factor(S)对 S 分解因式，S 是符号表达式或符号矩阵。expand(S)对 S 进行展开，S 是符号表达式或符号矩阵。collect(S)对 S 合并同类项，S 是符号表达式或符号矩阵。collect(S,v)对 S 按变量 v 合并同类项，S 是符号表达式或符号矩阵。对符号表达式化简的函数 simplify()，应用函数规则对 a 进行化简。

【例 4.14】对表达式 $f=3(x+1)/(x^3+3x-3)$ 进行因式分解。

解　在 MATLAB 命令提示符下输入：

```
>> clear
>> syms x;
>> f=sym(3*(x+1)/(x^3+3*x-3))        %建立符号表达式 f
f=
    (3*x+3)/(x^3+3*x-3)
>> F=factor(f)                       %调用 factor()函数对表达式进行因式分解
F=
    [3, x+1, 1/(x^3+3*x-3)]          %分解得到的三个因子
```

【例 4.15】对表达式 $s=(3x^2-4y^2)(x^2+2y^2)$ 进行展开。

解　在 MATLAB 命令提示符下输入：

```
>> clear
>> syms x y;
>> s=(3*x^2-4*y^2)*(x^2+2*y^2)
s=
    (x^2+2*y^2)*(3*x^2-4*y^2)
>> expand(s)                         %调用 expand()函数对表达式展开
ans=
    -8*y^4+2*x^2*y^2+3*x^4
>> collect(s,x)                      %对 s 按变量 x 合并同类项(无同类项)
ans=
    -8*y^4+2*x^2*y^2+3*x^4
>> factor(ans)                       %对 ans 分解因式
ans=
    [2*y^2+x^2, -4*y^2+3*x^2]
```

【例 4.16】化简函数 $f = \sqrt[3]{\dfrac{1}{x^3}+\dfrac{6}{x^2}+\dfrac{12}{x}+8}$。

解　在 MATLAB 命令提示符下输入：

```
>> clear
>> syms x;
>> f=(1/x^3+6/x^2+12/x+8)^(1/3);
>> f1=simplify(f)
f1=
    ((2*x+1)^3/x^3)^(1/3)
>> f2=simplify(f1)
f2=
    ((2*x+1)^3/x^3)^(1/3)
```

注意：MATLAB 2014 以后的版本化简函数只能用 simplify()函数，高级版本中 simple()
函数已不存在。

【例 4.17】化简表达式 $f=(x^3+y^3)^2+(x^3-y^3)^2$。

解 在 MATLAB 命令提示符下输入：

```
>> clear
>> syms x y;
>> s=(x^3+y^3)^2+(x^3-y^3)^2;
>> simplify(s)
ans=
    2*y^6+2*x^6
```

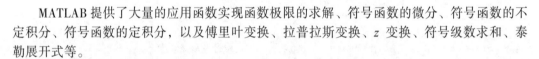

4.3 符号微积分

MATLAB 提供了大量的应用函数实现函数极限的求解、符号函数的微分、符号函数的不
定积分、符号函数的定积分，以及傅里叶变换、拉普拉斯变换、z 变换、符号级数求和、泰
勒展开式等。

4.3.1 函数的极限

limit()函数的调用格式如下：
```
limit(f,x,a)
```
求函数 f 在 x 趋近于 a 时的极限值。limit()函数的另一种功能是求单边极限，其调用
格式如下：
```
limit(f,x,a,'right')
limit(f,x,a,'left')
```
求函数 f 在 $x=a$ 处的右极限或左极限。

【例 4.18】求极限 $\lim\limits_{x \to 0}(1-x)^{\frac{1}{x}}$。

解 在 MATLAB 命令提示符下输入：

```
>> clear
>> syms x;
>> A=sym((1-x)^(1/x));
>> B=limit(A)          %求极限
B=
    exp(-1)
>> vpa(B,5)            %对求极限的结果保留 5 位有效数字
ans=
    0.36788
```

4.3.2　符号函数的微分

MATLAB 中的求导函数为：

```
diff(f,x,n)
```

求函数 f 对变量 x 的 n 阶导数。其中参数 x 的用法同求极限函数 limit()，可以省略，默认值与 limit 相同，n 的默认值是 1。

【例 4.19】依次求函数 $f(x)=x\cos x$ 的一阶导数、二阶导数。

解　在 MATLAB 命令提示符下输入：

```
>> clear
>> syms x;
>> f=x*cos(x);
>> diff(f,x,1)                     %求 f 对 x 的一阶导数
ans=
    cos(x)-x*sin(x)
>> diff(f,x,2)                     %求 f 对 x 的二阶导数
ans=
    -2*sin(x)-x*cos(x)
```

【例 4.20】求在曲线 $y=x^2+2x-2$ 上哪一点的切线与直线 $y=4x-1$ 平行。

解　在 MATLAB 命令提示符下输入：

```
>> clear
>> syms x;
>> y=x^2+2*x-2;          %定义曲线函数
>> f=diff(y)             %对曲线求导数
f=
    2*x + 2
>> g=f-4;
>> solve(g)             %求方程 f-4=0 的根，即求曲线何处的导数为 4
ans=
    1
```

4.3.3　符号函数的不定积分

求不定积分的函数是 int()，其调用格式为：

```
int(s,v)
```

int() 函数的作用是求函数 s 对变量 v 的不定积分。参数 v 可以省略，省略原则与 diff() 函数相同。

【例 4.21】求不定积分 $s=\int\cos x\mathrm{d}x$。

解　在 MATLAB 命令提示符下输入：

```
>> clear            %清除内存内保存的变量
>> syms x;
>> f=cos(x);        %定义被积函数
>> F=int(f)         %求积分
F=
    sin(x)
```

4.3.4　符号函数的定积分

定积分在实际工作中有着广泛的应用。在 MATLAB 中，定积分的计算使用函数 int(s,'v',a,b)，计算符号矩阵或符号函数 s 对指定变量 v 在 (a,b) 区间内的定积分。

【例 4.22】求定积分 $\int_0^1 xe^{(x+2)}dx$ 。

解　在 MATLAB 命令提示符下输入：

```
>> clear
>> syms x;
>> F=sym(x*exp(x+2));        %生成符号表达式 F
>> S=int(F,0,1)              %计算 F 在[0,1]区间上的积分
S=
    exp(2)
>> vpa(S,4)                  %对积分值 S 取 4 位有效数字
ans=
    7.389
```

【例 4.23】求定积分 $\int_0^\pi \cos 2xdx$ 。

解　在 MATLAB 命令提示符下输入：

```
>> clc
>> clear
>> syms x;
>> s=cos(2*x)
s=
    cos(2*x)
>> int(s,x,0,pi)
ans=
    0
```

4.3.5　积分变换

1. 傅里叶变换

进行傅里叶（Fourier）变换的函数是 fourier()。F(t) = fourier(f(x),x,t)是求函数 f(x)的傅里叶像函数 F(t)。F(x)=ifourier(F(w),t,x)是求傅里叶像函数 F(t)的原函数 f(x)。

【例 4.24】求 f(t)=cos(at)的傅里叶变换及其逆变换。

解　在 MATLAB 命令提示符下输入：

```
>> clear
>> syms t w a
>> f=cos(a*t);
>> F=fourier(f,t,w)
F=
    pi*(dirac(a+w)+dirac(a-w))
>> F=ifourier(F)                    %求傅里叶逆变换
F=
    exp(-a*x*1i)/2+exp(a*x*1i)/2    %欧拉公式形式表示 cos(x)
```

【例 4.25】求函数 $y=x^3+4x+1$ 的傅里叶变换及其逆变换。

解　在 MATLAB 命令提示符下输入：

```
>> clear
>> syms x t;
>> y=x^3+4*x+1;
>> ft=fourier(y,x,t)           %求 y 的傅里叶变换
ft=
    2*pi*dirac(t)+pi*dirac(t,1)*8*i-pi*dirac(t,3)*2*i
>>fx=ifourier(ft,t,x);         %求 ft 的傅里叶逆变换
>> f=simplify(fx)
f=
    1+4*x+x^3
```

2．拉普拉斯变换

进行拉普拉斯（Laplace）变换的函数是 laplace()。laplace(*f*(*x*),*x*,*t*)是求函数 *f*(*x*)的拉普拉斯像函数 *F*(*t*)。ilaplace(*F*(*w*),*t*,*x*)是求拉普拉斯像函数 *F*(*t*)的原函数 *f*(*x*)。

【例 4.26】计算 $y=3x^3+2x^2+x+9$ 的拉普拉斯变换及其逆变换。

解　在 MATLAB 命令提示符下输入：

```
>> clear
>> syms x y t;
>> y=3*x^3+2*x^2+x+9;
>> ft=laplace(y,x,t)
ft=
    (1+9*t)/t^2+4/t^3+18/t^4
>> fx=ilaplace(ft,t,x)
fx=
    9+x+2*x^2+3*x^3
```

3．z 变换

对数列 *f*(*n*)进行 z 变换的 MATLAB 函数是 ztrans()。ztrans(*f*(*n*),*n*,*z*) 是求函数 *f*(*n*)的 z 变换像函数 *F*(*z*)。iztrans(*F*(*z*),*z*,*n*)是求 *F*(*z*)的 z 变换原函数 *f*(*n*)。

【例 4.27】求数列 $f(n)=x^3-5x+6$ 的 z 变换及其逆变换。

解　在 MATLAB 命令提示符下输入：

```
>> clear
>> syms n z x;
>> fn=x^3-5*x+6
fn=
    x^3-5*x+6
>> Fz=ztrans(fn,n,z)
Fz=
    (z*(6-5*x+x^3))/(-1+z)
>> f=iztrans(Fz,z,n);
>> f=simplify(f)
f=
    6-5*x+x^3
```

4.3.6　级数的符号求和

1．级数求和与收敛性判定

级数的求和与运算需要一定的技巧，有一定的难度。MATLAB 工具箱提供了强大的技术需求和命令函数 symsum()，其具体的调用格式为：

```
symsum(function,variable,a,b)
```

这里 function 为级数的通项公式，variable 用来声明表示通项中的求和变量，*a* 为求和变量的起始点，*b* 为求和变量的终止点。

```
symsum(f)        %对函数 f 的符号变量 x（或者最接近 x 的字母）从 0 至 x-1 求和
symsum(f,x)      %对函数 f 指定的符号变量 x 从 0 至（x-1）求和
symsum(f,a,b)    %对函数 f 的符号变量 x（或者最接近 x 的字母）从 a 至 b 求和
symsum(f,x,a,b)  %是对函数 f 指定的符号变量 x 从 a 至 b 求和
```

【例 4.28】求级数 1+2+3+…+(*k*-1)之和。

解　在 MATLAB 命令提示符下输入：

```
>> clear
>> syms k;
```

```
>> s=symsum(k);
>> f=simplify(s)
f=
    (k*(k-1))/2
```

【例 4.29】对级数 $I_1 = \sum_{n=1}^{\infty} \frac{2n-1}{2^n}$、$I_2 = \sum_{n=1}^{\infty} \frac{1}{n(2n+1)}$ 进行求和。

解 在 MATLAB 命令提示符下输入：

```
>> clear
>> syms n
>> f1=(2*n-1)/2^n;
>> I1=symsum(f1,n,1,inf)
I1=
    3
>> f2=1/(n*(2*n+1));
>> I2=symsum(f2,n,1,5)
I2=
    7303/13860
>> I2=symsum(f2,n,1,inf)
I2=
    2-2*log(2)
```

这里的 inf 表示无穷大的意思。从运算结果来看这两个级数都是收敛的，如果级数是发散的就会得出 inf 的记号，因此通过命令 symsum()也可以判断常数项级数的敛散性。

【例 4.30】对级数 $I = \sum_{n=1}^{\infty} \frac{1}{n}$ 进行求和。

解 在 MATLAB 命令提示符下输入：

```
>> clear
>> syms n
>> f1=1/n;
>> I=symsum(f1,n,1,inf)
I=
    inf
```

计算结果为 inf，可知该级数为发散级数。

2. 傅里叶级数

傅里叶展开是把函数展开成无穷三角函数和的形式。傅里叶展开在工程中的应用非常广泛。它是分析函数频域特性的有力工具。运用 MATLAB 的强大符号运算工具，可以很方便地对函数进行傅里叶展开。

【例 4.31】设函数 $f(x)$ 的周期为 2π，在 $(0,2\pi)$ 内计算函数 $f(x)=x^2$ 的傅里叶展开级数。

解 在 MATLAB 命令提示符下输入：

```
>> clear
>> syms x n
>> f=x.^2;
>> a0=int(f,x,0,2*pi)/pi
a0=
    8/3*pi^2
>> an=int(f*cos(n*x),x,0,2*pi)/pi
an=
    (4*n^2*pi^2*sin(2*pi*n) - 2*sin(2*pi*n) + 4*n*pi*cos(2*pi*n))/(n^3*pi)
>> bn=int(f*sin(n*x),x,0,2*pi)/pi
bn=
```

```
    (2*(2*n^2*pi^2*(2*sin(pi*n)^2-1)-2*sin(pi*n)^2+2*n*pi*sin(2*pi*n)))
/(n^3*pi)
    >> [a0,an,bn]
    ans=
        [(8*pi^2)/3,(4*n^2*pi^2*sin(2*pi*n)-2*sin(2*pi*n)+4*n*pi*cos(2*pi*n))/
(n^3*pi),(2*(2*n^2*pi^2*(2*sin(pi*n)^2-1)-2*sin(pi*n)^2+2*n*pi*sin(2*pi*n)
))/(n^3*pi)]
```

4.3.7 符号函数的泰勒级数

将函数展开为幂级数的函数 taylor()，其调用格式为：

```
taylor(f)
```

用来求解函数 f 的泰勒多项式。

```
taylor(f, x, a, 'order', n)    %MATLAB 2014 以后版本 taylor() 函数语法有变化
```

用来求解函数 f 对符号变量 x（或者最接近字母 x 的符号变量）等于 a 点的 $n-1$ 阶泰勒多项式，默认时 $n=6$，$a=0$。

【例 4.32】求函数 $f(x) = \sin x$ 展开成 $\left(x - \dfrac{\pi}{4} \right)$ 的幂级数。

解 在 MATLAB 命令提示符下输入：

```
>> clear
>> syms x;
>> f=sin(x);
>> T=taylor(f,x,pi/4,'order',4)
T=
    (2^(1/2)*(-pi/4+x))/2+2^(1/2)/2-(2^(1/2)*(-pi/4+x)^2)/4-(2^(1/2)*
(-pi/4+x)^3)/12
```

【例 4.33】求函数 $f(x) = (1+x)^m$ 的泰勒展开式。

解 在 MATLAB 命令提示符下输入：

```
>> clear
>> syms x m;
>> f=(1+x)^m;
>> T=taylor(f,x,0,'order',4)
T=
    m*x+1/2*m*(m-1)*x^2+1/6*m*(m-1)*(m-2)*x^3+1
```

4.3.8 导数的应用

通过对函数的导数研究，可以清楚地知道函数的变化趋势，从而可以求出函数的极值点、凸凹性及其拐点，并通过函数的这些特点画出函数的图像。

【例 4.34】讨论函数 $y = \dfrac{x^2}{1+x^2}$ 的极值，单调性。

解 在 MATLAB 命令提示符下输入：

```
>> clear
>> syms x y dy d2y
>> y=x^2/(1+x^2);
>> dy=diff(y)
dy=
    (2*x)/(1+x^2)-(2*x^3)/(x^2+1)^2
>> simplify(dy)
ans=
    (2*x)/(x^2+1)^2
```

```
>> d2y=diff(y,2)
d2y=
    2/(1+x^2)-(10*x^2)/(x^2+1)^2+(8*x^4)/(x^2+1)^3
>> simplify(d2y)
ans=
    -(2*(-1+3*x^2))/(x^2+1)^3
>> lims=[-10,10];
>> fplot(x^2/(1+x^2),lims)
>> fplot(2*x/(1+x^2),lims)
>> fplot(-2*(-1+3*x^2)/(1+x^2)^3,lims)
```

运行结果如图 4-1～图 4-3 所示。

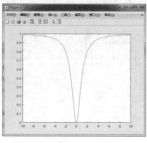
图 4-1　例 4.34 运行 1

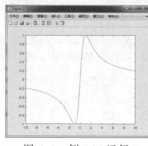
图 4-2　例 4.34 运行 2

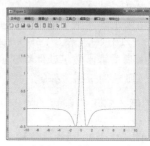
图 4-3　例 4.34 运行 3

4.4　符号解方程

除了数值方程和数值方程组的求解，MATLAB 还可以实现线性方程和线性方程组的符号求解、非线性方程和非线性方程组的符号求解、常微分方程的符号求解及符号函数图像的绘制。

4.4.1　线性方程与线性方程组的符号求解

求解线性代数方程组的函数 linsolve()，其调用格式如下：

```
x=linsolve(a,b)
```

即方程组 $ax=b$，求方程组 x 的解。linsolve(a,b)与 sym(a)\sym(b)等价。

【例 4.35】求线性方程组 $ax=b$ 的解。

解　在 MATLAB 命令提示符下输入：

```
>> clear
>> a=magic(3)
a=
    8    1    6
    3    5    7
    4    9    2
>> b=[1:3]';
>> x=linsolve(a,b)
x=
    0.0500
    0.3000
    0.0500
```

【例 4.36】解方程组 $\begin{cases} x^2+y-6=0 \\ y^2+x-6=0 \end{cases}$。

解　在 MATLAB 命令提示符下输入：

```
>> clear
>> syms x y
>> [x,y]=solve(x^2+y-6==0,y^2+x-6==0,x,y)
x=
    2
   -3
   1/2-1/2*21^(1/2)
   1/2+1/2*21^(1/2)
y=
    2
   -3
   1/2+1/2*21^(1/2)
   1/2-1/2*21^(1/2)
```

【例 4.37】求线性方程组 $ax=b$ 的解。

解　在 MATLAB 命令提示符下输入：

```
>> clear
>> a=[1,1;1,-1]
a=
    1     1
    1    -1
>> b=[1,2]
b=
    1     2
>> b=b'
b=
    1
    2
>> x=linsolve(a,b)
x=
    1.5000
   -0.5000
```

4.4.2　非线性方程与非线性方程组的符号求解

求解非线性方程组的函数是 solve()，该函数能求解一般代数方程，包括线性方程、非线性方程和超越方程。调用格式为：

```
solve(eqn1,eqn2,…,eqnN)
```

其是对默认变量求解 N 个方程，其中 eqn1 为非线性方程；

```
solve(eqn1,eqn2,…,eqnN,var1,var2,…,varN)
```

其是对 N 个指定的变量 var1,var2,…,varN 求解 N 个方程。

【例 4.38】解方程 $x^4-1=0$。

解　在 MATLAB 命令提示符下输入：

```
>> clear
>> syms x
>> x=solve(x^4-1)
x =
   -1
    1
   -1i
    1i
```

【例 4.39】解方程 $x^2-5x+6=0$。

解　在 MATLAB 命令提示符下输入：

```
>> clear
>> syms x
>> x=solve(x^2-5*x+6)
 x=
    2
    3
```

【例 4.40】求方程组 $\begin{cases} 3ty + xz - 5 = 0 \\ -2zy - 7tx + 7 = 0 \end{cases}$ 的解。

解   在 MATLAB 命令提示符下输入：

```
>> clear
>> syms x y t z
>> [x,y]=solve(3*t*y+x*z-5,-2*z*y-7*t*x+7)
x=
    (-10*z+21*t)/(21*t^2-2*z^2)
y=
    7*(5*t-z)/(21*t^2-2*z^2)
```

【例 4.41】求非线性方程组 $\begin{cases} \dfrac{1}{x^2} + \dfrac{1}{y^2} = 28 \\ \dfrac{1}{x} + \dfrac{1}{y} = 4 \end{cases}$ 的解。

解   在 MATLAB 命令提示符下输入：

```
>> clear
>> syms x y
>> [x y]=solve(1/x^2+1/y^2==28,1/x+1/y==4,x,y)          %解方程组
x=
    10^(1/2)/6-1/3
    -10^(1/2)/6-1/3
y=
    -10^(1/2)/6-1/3
    10^(1/2)/6-1/3
```

4.4.3   常微分方程的符号求解

求解常微分方程的函数为 dsolve()。该函数的调用格式为：

```
dsolve(eq1,cond1,v)
```

该函数求解的是对指定的符号自变量 v 在给定 eq1 方程在初值条件 cond1 下的解。参数 v 描述方程中的自变量符号，省略时按默认原则处理，若没有给出初值条件 condition，则求方程的通解。

在微分方程的表达式 eq 中，大写字母 D 表示对自变量（设为 x）的微分算子：$D=d/x$，$D_2=d_2/x_2$……。微分算子 D 后面的字母则表示为因变量，即待求解的未知函数。初始和边界条件由字符串表示：$y(a)=b$，$D_{y(c)}=d$，$D^2_{y(e)}=f$ 等，分别表示 $y(x)|_{x=a} = b$，$y'(x)|_{x=c} = d$，$y''(x)|_{x=e} = f$；若边界条件少于方程的阶数，则返回的结果 r 中会出现任意常数 $C_1, C_2, \cdots$；dsolve()函数最多可以接受12个输入参量（包括方程组与定解条件个数，当然可以做到输入的方程个数多于12个，只要将多个方程置于一字符串内即可）。若没有给定输出参量，则在命令窗口显示解列表。若该命令找不到解析解，则返回警告信息，同时返回空的 sym 对象。这时，用户可以用命令 ode23 或 ode45求解方程组的数值解。

在未来的新版本中即将删除对字符向量或字符串输入的支持，对应地，dsolve()需使用

syms 声明变量来求解微分方程。诸如利用：

```
syms y(t);
dsolve(diff(y,t)==y)
```

替换

```
dsolve('Dy=y')
```

【例 4.42】求微分方程 $x^2 \dfrac{\mathrm{d}y}{\mathrm{d}x} + 2xy - \mathrm{e}^x = 0$ 的通解。

解　在 MATLAB 命令提示符下输入：

```
>> clear
>> syms y(x) x;            %声明变量
>> eq=diff(y,x)*x^2+2*x*y-exp(x)==0;  %构造微分方程
>> y=dsolve(eq,x)          %求通解
y=
    -(C1-exp(x))/x^2
```

【例 4.43】求微分方程 $\dfrac{\mathrm{d}y}{\mathrm{d}x} = 2xy^2$ 的解，初始条件为 $y(0)=1$。

解　在 MATLAB 命令提示符下输入：

```
>> clear
>> syms y(x) x
>> eq=diff(y,x)==2*x*y^2;  %构造微分方程
>> cond=y(0)==1;           %初始条件
>> y=dsolve(eq,x)          %求通解
y=
    -1/(2*x*t-C1)
>> y=dsolve(eq,cond,x)     %求特解
y=
    -1/(x^2-1)
```

4.4.4　常微分方程组求解

dsolve()在求微分方程组时的调用格式为：

```
dsolve(eq1,eq2,…,eqN,cond1,…,condN,var1,…,varN)
```

该函数求解微分方程组 eq1,…,eqN 在初值条件 cond1,…,condN 下的解，若不给出初值条件，则求方程组的通解，var1,var2,…,varN 给出求解变量。

【例 4.44】求微分方程组 $\begin{cases} \dfrac{\mathrm{d}x}{\mathrm{d}t} = y \\ \dfrac{\mathrm{d}y}{\mathrm{d}t} = -x \end{cases}$ 的解。

解　在 MATLAB 命令提示符下输入：

```
>> clear
>> syms x(t) y(t)          %声明变量
>> eq1=diff(x,t)==y        %构造第一个微分方程
>> eq2=diff(y,t)==-x       %构造第二个微分方程
>> s=dsolve(eq1,eq2)
s=包含以下字段的 struct:
    y: [1×1 sym]
    x: [1×1 sym]
>> s.x                     %查看结构s的元素x
ans=
    C1*cos(t)+C2*sin(t)
```

```
>> s.y                    %查看结构 s 的元素 y
ans=
  C2*cos(t)-C1*sin(t)
```

4.5 符号函数的显示

符号函数绘图函数为 ezplot() 或 fplot()。调用函数格式为：

```
fplot(f,[xmin,xmax])
```

其中，*f* 是要绘制图像的符号函数，[xmin,xmax] 是定义自变量的绘图区间。

```
fplot(…,LineSpecial)
```

指定线型、标记符号和线条颜色。例如'-r'绘制一条红色线条。

```
fplot(…,name,value)
```

使用一个或多个名称—值对组参数指定线条参数，如'LineWidth',2 指定 2 磅的线宽。ezplot() 的用法和 fplot() 类似。

【例 4.45】 绘出 $y=\sin(2x)$ 的图像。

解 在 MATLAB 命令提示符下输入：

```
>> clear
>> ezplot('sin(2*x)',[0 2*pi])
```

运行结果如图 4-4 所示。

【例 4.46】 绘出 $y(x)=x^3+5x^2+9x+2$ 的图像。

解 在 MATLAB 命令提示符下输入：

```
>> clear
>> syms x
>> y=sym(x^3+5*x^2+9*x+2)
y=
    x^3+5*x^2+9*x+2
>> ezplot(y)
```

运行结果如图 4-5 所示。

【例 4.47】 绘出 $\begin{cases} x = \sin 3t \cos t \\ y = \sin 3t \sin t \end{cases}$ 的图像。

解 在 MATLAB 命令提示符下输入：

```
>> clear
>> ezplot('sin(3*t)*cos(t)','sin(3*t)*sin(t)',[0,pi])
```

运行结果如图 4-6 所示。

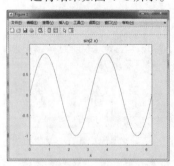

图 4-4 例 4.45 运行结果

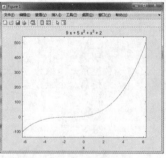

图 4-5 例 4.46 运行结果

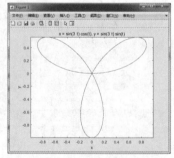

图 4-6 例 4.47 运行结果

【例 4.48】绘制正弦函数及其相移 ±π/5 的函数图形。

解　在 MATLAB 命令提示符下输入：

```
>> clear
>> fplot(@(x)sin(x+pi/5),'LineWidth',2);
>> hold on;
>> fplot(@(x)sin(x-pi/5),'-or');
>> fplot(@(x)sin(x),'-.*m');
>> hold off;
```

运行结果如图 4-7 所示。

【例 4.49】分别使用 plot()、fplot()和 ezplot()绘制正弦函数图形。

解　在 MATLAB 命令提示符下输入：

```
>> clear
%plot 绘制离散正弦图形
>> x=[-pi:0.01:pi];%离散化自变量 x
>> y=sin(x);
>> subplot(1,3,1)
>> plot(x,y)
>> title('离散 sin(x)图形')
%fplot 绘制连续正弦图形
>> subplot(1,3,2)
>> fplot(@(x)sin(x),[-pi,pi])
>> title('连续 sin(x)图形')
%ezplot 绘制符号函数 sin(x)图形
>> syms x;
>> y=sin(x);
>> subplot(1,3,3)
>> ezplot(y)
>> title('符号 sin(x)图形')
```

运行结果如图 4-8 所示。

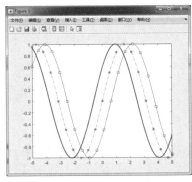 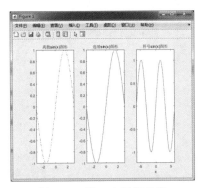

图 4-7　例 4.48 运行结果　　　　图 4-8　例 4.49 运行结果

★ 小　结 ★

本章重点为利用函数创建符号矩阵与符号函数；符号函数与符号矩阵的基本运算包括加、减、乘、除、乘方等；符号函数的运算包括求极限、符号函数的不定积分与微分；符号函数的积分变换，级数的符号求和运算，符号函数解方程；符号函数图像的绘制。符号运算功能的内容非常丰富，读者可以根据所掌握的理论知识，将本章介绍的内容进行扩展。

★ 习 题 ★

1. 用 sym() 函数和直接输入法分别建立一个 3 阶的符号矩阵。

2. 用 rand() 函数建立一个 3×3 随机数值矩阵，并将该数值矩阵转换为符号矩阵，比较它们的不同。

3. 建立符号函数 $y = x^2 + 2x + \cos x$ 和 $y = \sin x + 2x + 1$。

4. 建立两个矩阵，并求它们的加、减、乘、除、乘方等基本运算。

5. 化简表达式 $\dfrac{x^3 + x^2 + x + 1}{x^2 + 2x + 1}$。

6. 计算下列极限：

（1）$\lim\limits_{x \to 0} \dfrac{1 - \cos x}{x^2}$；（2）$\lim\limits_{x \to 0} \dfrac{1 - \cos 2x}{x \sin x}$。

7. 曲线 $y = x^2 + x - 2$ 上哪一点的切线与直线 $y = 2x - 1$ 平行？

8. 求函数 $y = \sqrt[3]{x + 1} + \sin^3 x$ 的导数。

9. 求 $f(x) = \sin bx$ 的傅里叶变换及其逆变换。

10. 计算 $y = x^2$ 的拉普拉斯变换及其逆变换。

11. 求解下列微分方程：

（1）$\dfrac{\mathrm{d}y}{\mathrm{d}x} = x - y$；（2）$y' = -x \dfrac{\sin x}{\cos y}$，$y(2) = 1$。

12. 画出符号函数 $y = x^2 + 2 \sin x$ 的图像。

13. 求 $I = \sum\limits_{n=1}^{\infty} \dfrac{1}{n(2n - 1)}$ 的值。

14. 求函数 $y = x^4$ 的傅里叶展开式。

第5章
MATLAB 图形绘制

◎ **本章要点**

◎ 了解图像处理基本操作；

◎ 掌握二维图形和三维图形的绘制；

◎ 掌握对三维图形进行精细处理；

◎ 掌握 MATLAB 的底层绘图操作。

MATLAB 具有强大的绘图和可视化功能，能绘制各种各样的二维图形、三维曲线和三维曲面，还可以根据用户需要进行插值绘图，并对图形进行精细化处理。也可把 MATLAB 的绘图和可视化功能合称为 MATLAB 的数据可视化。MATLAB 的数据可视化可以让一些数据或一堆杂乱的离散数据以图形的方式呈现出来，从而方便观察数据间的内在关系，感知由图形所传递的内在本质。MATLAB 一向注重数据的图形表示，并不断地采用新技术改进和完备其可视化功能，从而丰富了图形的表现方法，使得数学计算结果可以方便地、多样性地实现。MATLAB 的底层绘图操作可结合图形对象和句柄对图像进行相应的编辑，MATLAB 还兼有动画功能，通过以一定速度显示一组图像的方式达到动画制作和播放的效果。

★ 5.1 二维图形的绘制 ★

了解 MATLAB 矩阵和向量的概念与输入方法之后，理解 MATLAB 的二维绘图就比较简单了。例如，有两个向量 x 和 y，则用 plot(x,y)就可以自动绘制出二维图形。如果打开了图形窗口，则在最近打开的图形窗口中绘制此图；如果未打开图形窗口，则打开一个新的窗口绘图。

【例 5.1】在 MATLAB 绘图窗口中在同一坐标系下绘制 $y_1=t$，$y_2=\sqrt{t}$，$y_3=4\pi \cdot e^{-0.1t} \cdot \sin t$ 三个函数在[0,4π]的图像。

解 在 MATLAB 命令提示符下输入：

```
>> clc
>> clear
>> t=0:0.1:4*pi;
>> y1=t;
>> y2=sqrt(t);
>> y3=4*pi.*exp(-0.1*t).*sin(t);
>> plot(t,y1,'-r',t,y2,'--k',t,y3,':b');
>> xlabel('t');
>> ylabel('y');
```

```
>> text(10,10,'函数1','fontname','宋体','fontsize',10);
>> text(11,2,'函数2','fontname','宋体','fontsize',10);
>> text(11,-5,'函数3','fontname','宋体','fontsize',10);
```

这样立即可以得出图 5-1 所示的二维图。

上面是用命令 plot()进行绘制图形，也可以通过菜单栏的"绘图"区中的绘图按钮进行绘制，这样可以免去输入命令的麻烦，更加直观。在产生绘图坐标向量后，打开"绘图"菜单，在"工作区"中，选择用于绘图的变量，如果要选择多个变量时按住【Ctrl】键，然后用鼠标选取变量。被选择的变量出现在"绘图"菜单中的"所选内容"区，这时绘图命令按钮被激活，执行相应的命令即可。在"所选内容"中如果有两个变量，在变量之间有个双箭头，单击可以改变变量的顺序，如果多于两个变量，变量的顺序只按选择的先后顺序。单击"工作区"中的空白处，即可取消变量的选择。

由 MATLAB 绘制的二维图形，在图形窗口中可以用"插入"菜单中选择"x 标签"、"y 标签"和"标题"给图形加上简单的说明，也可以用下列命令进行。

```
>> grid on                    %添加网格线
>> xlabel('字符串')           %给横坐标轴加说明
>> ylabel('字符串')           %给纵坐标轴加说明，说明的内容自动旋转 90°
>> title('字符串')            %给整个图形加图题
```

把上面绘制的图形加上简单的说明：

```
>> grid on
>> xlabel('X 轴')
>> ylabel('Y 轴')
>> title('三个函数的二维曲线')
```

运行结果如图 5-2 所示。

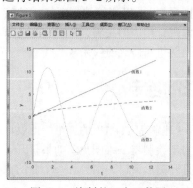　　　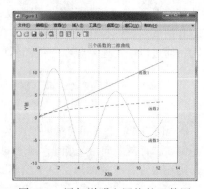

图 5-1　绘制的三个函数图　　　　　图 5-2　添加说明和网格的函数图

在图形窗口菜单栏中有关于图形及图形窗口的操作命令，在此先介绍关于图形保存的一些命令。绘图工作的保存非常重要，MATLAB 中保存绘图结果的最简单方法是通过"文件"菜单的几个保存命令来进行。

（1）"保存"命令，可以将当前绘图区的绘图结果保存为二进制的 fig 文件，它只能由 MATLAB 打开，也可以保存成 bmp、jpg、pdf、tif 等 13 种图片格式。

（2）"另存为"命令，可以将当前图形窗口的内容另存一份，也有 13 种格式供选择。

（3）"产生代码"命令，可以将当前绘图保存为 MATLAB 函数 M 文件，从而可以重复绘图。需要注意的是，产生的 M 代码中不包括当前绘图采用的数据集。

5.1.1　绘制二维曲线的基本函数

MATLAB 绘制二维曲线的主要函数是 plot() 函数，它的基本绘图原理是描点绘图。此外，MATLAB 还提供了 plotyy() 和 ezplot() 等函数来绘制二维曲线。

1．plot() 函数

plot() 函数的基本调用格式如下：

```
plot(x,y)
```

其中，x 和 y 为长度相同的向量，分别用于存储 x 坐标和 y 坐标数据。

【例 5.2】 在 $-3 \leqslant x \leqslant 3$ 区间内，画出 $y_1 = 6(\sin x - \cos x)$，$y_2 = x \cdot 2^x - 1$ 的图形。

解　在命令提示符下输入下列内容：

```
>> clc
>> clear
>> x=[-3:0.1:3];
>> y1=6*(sin(x)-cos(x));
>> y2=x.*2.^x-1;
>> plot(x,y1,'-r',x,y2,'-.k','linewidth',2)
>> grid on
```

可以得到图 5-3 所示的曲线。

说明：

（1）当 x、y 是同维矩阵时，则以 x、y 对应列元素为横、纵坐标分别绘制曲线，曲线条数等于矩阵的列数。x 为向量时，以该元素的下标为横坐标、元素值为纵坐标绘出曲线。x 为实数二维数组时，则按列绘制每列元素值相对其下标的曲线，曲线数等于 x 数组的列数。x 为复数二维数组时，则按列分别以数组的实部和虚部为横、纵坐标绘制多条曲线。

（2）当 x 是向量，y 是有一维与 x 同维的矩阵时，则绘制出多条不同色彩的曲线。曲线条数等于 y 矩阵的另一维数，x 作为这些曲线共同的横坐标。

（3）plot() 函数最简单的调用格式是只包含一个输入参数：plot(x)。

【例 5.3】 某工厂 2012 年各月总产值（单位：万元）分别为 32、61、28、95、56、36、9、10、14、81、56、10，试绘制折线图以显示出该厂总产值的变化情况。

解　在命令提示符下输入下列内容：

```
>> clc
>> clear
>> p=[32,61,28,95,56,36,9,10,14,81,56,10];
>> plot(p)
>> grid on
```

可以得到图 5-4 所示的曲线。

2．含多个输入参数的 plot() 函数

含多个输入参数的 plot() 函数调用格式如下：

```
plot(x1,y1,x2,y2,…,xn,yn,Linspec,linwidth)
```

绘制以 x_1 为横坐标、y_1 为纵坐标的曲线 1，以 x_2 为横坐标、y_2 为纵坐标的曲线 2，等等，其中 x 为横坐标，y 为纵坐标，绘制 $y=f(x)$ 函数曲线。

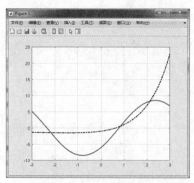

图 5-3　MATLAB 绘制的曲线图

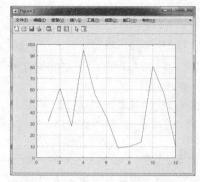

图 5-4　MATLAB 绘制的产值曲线图

3. 含选项的 plot() 函数

含选项的 plot() 函数调用格式如下：

```
plot(x1,y1,选项 1,x2,y2, 选项 2,…,xn,yn,选项 n)
```

【例 5.4】绘制图形。

解　在命令提示符下输入下列内容：

```
>> clc
>> clear
>> x=0:pi/15:4*pi;
>> y1=exp(2*cos(x));
>> y2=exp(2*sin(x));
>> plot(x,y1,'-*r',x,y2,'-.ob')
```

可以得到图 5-5 所示的曲线。

线条的属性可以通过参数来定义。MATLAB 允许用户对线条的特性进行定义。

（1）线性属性如表 5-1 所示。

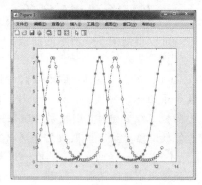

图 5-5　MATLAB 绘制的曲线

表 5-1　线型属性

定　义　符	线　　型	定　义　符	线　　型
－	实线（默认值）	--	画线
:	点线	-.	点画线

（2）线条宽度属性和颜色属性。线条宽度属性由 Linewidth 指定，取值为整数（单位为像素）。线条颜色属性如表 5-2 所示。线条颜色属性字母不区分大小写。

表 5-2　颜色属性

定　义　符	颜　　色	定　义　符	颜　　色
R（red）	红色	K（black）	黑色
B（blue）	蓝色	Y（yellow）	黄色
G（green）	绿色	C（cyan）	青色
M（magenta）	品红	W（white）	白色

（3）标记类型如表 5-3 所示。

表 5-3　标记类型

定 义 符	标 记 类 型	定 义 符	标 记 类 型	定 义 符	标 记 类 型
+	加号	p	正五角星	d	菱形
.	实点	o	小圆圈	h	正六角星
^	上三角形	x	交叉号	*	星号
<	左三角形	v	下三角形		
>	右三角形	s	正方形		

4．标记大小

标记大小用来指定标记符号的大小尺寸，取值为整数（单位为像素）；标记面填充颜色指定用于填充标记符面的颜色；标记周边颜色指定标记符颜色或标记符（小圆圈、正方形、菱形、正五角星、正六角星和 4 个方向三角形）周边线条的颜色。

在所有能产生线条的命令中，参数 linesepc 可以定义线条的 3 个属性：线型、标记符、颜色。对线条的上述属性可用字符串来定义，如：plot(x,y,'--*R')。其中定义符和字符串可以任意组合。

5．双纵坐标函数 plotyy()

plotyy()函数能把不同量纲、不同数量级的函数值的两个函数绘制在同一坐标中。调用格式为：

```
plotyy(x1,y1,x2,y2)
```

其中，x_1、y_1 对应一条曲线，x_2、y_2 对应另一条曲线。横坐标的标度相同，纵坐标有两个，左纵坐标用于 x_1、y_1 数据对，右纵坐标用于 x_2、y_2 数据对。

【例 5.5】绘制 $y=10x^2$ 的对数坐标图并与直角线性坐标图进行比较。

在一个图形中绘制 4 个子图，分别使用 plot()、semilogx()、semilogy()、loglog()函数进行绘制，并且用 title()函数进行标注，同时添加网格线。

解　在命令提示符下输入下列内容：

```
>> clc
>> clear
>> x=0:0.1:5;
>> y=10*x.^2;
>> subplot(2,2,1)
>> plot(x,x);
>> title('plot 函数图');
>> grid on
>> subplot(2,2,2)
>> semilogx(x,y);
>> title('semilogx 函数图');
>> grid on
>> subplot(2,2,3)
>> semilogy(x,y);
>> title('semilogy');
>> grid on
>> subplot(2,2,4)
>> loglog(x,y);
>> title('loglog 函数图');
>> grid on
```

可以得到图 5-6 所示的曲线。

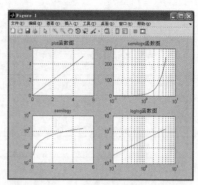

图 5-6　MATLAB 绘制的曲线图形

5.1.2　绘制图形的辅助操作

MATLAB 提供了图形绘制中的许多辅助操作,用户可以对 MATLAB 绘制的图形添加图形标注,使用 axis()函数控制图形的显示范围,对图形窗口进行分割等。

1. 图形标注

有关图形标注函数的调用格式如下:

```
title(图形名称)
xlabel(x 轴说明)
ylabel(y 轴说明)
text(x,y,图形说明)
legend(图例 1,图例 2,…)
```

在图形窗口"插入"菜单中有相应的命令可以使用。

【例 5.6】在同一坐标内,分别用不同线型和颜色绘制曲线 $y_1 = 0.2\mathrm{e}^{-0.5x}\cos 4\pi x$ 和 $y_2 = 2\mathrm{e}^{-0.5x}\cos\pi x$,标记两曲线交叉点。

解　在命令提示符下输入下列内容:

```
>> clc
>> clear
>> x=linspace(0,2*pi,1000);
>> y1=0.2*exp(-0.5*x).*cos(4*pi*x);
>> y2=2*exp(-0.5*x).*cos(pi*x);
>> k=find(abs(y1-y2)<1e-2);      %查找 y1 与 y2 相等点(近似相等)的下标
>> x1=x(k);                      %取 y1 与 y2 相等点的 x 坐标
>> y3=0.2*exp(-0.5*x1).*cos(4*pi*x1);
%求 y1 与 y2 值相等点的 y 坐标
>> plot(x,y1,x,y2,'k:',x1,y3,'bp');
>> title('标记两曲线交叉点')     %加标题说明
>> xlabel('X 轴');               %加 X 轴说明
>> ylabel('Y 轴');               %加 Y 轴说明
```

得到的图形效果如图 5-7 所示。

2. axis()函数

axis()函数的调用格式如下:

```
axis([xmin xmax ymin ymax zmin zmax])
```

axis()函数功能丰富,常用的用法还有:

(1) axis equal:表示纵、横坐标轴采用等长刻度。

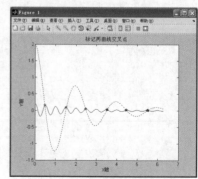

图 5-7　加了图形标注的两曲线
交叉点曲线图

（2）axis square：表示产生正方形坐标系（默认为矩形）。

（3）axis auto：表示使用默认设置。

（4）axis off：表示取消坐标轴。

（5）axis on：表示显示坐标轴。

（6）grid on/off 命令：控制是画还是不画网格线，不带参数的 grid 命令在两种状态之间进行切换。

（7）box on/off 命令：控制是加还是不加边框线，不带参数的 box 命令在两种状态之间进行切换。

【例 5.7】用图形保持功能在同一坐标内绘制正弦余弦图进行标注，并加网格线。

解　在命令提示符下输入下列内容：

```
>> clc
>> clear
>> x=(0:pi/100:2*pi);
>> y1=sin(x);
>> y2=cos(x);
>> plot(x,y1,'b*',x,y2,'r>');
>> axis([0,2*pi,-2,2]);              %设置坐标
>> hold on;                          %设置图形保持状态
>> plot(x,y2,'k');
>> title('绘制正弦，余弦函数');        %title(date);
>> xlabel('横轴');
>> ylabel('纵轴');
>> text(2,1,'正弦曲线','fontname','宋体');
>> text(1,0.6,'余弦曲线','fontname','宋体');
>> grid on;                          %加网格线
>> box off;                          %不加坐标边框
>> hold off;                         %关闭图形保持
```

最终得到的图形如图 5-8 所示。多次调用 plot 命令在一幅图上绘制多条曲线，需要 hold 指令的配合。hold on 保持当前坐标轴和图形，并可以接受下一次绘制。hold off 取消当前坐标轴和图形保持，这种状态下，调用 plot 绘制完全新的图形，不保留以前的坐标格式、曲线。在使用 hold on 后，一项绘图工作完成后，要用 hold off 进行状态关闭，以免影响后面的绘图工作。

3. 图形窗口的分割命令 subplot()

MATLAB 允许在同一图形窗口布置几幅独立的子图，使用 subplot(m, n, k)命令完成。

格式一：

```
subplot(m, n, k)
```

使 $m \times n$ 幅子图中第 k 个子图成为当前图，其编号原则为左上方为第 1 子图，然后向右向下依次排序，该指令按默认值分割子图区域。

格式二：

```
subplot('postion',[left,bottom,width,height])
```

在指定的位置上开辟子图，并成为当前图。用于手工指定子图位置，指定位置的四元组采用归一化的标称单位，即认为整个图形窗口绘图区域的高、宽的取值范围都是[0,1]，而左下角为(0,0)坐标。使用 subplot()函数产生的子图彼此独立，所有的绘图指令均可以在子图中使用。

【例 5.8】在一个图形窗口中以子图形式同时绘制正弦、余弦、正切、余切、正割、余割曲线。

解　在命令提示符下输入下列内容：

```
>> clc
>> clear
>> t=-2*pi:0.01:2*pi;
>> subplot(3,2,1)
>> plot(t,sin(t))
>> subplot(3,2,2)
>> plot(t,cos(t))
>> subplot(3,2,3)
>> plot(t,tan(t))
>> axis([-pi pi -100 100])
>> subplot(3,2,4)
>> plot(t,cot(t))
>> axis([-pi pi -100 100])
>> subplot(3,2,5)
>> plot(t,atan(t))
>> subplot(3,2,6)
>> plot(t,acot(t))
```

得到的图形效果如图 5-9 所示。

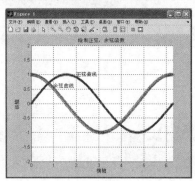

图 5-8　用图形保持功能在同一坐标内绘制曲线

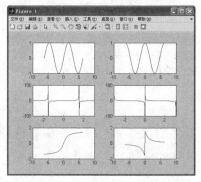

图 5-9　在同一图形窗口内绘制六条曲线

5.1.3　绘制二维图形的其他函数

除了二维曲线外，MATLAB 还提供了绘制其他二维图像的函数，可以绘制条形图、阶梯图、杆图、填充图、极坐标图、对数坐标等二维图形。这些绘图命令位于"绘图"菜单栏扩展区中。

1. 直角坐标图

在线性直角坐标系中，其他形式的图形有条形图、阶梯图、杆图和填充图等，所采用的函数分别是：

```
bar(x,y,选项)
stairs(x,y,选项)
stem(x,y,选项)
fill(x1,y1,选项1,x2,y2,选项2,…)
```

【例 5.9】分别以条形图、填充图、阶梯图和杆图形式绘制曲线 $y = \sin x$。

解　在命令提示符下输入下列内容：

```
>> clc
>> clear
>> x=0:0.35:7;
>> y=sin(x);
```

```
>> subplot(2,2,1);
>> bar(x,y,'g');
>> title('bar(x,y,''g'')');
>> axis([0,7,0,2]);
>> subplot(2,2,2);
>> fill(x,y,'r');
>> title('fill(x,y,''r'')');
>> axis([0,7,0,2]);
>> subplot(2,2,3);
>> stairs(x,y,'b');
>> title('stairs(x,y,''b'')');
>> axis([0,7,0,2]);
>> subplot(2,2,4);
>> stem(x,y,'k');
>> title('stem(x,y,''k'')');
>> axis([0,7,0,2]);
```

得出图 5-10 所示的曲线图。

2．极坐标图

polar()函数用来绘制极坐标图，其调用格式如下：

```
polar(theta,rho,选项)
```

其中，theta 为极坐标极角，rho 为极坐标矢径，选项的内容与 plot()函数相似。

【例 5.10】绘制心形图 $r=2(1-\cos\theta)$ 的极坐标图形。

解　在命令提示符下输入下列内容：

```
>> clc
>> clear
>> theta=[0:0.01:2*pi];
>> polar(theta,2*(1-cos(theta)),'-k')
>> polar(theta,2*(1-cos(theta)),'-or')
```

得到图 5-11 所示的图形。

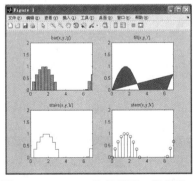

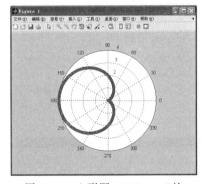

图 5-10　$y=\sin x$ 的条形图、填充图、
　　　　　阶梯图和杆图形

图 5-11　心形图 $r=2(1-\cos\theta)$ 的
　　　　　极坐标图

3．对数坐标图形

MATLAB 提供了绘制对数和半对数坐标曲线的函数，调用格式如下：

```
semilogx(x1,y1,选项 1,x2,y2,选项 2,…)
semilogy(x1,y1,选项 1,x2,y2,选项 2,…)
loglog(x1,y1,选项 1,x2,y2,选项 2,…)
```

【例 5.11】绘制 $y=\sin x$ 的对数坐标图，并与直角线性坐标图进行比较。

解 在命令提示符下输入下列内容：

```
>> clc
>> clear
>> x=0:0.1:10;
>> y=sin(x);
>> subplot(2,2,1);
>> plot(x,y);
>> title('plot(x,y)');
>> grid on;
>> subplot(2,2,2);
>> semilogx(x,y);
>> title('semilogx(x,y)');
>> grid on;
>> subplot(2,2,3);
>> semilogy(x,y);
>> title('semilogy(x,y)');
>> grid on;
>> subplot(2,2,4);
>> loglog(x,y);
>> title('loglog(x,y)');
>> grid on;
```

得到图 5-12 所示的图形。

4. 对函数自适应采样的绘图函数 fplot()

fplot()函数的调用格式如下：

```
fplot(@fname,lims,选项)
```

说明：

（1）新版 MATLAB 中 fplot()不再支持用于指定误差容限或计算点数量的输入参数，要指定计算点数，需使用 MeshDensity 属性。

（2）将来版本的 MATLAB 将不再支持字符向量输入，改用函数句柄。

【例 5.12】用 fplot()函数绘制 $f(x)=\cos(\tan \pi x)$ 的曲线。

解 先建立函数文件 myf.m，在 M 文件编辑器中输入下列内容。M 文件编辑的打开方式为在命令提示符下输入 edit。

```
function y=myf(x)
y=cos(tan(pi*x));
```

再用 fplot()函数绘制 myf.m 函数的曲线：

```
>> fplot(@myf,[-0.4,1.4],1e-4)
```

得到图 5-13 所示的图形。

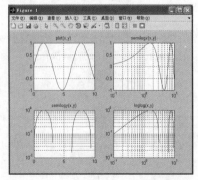
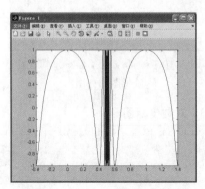

图 5-12 $y=\sin x$ 的对数坐标图与直角线性坐标图　　图 5-13 $f(x)=\cos(\tan(\pi x))$ 的曲线

5. 其他形式的图形

MATLAB 提供的绘图函数还有很多，例如，用来表示各元素占总和的百分比的饼图、复数的相量图等。

【例 5.13】 绘制饼状图。

解　在命令提示符下输入下列内容：

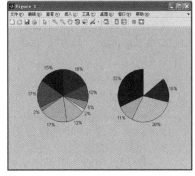

图 5-14　饼状图

```
>> clc
>> clear
>> x=rand(1,9);
>> y=[0.32 0.11 0.28 0.15];
>> subplot(1,2,1)
>> pie(x)
>> subplot(1,2,2)
>> pie(y)
```

得到图 5-14 所示的图形。

5.1.4　绘制特殊二维图形

MATLAB 还提供了特殊二维图形的绘制函数，用户可以使用 MATLAB 来绘制散点图、面积图、彗星图、等值线图、阶梯图、玫瑰花图、罗盘图、火柴杆图、复数图等特殊图形。

1. 绘制散点图函数 scatter()

在 MATLAB 中，绘制二维散点图的函数为 scatter()，也可以在"绘图"菜单栏内选择相应命令，该函数的调用格式通常如下：

```
scatter(X,Y,S,C)
```

该函数用来在向量 **X** 和 **Y** 指定的位置绘制彩色圆圈。其中 **X** 和 **Y** 必须具有相同的大小。通过参数 *S* 设置标记尺寸的大小，可以是一个标量或一个与 **X**、**Y** 具有相同大小的向量。如果 *S* 为一个标量，则 MATLAB 绘制的所有标记将具有相同的尺寸。参数 *C* 用来标记圆圈的颜色，需指定为颜色名称或 RGB 三元组。

```
scatter(X,Y)                %该函数采用默认设置的标记大小和尺寸绘制二维散点图
scatter(X,Y,S)              %该函数根据指定的标记尺寸绘制散点图
scatter(X,Y,markertype)    %该函数根据指定的标记类型 markertype 绘制散点图
scatter(X,Y,'filled')      %该函数根据填充的标记'filled'来绘制散点图
h=scatter(X,Y,)            %该函数的返回值为散点图形对象的句柄
```

【例 5.14】 在 $0 \sim 3\pi$ 间等距取 200 个点，绘制带随机干扰余弦的散点图。

解　在命令提示符下输入下列内容：

```
>> x=linspace(0,3*pi,200);
>> y=cos(x)+rand(1,200);
>> sz=25;
>> c=linspace(1,10,length(x));
>> scatter(x,y,sz,c,'filled')
```

得到图 5-15 所示的图形。

2. 绘制面积图函数 area()

在 MATLAB 中，用于绘制面积图的函数为 area()，也可以在"绘图"菜单栏内选择相应命令，其输入的参数为向量或矩阵。该函数根据向量或矩阵的列向量中的数据连接成一条或多条曲线，并填充每条曲线下的面积。面积图特别适合检查一个数值在该列所有数值总和中所占的比例。该函数的调用格式通常如下：

```
area(Y)
```

该函数绘制向量 Y 的面积图或矩阵 Y 中每一列元素总和的面积图。当 Y 为向量时，X 轴会自动根据 length(Y)来确定坐标轴标度；当 Y 为矩阵时，X 轴会自动根据 size(Y,1)来确定坐标轴标度。

```
area(X,Y)
```
该函数在 X 数值处绘制相应的 Y 数据，从而构成面积图。如果 X 是一个向量，则 length(X)必须等于 length(Y)，并且 X 必须是单调的；如果 X 为一个矩阵，则 size(X)必须等于 size(Y)，并且 X 中的每一列必须是单调的。为了使向量或矩阵单调，可以应用 sort()函数进行排序。

```
area(X,Y,ymin)
```
该函数为面积填充指定 y 方向上的最低限，默认的 y_{min} 为 0。

```
area(X,Y,'PropertyName',PropertyValue)
```
该函数为函数 area()创建的图形对象设定属性名及相应的属性值。

```
h=area(…)
```
该函数的返回值为阴影图形对象句柄。函数 area()根据 Y 中的每一列数据创建一个阴影图形对象。

【例 5.15】根据矩阵绘制面积图。

解　在命令提示符下输入下列内容：
```
>> x=0:0.1:2*pi;
>> y=sin(x);
>> area(x,y);
```
得到图 5-16 所示的图形。

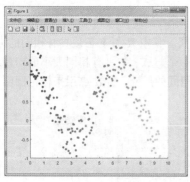

图 5-15　散点图

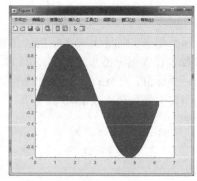

图 5-16　面积图

3. 绘制彗星图函数 comet()

在 MATLAB 中，函数 comet()用于绘制彗星图。彗星图为彗星头沿着数据点前进的轨迹，彗星体为一个小圆圈后面的线段，尾部为跟踪整个函数的实线。由函数 comet()创建的轨迹是使用擦除模式完成的，该属性使用户不能打印该图形（只能得到彗星头），且当用户改变窗口的大小时，动画将消失。该函数的调用格式通常如下：
```
comet(Y)          %该函数动态绘制向量 Y 的彗星图
comet(X,Y)        %该函数动态绘制向量 X 与 Y 的彗星图
comet(X,Y,P)      %该函数指定彗星体的长度为 P*lendth(Y),默认的 P 值为 0.1
```
【例 5.16】绘制一个简单的彗星图。

解　在命令提示符下输入下列内容：
```
>> clc
>> clear
>> t=0:.01:2*pi;
```

```
>> x=cos(2*t).*(cos(t).^2);
>> y=sin(2*t).*(sin(t).^2);
>> comet(x,y)
```

得到图 5-17 所示的最终结果，其中整个绘制过程是个动态的过程。

4．绘制等值线图函数 contour()

在 MATLAB 中，函数 contour()用于绘制等值线图，该函数的调用格式通常如下：

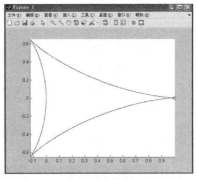

图 5-17　绘制一个简单的彗星图

```
contour(Z)
```

该函数绘制矩阵 Z 的等值线图，其中 Z 为 xy 平面的高度。Z 必须至少是 2×2 的矩阵。等值线的水平数和等值线水平值是根据 Z 的最小值和最大值自动进行选取的。X 轴和 Y 轴的范围分别是[1:n]和[1:m]，这里[m,n]=size(Z)。

```
contour(Z,n)
```

该函数绘制 n 个等值线水平的 Z 矩阵的等值线图。

```
contour(Z,v)
```

该函数根据向量 v 中的数据绘制矩阵 Z 的等值线图。等值线水平数等于 length(v)。要绘制等值线水平为 I 的单一等值线，可以使用 contour(Z,[i,j])。

```
contour(X,Y,Z);
contour(X,Y,n);
contour(X,Y,v);
```

这 3 个函数用于绘制 Z 的等值线图。其中，X 和 Y 指定 x 轴和 y 轴的范围。如果 X 和 Y 为矩阵，则它们必须与 Z 具有相同的大小。

```
contour(…,LineSpec)
```

该函数根据 LinSpec 指定的线型、标注和颜色绘制等值线图。

```
[C,h]=contour(Z)
```

该函数的返回值为等值线矩阵 C 和图形对象句柄向量 h。

【例 5.17】根据矩阵绘制等值线图，并进行标注。

解　在命令提示符下输入下列内容：

```
>> z=magic(8);
>> [C,h]=contour(interp2(z,8));
```

得到图 5-18 所示的图形。

5．绘制阶梯图函数 stairs()

在 MATLAB 中，函数 stairs()用于绘制二维阶梯图，这类图对与时间有关的数字样本系统很有作用。该函数的调用格式通常如下：

```
stairs(Y)
```

该函数用变量 Y 的元素绘制阶梯图。如果 Y 为向量，则横坐标 x 的范围从 1～length(Y)；如果 Y 为矩阵，则根据 Y 的每一行绘制阶梯图，其中 x 轴的量度范围是从 1～Y 的行数。

```
stairs(X,Y)
```

该函数根据 X 与 Y 提供的数据绘制阶梯图。其中 X 与 Y 为大小相同的向量或矩阵。此外，X 可以为行向量或列向量，Y 是有 length(X)行的矩阵。

```
stairs(…,LineSpec)
```

该函数用参数 LineSpec 指定的线型、标记符号和颜色绘制阶梯图。

```
[xb,yb]=stairs(Y);
[xb,yb]=stairs(X,Y);
```

这两个函数不绘制图形，而仅返回程序。可以用 plot()绘制的参量 x_b、y_b 来绘制阶梯图。

【例 5.18】创建函数的阶梯图。

解 在命令提示符下输入下列内容：

```
>> A=magic(8);
>> stairs(A)
```

得到图 5-19 所示的图形。

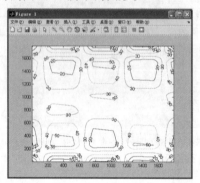

图 5-18 有标注的等值线图

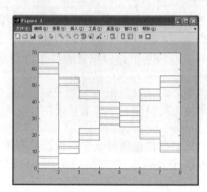

图 5-19 阶梯图

6. 绘制玫瑰花图函数 rose()

在 MATLAB 中，函数 rose()用于绘制玫瑰花图（角度直方图）。该玫瑰花图是一种极坐标图，显示在所给数据的变化范围内的数据分布情形。每一组数据将作为一个小扇形显示，该函数的调用格式通常如下：

```
rose(theta)
```

该函数绘制角度直方图，用于显示参数 theta 的数据在 20 个区间或更小的区间内的分布。向量 theta 中的角度数据以弧度为单位，用于确定每一区间与原点的角度。每个扇区的长度反映输入参量 theta 中的元素落入该区间的个数。

```
rose(theta,x)
```

该函数用参数 *x* 指定扇区的个数和位置。用函数 length(*x*) 求得扇区的个数，向量 *x* 的值指定每个扇区的中心角。如果 *x* 为一个 5 维向量，rose()函数将参量 theta 中的元素分为 5 部分，每一部分的角度由 *x* 指定。

```
rose(theta,nbins)
```

该函数在区间[0,2*pi]范围内绘制 nbins 个等间距的扇区，默认值为 20。

```
[tout,rout]=rose(...)
```

该函数的返回值为向量 tout 与 rout，可以用函数 polar(tout,rout)绘制角度直方图，该函数并不绘制任何图形。

【例 5.19】创建一个玫瑰花图，用于显示数据分布。

解 在命令提示符下输入下列内容：

```
>> theta=2*pi*rand(1,200);
>> rose(theta);
```

得到图 5-20 所示的图形。

7. 绘制罗盘图函数 compass()

在 MATLAB 中，函数 compass()用于绘制罗盘图。罗盘图用从原点出发的箭头表示方向或速率向量。箭头图为一个显示起点为笛卡尔坐标系中的原点的二维方向或向量的图形，同时在坐标系中显示圆形的分隔线。该函数的调用格式通常如下：

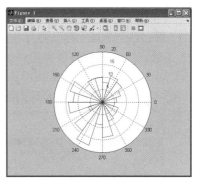

图 5-20 玫瑰花图

```
compass(X,Y)
```

参数 X 与 Y 为具有相同大小的 n 维向量。该函数用于绘制一个具有 n 个箭头的罗盘图。每个箭头的起点为原点，箭头的终点由[$X(i),Y(i)$]决定。

```
compass(Z)
```

参数 Z 为 n 维复数向量，该函数显示 n 个箭头的罗盘图，箭头起点为原点，箭头顶点由 Z 的实部或虚部确定，该函数相当于 compass(real(Z),imag(Z))。

```
compass(…,LineSpec)
```

该函数用变量 LineSpec 指定箭图的线型、标记符号、颜色等属性来绘制罗盘图。

```
h=compass(…)
```

该函数的返回值为图形对象的句柄 h。

【例 5.20】根据矩阵的特征值绘制罗盘图。

解 在命令提示符下输入下列内容：

```
>> clc
>> clear
>> x=rand(20,1);y=randn(20,1);
>> compass(x,y)
```

得到图 5-21 所示的图形。

8. 绘制火柴杆图函数 stem()

在 MATLAB 中，函数 stem()用于绘制二维离散数据的火柴杆图。该类图用线条显示数据点与 x 轴的距离，用小圆圈或指定的标记符号与线条相连，在 y 轴上标记数据点的值。该函数的调用格式通常如下：

```
stem(Y);
```

该函数按 Y 中元素的序列绘制柴杆图。如果 Y 为矩阵，则把 Y 分成几个行向量，在同一横坐标的位置上绘制一个行向量的火柴杆图。

```
stem(X,Y)
```

该函数根据 X 和 Y 中的数据，在横坐标 x 上绘制列向量 Y 的火柴杆图。其中 X 与 Y 为相同大小的向量或矩阵，此外，X 可以为行向量或列向量，而 Y 为有 length(X)行的矩阵。

```
stem(…,'fill')
```

该函数指定是否对火柴杆图末端的小圆圈填充颜色。

```
stem(…,LineSpec)
```

该函数用参数 LineSpec 指定线型、标记符号和火柴杆图末端的小圆圈的颜色，从而绘制火柴杆图。

```
h=stem(…)
```

该函数的返回值为火柴杆图的图形对象句柄向量。

【例 5.21】绘制火柴杆图。

解 在命令提示符下输入下列内容：

```
>> clc
>> clear
>> x=[1 1.5 2;3 3.5 4;5 5.5 6];
>> y=[4 3 2;4 8 9;2 7 3];
>> stem(x,y,'fill')          %fill 意思是"实心点"
```

得到图 5-22 所示的图形。

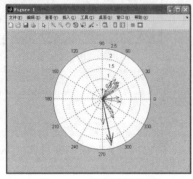

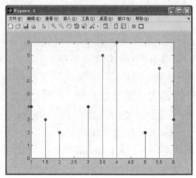

图 5-21　绘制的罗盘图 　　　　　　图 5-22　绘制的火柴杆图

9. 绘制复数绘图

函数 plot(Z)中，当 Z 是复数数组或复数向量时，plot(Z)相当于 plot(real(Z),imag(Z))，实际上是在直角坐标系下将 Z 的各列对应的点画出并顺次连线。

【例 5.22】举例说明如何利用复数进行二维图形的绘制。

解 在命令窗口输入如下命令：

```
>> t=linspace(0,4,50);
>> f=(1+0.25j).*t-2;
>> amp=abs(f);
>> pha=angle(f)*180./pi;
>> subplot(2,1,1)
>> plot(t,amp)
>> xlabel('t');
>> ylabel('amplitude');
>> subplot(212)
>> plot(t,pha)
>> ylabel('phase')
```

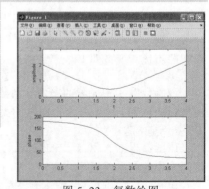

得到图 5-23 所示的图形。

当对多组复数数据进行绘图时，就没有什么简捷的方法了，必须把每一组复数数据的实部和虚部都分离出来，然后用 plot()函数画图。

图 5-23　复数绘图

★ 5.2　三维图形的绘制 ★

将数据显示为三维图形对于日常的工程计算是十分有用的。通过三维图形会使数据更加直观，MATLAB 编程语言提供了丰富的三维图形的绘制函数。在 MATLAB 编程语言中绘制三维图形与绘制二维图形的方式十分类似，其中的属性设置几乎完全相同。绘制基本三维图形的函数包括 plot3()、mesh()和 surf()等。

5.2.1 绘制三维曲线的基本函数

plot3()函数与 plot()函数用法十分相似，其调用格式为：

```
plot3(x1,y1,z1,选项1,x2,y2,z2,选项2,…,xn,yn,zn,选项n)
```

xn、yn、zn 为向量或矩阵，表示图形的三维坐标。

```
plot3(X1,Y1,Z1,LineSpec,…)
```

以 LineSpec 指定的属性绘制三维图形。

```
plot3(X1,Y1,Z1,'PropertyName',PropertyValue,…)
```

对以函数 plot3()绘制的图形对象设置属性。

```
h=plot3(…)
```

调用函数 plot3()绘制图形，同时返回图形句柄。

【例 5.23】绘制空间曲线。

解　在命令提示符下输入下列内容：

```
>> clc
>> clear
>> t=0:pi/60:6*pi;
>> y=exp(-0.1*t).*sin(t);
>> x=exp(-0.1*t).*cos(t);
>> plot3(x,y,t);
>> title('Spiral in 3-D Space');
>> text(0,0,0,'origin');
>> xlabel('X'),ylabel('Y'),zlabel('Z');
>> grid on;
```

得到图 5-24 所示的图形。

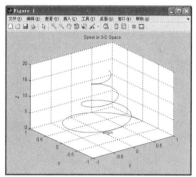

图 5-24　空间曲线图

5.2.2 绘制三维曲面

绘制三维曲面的函数为 surf()和 mesh()，其调用格式如下：

```
surf(Z)
```

以矩阵 Z 指定的参数创建一渐变的三维曲面，坐标 $x=1:m$，$y=1:n$，其中$[m\ n]$=size(Z)，进一步在 x-y 平面上形成所谓"格点"矩阵$[X\ Y]$=meshgrid(x,y)，Z 为函数 $z=f(x,y)$在自变量采样"格点"上的函数值，$Z=f(X,Y)$。Z 既指定了曲面的颜色，也指定了曲面的高度，所以渐变的颜色可以和高度适配。

```
surf(X,Y,Z)
```

以 Z 确定的曲面高度和颜色，按照 X、Y 形成的"格点矩阵"，创建一渐变的三维曲面。X、Y 可以为向量或矩阵，若 X、Y 为向量，则必须满足 m=size(X)，n=size(Y)，$[m\ n]$=size(Z)。

```
surf(X,Y,Z,C)
```

以 Z 确定的曲面高度，C 确定的曲面颜色，按照 X、Y 形成的"格点"矩阵，创建一渐变的三维曲面。

```
surf(X,Y,Z,'PropertyName',PropertyValue)
```

设置曲面的属性。

```
surfc(…)
```

采用 surfc()函数的格式同 surf，同时在曲面下绘制曲面的等高线。

```
h=surf(…), h=surfc(…)
```

采用 surf()、surfc()创建曲面时，同时返回图形句柄 h。

```
mesh(x,y,z,c)
```

与 surf(*x*,*y*,*z*,*c*)使用方法相同。

【例 5.24】在指定区域上绘制 z1、z2、z3 函数的三维网格图。

解 第一，在命令提示符下输入下列内容：

```
>> clc
>> clear
>> [x,y]=meshgrid(-4:0.125:4);
>> z=x.^2+y.^2; %z1 函数
>> meshc(x,y,z)
>> xlabel('x-axis')
>> ylabel('y-axis')
>> zlabel('z-axis');
>> title('mesh');
```

得到图 5-25 所示的图形。

第二，在命令提示符下输入下列内容：

```
>> clc
>> clear
>> xgrid=-10:0.1:10;
>> ygrid=-10:0.1:10;
>> [x,y]=meshgrid(xgrid,ygrid);
>> z=0.5.*(x-exp(0.0154.*y-2)); %z2 函数
>> surf(x,y,z);
>> title('surf');
```

得到图 5-26 所示的图形。

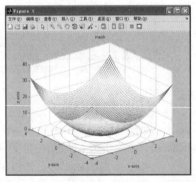

图 5-25　用 mesh()绘制 $z=x^2+y^2$ 的三维网格图

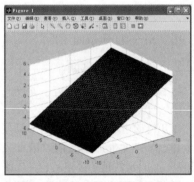

图 5-26　用 surf()绘制三维曲面

第三，在命令提示符下输入下列内容：

```
>> clc
>> clear
>> x=-1:0.01:1;
>> [x,y]=meshgrid(x);
>> z=((x.^2+y.^2)).^(1/2).*cot(pi/4);          %z3 函数
>> [I,J]=find(z>1);
>> for ii=1:length(I)
        z(I(ii),J(ii))=NaN;
    end
>> plot3(x,y,z);
>> grid;
>> xlabel('x-axis');
>> ylabel('y-axis');
```

```
>> zlabel('z-axis');
>> title('plot3 ');
```

得到图 5-27 所示的图形。

【例 5.25】绘制两个直径相等的圆管相交的图形。

解　在命令提示符下输入下列内容：

```
>> clc
>> clear
>> m=30;
>> z=1.2*(0:m)/m;
>> r=ones(size(z));
>> theta=(0:m)/m*2*pi;
>> x1=r'*cos(theta);
>> y1=r'*sin(theta);              %生成第一个圆管的坐标矩阵
>> z1=z'*ones(1,m+1);
>> x=(-m:2:m)/m;
>> x2=x'*ones(1,m+1);y2=r'*cos(theta);  %生成第二个圆管的坐标矩阵
>> z2=r'*sin(theta);
>> surf(x1,y1,z1);               %绘制竖立的圆管
>> hold on
>> surf(x2,y2,z2);               %绘制平放的圆管
>> title ('两个等直径圆管的交线');
>> hold off
```

得到图 5-28 所示的图形。

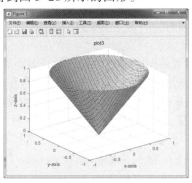
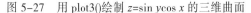
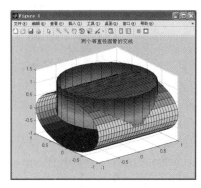

图 5-27　用 plot3()绘制 $z=\sin y\cos x$ 的三维曲面　　　图 5-28　两个直径相等的圆管相交的图形

5.2.3　标准三维曲面

绘制标准三维曲面的命令格式如下：

```
[x y z]=sphere(n)
```

绘制三维球面。产生$(n+1)×(n+1)$矩阵 x、y、z，采用这三个矩阵绘制圆心位于原点，半径为 1 的球体。n 决定球面的光滑程度，默认值为 20。

```
[x y z]=cylinder(R,n)
```

绘制三维柱面。R 是一个向量，存放柱面各等间隔高度上的半径，n 表示圆柱圆周上有 n 个等间隔点，默认值为 20。

MATLAB 还有一个 peaks()函数，称为多峰函数，常用于三维曲面的演示。

5.2.4 其他三维图形

条形图、饼图和填充图等特殊图形还可以以三维形式出现，使用的函数分别是 bar3()、pie3()和 fill3()。此外，还有三维曲面的等高线图。等高线图分二维和三维两种形式，分别使用函数 contour()和 contour3()绘制。

【例 5.26】绘制三维等高线图。

解 在命令提示符下输入下列内容：

```
>> clc
>> clear
>> [x,y]=meshgrid(-3:0.1:3);
>> z=2-x.^2-y.^2;
>> contour3(z,20)
```

得到图 5-29 所示的图形。

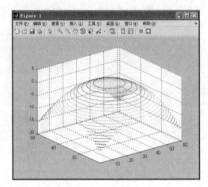

图 5-29 三维等高线图

5.2.5 非网格数据点绘图

mesh()函数和 surf()函数绘制三维曲面图，都要求数据(x,y)是均匀分布的网格点坐标，但很多实际采样得到的数据是散乱分布的，这时就需要通过 meshgrid()先创建插值网格点，并在这些网格点上插值计算 z 值，这样就可以用 mesh()函数或 surf()函数绘制三维曲面图了。

MATLAB 中在网格点上插值计算 z 值的函数是 griddata()。其常用调用格式如下：

```
ZI=griddata(x,y,z,XI,YI,method)
```

其中，x、y、z 是采样得到的原始数据点，即插值源数据，XI、YI 是待插值数据点坐标，method 指定了插值方法，返回值 ZI 是在(XI,YI)处的函数插值结果。griddata()函数在指定的 (XI,YI)点处插补此曲面，生成 ZI，此曲面一定通过这些数据点。XI 和 YI 通常构成均匀网格（与 meshgrid()函数生成的相同）。XI 可以是行矢量，这种情况下该矢量确定一个具有固定列数的矩阵。与之类似，YI 可以是列矢量，确定一个具有固定行数的矩阵。

method 字段的可选字符串有：linear（线性插值算法，默认的插值算法）、cubic（三次插值算法）、nearest（邻近点插值算法）和 v4（MATLAB 4 网格点插值法）。

其中，cubic 和 v4 插值算法得到的插值曲面连续光滑，而 linear 和 nearest 则不连续。

【例 5.27】xy 平面内选择[-8, 8]×[-8, 8]绘制函数。

解 在命令窗口输入以下命令：

```
>> clc
>> clear
>> [x,y]=meshgrid(-8:0.5:8);
>> z=sin(sqrt(x.^2+y.^2))./sqrt(x.^2+y.^2+eps);
>> subplot(2,2,1);
>> meshc(x,y,z);
>> title('meshc');
>> subplot(2,2,2);
>> meshz(x,y,z);
>> title('meshz');
>> subplot(2,2,3);
>> surfc(x,y,z); %底部带等高线的三维图
>> title('surfc');
>> subplot(2,2,4);
```

```
>> surfl(x,y,z); %带光照效果的三维图
>> title('surfl');
```

得到图 5-30 所示的图形。

【例 5.28】对一个函数在±2.0 范围内随机采样 100 点，并用图形表现出来。

```
>> clc
>> clear
>> rand('seed',0)
>> x=rand(100,1)*4-2; y=rand(100,1)*4-2;
>> z=x.*exp(-x.^2-y.^2);
>> ti=-2:.25:2;
>> [XI,YI]=meshgrid(ti,ti);
>> ZI=griddata(x,y,z,XI,YI);
>> plot3(x,y,z,'o')
```

得到图 5-31 所示的图形。

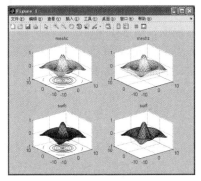
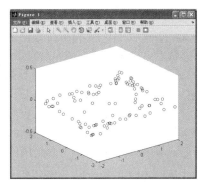

图 5-30　MATLAB 绘制的三维曲线图　　　　图 5-31　随机采样 100 点情况图

5.2.6　隐函数图形的绘制：MATLAB 符号绘图

通常工程中用到的符号函数都是以表达式形式体现的，这样有利于计算。但是，如果有时需要直观地表示符号函数的物理意义，就需要用图形来实现。隐函数即满足 $f(x, y)=0$ 方程的 x、y 之间的关系式，用前面介绍的曲线绘制方法显然会有问题。例如，很多隐函数无法求出 x、y 之间的显式关系，所以无法先定义一个 x 再求出相应的 y，从而不能采用前述函数来绘制曲线。另外，即使能求出 x、y 之间的显式关系，但不是单值绘制，则绘制起来也会很麻烦。MATLAB 提供了符号绘图命令来解决这个问题。

MATLAB 的符号绘图命令如下：

（1）ezplot()是二维曲线的符号绘图函数。对于显式函数 $f=f(x)$，在默认的范围[−pi<x<pi]上画函数 $f(x)$的图像。对于隐函数 $f=f(x,y)$，在默认的平面区域[−pi<x<pi,−pi<y<pi]上画函数 $f(x,y)$的图像。ezplot(f,[min,max])，在指定的范围[min<x<max]内画函数表达式 $f=f(x)$的图像。若没有图形窗口存在，则该函数先生成标题为 Figure 1 的新窗口，再在该窗口中操作；若已经有图形窗口存在，则在当前图形窗口中进行操作。ezplot(f,[x_{min} x_{max}],fing)，在指定标号为 fing 的窗口中、指定范围[x_{min},x_{max}]内画函数 $f=f(x)$的图像。ezplot(f,[x_{min},x_{max},y_{min},y_{max}])，在平面矩形区域[x_{min}<x<x_{max},y_{min}<y<y_{max}]上画出 $f(x,y)=0$ 的图像。ezplot(x,y),在默认范围 0<t<2p_i 内画出参数形式函数 $x=x(t)$与 $y=y(t)$的图像。ezplot(x,y,[t_{min},t_{max}]),在指定范围[t_{min}<t<t_{max}]内画参数形式函数 $x=x(t)$与 $y=y(t)$的图像。ezplot(...,figure)，在由参量文件 figure 句柄指定的图形窗口中画函数图形。

（2）ezplot3()是三维曲线的符号绘图函数。ezplot3(x,y,z)在默认的范围 0<t<2pi 内画参数形式的曲线 x=x(t)，y=y(t)，z=z(t)图像。ezplot3(x,y,z,[t_{min},t_{max}])在默认的范围 t_{min}<t<t_{max} 内画参数形式的曲线 x=x(t)，y=y(t)，z=z(t)图像。ezplot3(...,'animate')以动画形式画出空间三维曲线。

（3）ezcontour()是等高线图的符号绘图函数。ezcounter(f)，画出二元符号函数 f=f(x,y)的等高线图，函数 f 将被显示在默认的平面区域[-2pi<x<2pi, -2pi<y<2pi]内。系统将根据函数变动的激烈程度自动选择相应的计算栅格，若函数 f 在某些栅格点上没有定义，则这些点不显示。ezcontour(f,domain)在指定的定义域 domain 内画出二元函数 f(x,y)的图像，参数 domain 可以是四维向量[x_{min},x_{max},y_{min},y_{max}]或二维向量[min,max]（其中显示区域为 min<x<max，min<y<max）。ezcontour（...,n）用于指定 n×n 个栅格点（对定义域的一种划分）在默认（若没有指定）的区域内画出函数 f 的图像，n 的默认值为 60。

（4）ezcontourf()是用不同颜色填充等高线图的符号绘图函数。ezcontourf(f)画二元函数 f=f(x)的等高线图，且在不同的等高线之间自动用不同的颜色进行填充，函数 f 在平面区域[-2pi<x<2pi,-2pi<y<2pi]内，系统将根据函数变动激烈程度自动选择相应的计算栅格，若函数 f 在某些栅格点上没有意义，这些点将不显示。ezcontourf(f,domain)在指定的定义域 domain 内画出二元函数 f(x,y)的等高线图，且在不同的等高线之间自动用不同的颜色进行填充。定义域 domain 可以是四维向量[x_{min},x_{max},y_{min},y_{max}]或者二维向量[min,max]。ezcontourf(...,n)用指定的 n×n 个栅格点在默认（若没有指定）的区域内画出函数 f 的等高线，且在不同的等高线之间自动用不同的颜色进行填充，n 的默认值是 60。

（5）ezmesh()是三维曲面的符号绘图函数。ezmesh(f)画出二元符号函数 f=f(x,y)的网格图，函数 f 将显示于默认的平面区域[-2pi<x<2pi,-2pi<y<2pi]内，系统将根据函数变动的激烈程度自动选择相应的计算栅格，若函数 f 在某些栅格点上没有定义，则这些点不显示。ezmesh(x,y,z,[min,max])用指定的矩形定义域[min<x<max,min<y<max]画出函数 z=f(x,y)的网格图。ezmesh(f,…,n)用指定 n×n 个栅格点在默认（若没有指定）的区域内画出函数 f 的图像，n 的默认值是 60。

（6）ezmeshc()是带等高线的三维曲面符号绘图函数。ezmeshc(f)画出二元数学符号函数 z=f(x,y)的网格图形，同时在 xy 平面上显示等高线图，函数 f 将被显示于默认的平面区域[-2pi<x<2pi,-2pi<y<2pi]内，系统将根据函数变动的激烈程度自动选择相应的计算栅格，若函数 f 在某些栅格点没有意义，则这些点将不显示。ezmeshc(x,y,z)在默认的矩形定义域范围[-2pi<s<2pi,-2pi<t<2pi]内画参数形式函数 x=x(s,t)、y=y(s,t)、z=z(s,t)的二元函数 z=f(x,y)的网格图形与其等高线图。

（7）ezsurf()函数：带颜色的三维曲面符号绘图函数。ezsurf(f)画出二元数学符号函数 z=f(x,y)的曲面图形，函数 f 将显示于默认的平面区域[-2pi<x<2pi,-2pi<y<2pi]内，系统将根据函数变动的激烈程度自动选择相应的计算栅格，若函数 f 在某些栅格点没有意义，则这些点将不显示。ezsurf(x,y,z,[s_{min},s_{max},t_{min},t_{max}])在指定的矩形定义域范围[s_{min}<s<s_{max},t_{min}<t<t_{max}]内画出参数形式函数 x=x(s,t)、y=y(s,t)、z=z(s,t)的二元函数 z=f(x,y)的曲面图形。

（8）ezsurfc()函数：带等高线的三维曲面表面的符号绘图函数。

【例 5.29】绘制出隐函数 $f(x,y)=x^2\sin(x+y^2)+y^2e^x+6\cos(x^2+y)=0$ 的曲线。

解　在命令窗口输入以下命令，得到如图 5-32 的图形。

```
>> close all;
>> clear all;
>> clc;
```

```
>> ezplot('x^2*sin(x+y^2)+y^2*exp(x)+6*cos(x^2+y)', [-6 6])
>> grid on
```

【例 5.30】绘制三维曲面符号图形。

解　在命令窗口输入以下命令，得到图 5-33 所示的图形。

```
>> clc
>> clear
>> subplot(2,1,1)
>> ezmesh('x*exp(-x^2-y^2)')
>> subplot(2,1,2)
>> ezmeshc('x*exp(-x^2-y^2)')
```

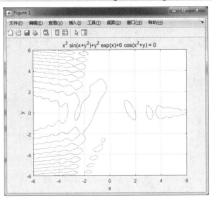

图 5-32　绘制隐函数的曲线

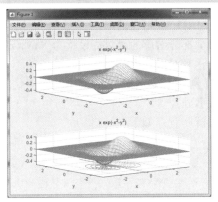

图 5-33　三维曲面的符号绘图

【例 5.31】绘制三维带颜色的曲面图。

解　在命令窗口输入以下命令，得到图 5-34 所示的图形。

```
>> clc
>> clear
>> syms x y
>> ezsurf(real(atan(x+i*y)))
```

【例 5.32】同时绘制曲面图与等高线图。

解　在命令窗口输入以下命令，得到图 5-35 所示的图形。

```
>> syms x y
>> ezsurfc(x*y/(1+x^2+y^2),[-5,5,-2*pi,2*pi],35,'circ')
```

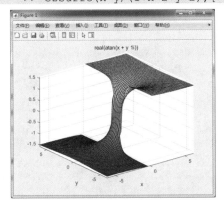

图 5-34　三维带颜色的曲面图

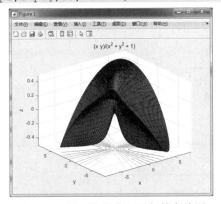

图 5-35　同时绘制曲面图与等高线图

5.3 三维图形的精细处理

在科学研究和工程应用中，会遇到关于图形绘制和图形表现效果的问题，而 MATLAB 中的绘图功能和用于精细化处理各个函数，将使这些问题可以得到解决。与二维图形一样，MATLAB 提供了对三维图形进行精细处理的方法，用户可以对 MATLAB 绘制的三维图形进行裁剪、转换视点、修正色彩、光照效果等。

5.3.1 图形的裁剪处理

MATLAB 定义的 NaN 常数用于表示那些不可使用的数据，利用这种特性可以将图形中需要裁剪部分对应的函数值设置为 NaN，这样在绘制图形时，函数值为 NaN 的部分将不显示，从而达到对图形进行裁剪的目的。

【例 5.33】利用不定数 NaN 的特点，对网格图形进行裁剪处理。

解　程序如下：

```
>> clc
>> clear
>> P=peaks(30);
>> subplot(2,1,1);
>> mesh(P);
>> title('裁剪前的网图')
>> subplot(2,1,2)
>> P(20:23,9:15)=NaN*ones(4,7);
>> meshz(P)
>> title('裁剪后的网图')
```

运行得到图 5-36 所示的图形。

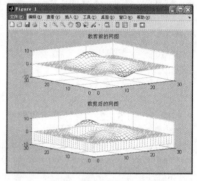

图 5-36　网格图形进行裁剪

5.3.2 视点处理

为了增强三维图形的表现效果，需要从不同的角度绘制三维图，MATLAB 中通过函数 view(az,el)进行视点的处理。其中，az 为方位角，el 为仰角，它们均以度为单位。系统默认的视点定义为方位角-37.5°，仰角 30°。

【例 5.34】绘制不同视点的多峰函数曲面。

解　程序如下：

```
>> subplot(2,2,1);
>> mesh(peaks);
>> view(-37.5,30);                    %指定子图 1 的视点
>> title('azimuth=-37.5,elevation=30')
>> subplot(2,2,2);
>> mesh(peaks);
>> view(0,90);                        %指定子图 2 的视点
>> title('azimuth=0,elevation=90')
>> subplot(2,2,3);
>> mesh(peaks);
>> view(90,0);                        %指定子图 3 的视点
>> title('azimuth=90,elevation=0')
>> subplot(2,2,4);
>> mesh(peaks);
```

```
>> view(-7,-10);              %指定子图 4 的视点
>> title('azimuth=-7,elevation=-10')
```
得到图 5-37 所示的图形。

5.3.3　色彩处理

MATLAB 的色彩处理能力很强，用户除了可以使用字符表示颜色以外，还可以用向量对色彩给予精确的数字衡量。

（1）颜色的向量表示：MATLAB 除用字符表示颜色外，还可以用含有 3 个元素的向量表示颜色。

（2）色图：色图是 $m \times 3$ 的数值矩阵，它的每一行是 RGB 三元组。色图矩阵可以人为生成，也可以调用 MATLAB 提供的函数来定义色图矩阵。

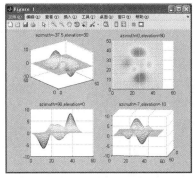
图 5-37　不同视点的多峰函数曲面

除 plot() 及其派生函数外，mesh()、surf() 等函数均使用色图着色。图形窗口色图的设置和改变使用 colormap() 函数，调用格式为：

```
colormap(m)
```
其中 m 代表色图矩阵。

（3）三维表面图形的着色：三维表面图实际上就是在网格图的每一个网格片上涂上颜色。surf() 函数用默认的着色方式对网格片着色。除此之外，还可以用 shading 命令改变着色方式。

【例 5.35】3 种图形着色方式的效果展示。

解　程序如下：

```
>> s=linspace(0,0.5*pi,10); %在（0,0.5pi）取 10 个点
>> t=linspace(0,1.5*pi,30);
>> [S,T]=meshgrid(s,t);      %建立网格坐标
>> x=cos(S).*cos(T);
>> y=cos(S).*cos(T);
>> z=sin(S);
>> colormap(prism);          %对图形进行着色处理
>> subplot(1,3,1)
>> surf(x);                  %绘制三维曲面图
>> subplot(1,3,2);
>> surf(y);
>> shading flat;             %每个网格片用一个颜色着色
>> subplot(1,3,3)
>> surf(z);
>> shading interp           %在网格片内采用颜色插值
```
得到图 5-38 所示的图形。

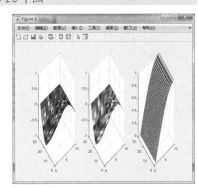
图 5-38　不同的着色方式

5.3.4　光照处理

MATLAB 提供了灯光设置的函数 light()，其调用格式为：

```
light('Color',选项 1,'Style',选项 2,'Position',选项 3)
```
【例 5.36】光照处理多峰函数曲面。

解　程序如下：

```
>> z=peaks(20);
>> subplot(1,2,1);
```

```
>> surf(z);
>> light('Posi',[0,20,10]);
>> shading interp;
>> hold on;
>> plot3(0,20,10,'p');
>> text(0,20,10,' light');
>> subplot(1,2,2);surf(z);
>> light('Posi',[20,0,10]);
>> shading interp;
>> hold on;
>> plot3(20,0,10,'p');
>> text(20,0,10,' light');
```

得到图 5-39 所示的图形。

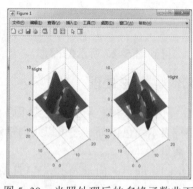

图 5-39 光照处理后的多峰函数曲面

5.4 图 像 处 理

MATLAB 中的图像本身是一种二维函数，图像的亮度是其位置的函数。MATLAB 中的图像由一个或多个矩阵表示，因此 MATLAB 的许多矩阵运算功能均可以用于图像矩阵运算和操作。

MATLAB 具有强大的图形图像处理能力，它用图形图像工具箱处理数字图片。MATLAB 图像处理工具箱支持 4 种基本图像类型，即索引图像、灰度图像、二进制图像和真色彩（RGB）图像。本节主要对最基本的图形图像处理函数给予说明。

1. 用于图像显示的函数 imshow()

调用格式如下：

```
imshow('filename.format')        %显示 filename 所指定的图像文件
imshow(X,map)                    %显示索引图像
imshow(I,[low high] )            %显示灰度图像，并指定灰度级为范围 [low high]
imshow(BW)                       %显示二进制图像
imshow(RGB)                      %显示真彩色（RGB）图像
imshow(…,display_option)         %显示图像时，指定相应的显示参数
```

其中，'ImshowBorder'控制是否给显示的图形加边框，'ImshowAxesVisible'控制是否显示坐标轴和标注，'ImshowTruesize'控制是否调用函数 truesize()。

另外，MATLAB 的图像处理工具箱还提供了函数 subimage()，它可以在一个图形窗口内使用多个色图。函数 subimage()与 subplot()联合使用可以在一个图形窗口中显示多幅图像。

subimage()函数调用格式如下：

```
subimage(X,map)      %在当前坐标平面上使用色图 map 显示索引图像 X
subimage(RGB)        %在当前坐标平面上显示真彩色（RGB）图像
subimage(I)          %在当前坐标平面上显示灰度图像 I
subimage(BW)         %在当前坐标平面上显示二进制图像
```

2. imread()和 imwrite()函数

imread()和 imwrite()函数分别用于将图像文件读入 MATLAB 工作空间，以及将图像数据和色图数据一起写入一定格式的图像文件。

3. image()和 imagesc()函数

这两个函数用于显示图像。为了保证图像的显示效果，一般还应使用 colormap()函数设置图像色图。

【例 5.37】假设在 F 盘根目录下有一个图像文件 rose.jpg，在图形窗口显示该图像。

解　在 MATLAB 命令提示符下输入：

```
>> clc
>> clear
>> [x,cmap]=imread('F:\rose.jpg');     %读取图像的数据阵和色图阵
>> image(x);colormap(cmap);
>> axis image off                       %保持宽高比并取消坐标轴
```

【例 5.38】设 F 盘 RGB 文件 rose1.jpg，以不同方式显示该图像。

解　在 MATLAB 命令提示符下输入：

```
>> clc
>> clear
>> I=imread(' F:\rose1.jpg');          %读入图像文件
>> subplot(2,2,1);
>> subimage(I) ;
>> title('(a)RGB 图像');
>> [X,map]=rgb2ind(I,1000);            %将该图像转换为索引图像
>> subplot(2,2,2) ;
>> subimage(X,map);
>> title('(b)索引图像');
>> X=rgb2gray(I);                       %将该图像转换为灰度图像
>> subplot(2,2,3) ;
>> subimage(X);
>> title('(c)灰度图像');
>> X=im2bw(I,0.6);     %将该图像转换为黑白图像
>> subplot(2,2,4)
>> subimage(X)
>> title('(d)黑白图像')
```

运行结果如图 5-40 所示。

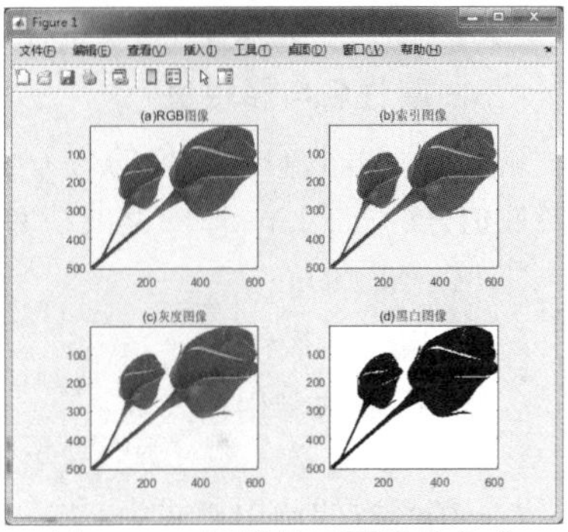

【例 5.39】设在当前目录下有一 RGB 图像文件
rose1.jpg，给图像加边框和坐标控制。

解　在 MATLAB 命令提示符下输入：

```
>> clc
>> clear
>> I=imread('rose1.jpg');
>> iptsetpref('ImshowBorder','tight')%边框
>> imshow(I)
>> iptsetpref('ImshowBorder','loose')
>> imshow(I)
>> iptsetpref('ImshowAxesVisible','off')        %坐标轴可见与否
>> imshow(I)
>> iptsetpref('ImshowAxesVisible','on')
>> imshow(I);imshow(I,'Border','tight')         %边框
>> imshow(I,'Border','loose')
>> imshow(I,'XData',[50 1000])                  %坐标范围
>> imshow(I,'YData',[50 1000])
>> imshow(I,'XData',[50 1000],'YData',[50 1000])
>> imshow(I,'InitialMagnification',150)         %图像放大
```

图 5-40　图像的不同显示方式

通过图形窗口观察图像的变化。

5.5　底层绘图操作

MATLAB 可以通过对图形对象及其句柄、对象属性的操作来实现底层绘图操作，这些操

作增强了图形图像的显示效果和操作性，使用者学会简单的底层绘图命令是十分有必要的。

1. 图形对象

MATLAB 把构成图形的各个基本要素称为图形对象。这些对象包括计算机屏幕、图形窗口（Figure）、坐标轴（Axes）、用户菜单（Uimenu）、用户控件（Uicontrol）、曲线（Line）、曲面（Surface）、文字（Text）、图像（Image）、光源（Light）、区域块（Patch）和方框（Rectangle）。系统将每一个对象按树形结构组织起来。每个图形对象都可以被独立操作。

所有对象都有属性来定义它们的特征，正是通过设定这些属性来修正图形显示的方式。尽管许多属性所有的对象都有，但与每一种对象类型（如坐标轴、线、曲面）相关的属性列表都是独一无二的。对象属性可包括对象的位置、颜色、类型、父对象、子对象及其他内容。每一个不同对象都有和它相关的属性，可以改变这些属性而不影响同类型的其他对象。

2. 图形对象句柄

MATLAB 在创建每一个图形对象时，都为该对象分配唯一的一个值，称其为图形对象句柄（Handle）。句柄是图形对象的唯一标识符。

MATLAB 提供了 3 个用于获取已有图形对象句柄的函数，如下所示：

```
gcf      %获取当前图形窗口的句柄(get current figure)
gca      %获取当前坐标轴的句柄(get current axis)
gco      %获取最近被单击的图形对象的句柄(get current object)
```

3. 属性名与属性值

MATLAB 为每种对象的每一个属性规定了一个名字，称为属性名，而属性名的取值称为属性值。例如，LineStyle 是曲线对象的一个属性名，它的值决定着线型，取值可以是'–' 、':'、'-.'、'--' 或 'none'.

4. 属性的操作

set()函数的调用格式为：

```
set(句柄,属性名 1,属性值 1,属性名 2,属性值 2,…)
```

get()函数的调用格式为：

```
V=get(句柄,属性名)
```

图形对象主要指图形窗口、坐标轴、曲线、文字、曲面等。

（1）图形窗口对象。建立图形窗口对象使用 figure()函数。调用该函数的命令形式为：

```
句柄变量=figure(属性名 1,属性值 1,属性名 2,属性值 2,…)
```

MATLAB 为每个图形窗口提供了很多属性，这些属性及其取值控制着图形窗口对象。除公共属性外，还有其他常用属性，如 MenuBar 属性、Name 属性、Position 属性、Color 属性等。

对象属性包括属性名和与它们相关的值。属性名是字符串，它们通常按混合格式显示，每个词的开头字母大写，如'LineStyle'；但是，MATLAB 识别一个属性时是不分大小写的。另外，只要用足够多的字符来唯一地辨识一个属性名即可。例如，坐标轴对象中的位置属性可以用'Position'、'position'，甚至是'pos'来调用。

【例 5.40】先利用默认属性绘制曲线 $y=x^2 e^{2x}$，然后通过图形句柄操作来改变曲线的颜色，并利用文本对象给曲线添加文字标注。

解 在 MATLAB 命令提示符下输入：

```
>> clc
>> clear
>> x=-1:0.01:4;
>> y=(x.^2).*exp(2*x);
```

```
>> hy=plot(x,y);
>>     set(hy,'color','r','linestyle',':',
'linewidth',1);
>> text(2,2*10^4,'y=x^2*exp(2x)')
>> grid on
```

运行结果如图 5-41 所示。

【例 5.41】分别在 4 个不同的图形窗口绘制正弦、余弦、正切、余切曲线。要求先建立一个图形窗口并绘图，然后每关闭一个再建立下一个，直到建立第 4 个窗口并绘图。

解 在 MATLAB 命令提示符下输入：

图 5-41 图像句柄属性改变曲线

```
>> clc
>> clear
>> x=linspace(0,2*pi,60);
>> y=sin(x);z=cos(x);t=tan(x);ct=1./(t+eps);     %命令组待用
>> C4=['figure(''Name'',''cotangent(x)'',''NumberTitle'',',…
    '''off'');plot(x,ct);axis([0,2*pi,-40,40]);'];
>> C3=['figure(''Name'',''tangent(x)'',''DeleteFcn'',C4,',…
    '''NumberTitle'',''off'');plot(x,t);axis([0,2*pi,-40,40]);'];
>> C2=['figure(''Name'',''cos(x)'',''DeleteFcn'',C3,',…
    '''NumberTitle'',''off'');plot(x,z);axis([0,2*pi,-1,1]);'];
%创建 1 个图形窗口并绘制曲线
>> figure('Name','sin(x)','DeleteFcn',C2,'NumberTitle','off');
>> plot(x,y);
>> axis([0,2*pi,-1,1]);
```

执行时连续创建 4 个图形窗口分别绘制正弦、余弦、正切、余切等 4 个函数的图形，如图 5-42～图 5-45 所示。

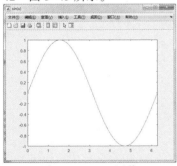

图 5-42 $\sin x$ 图像

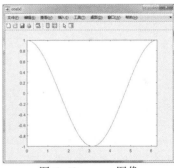

图 5-43 $\cos x$ 图像

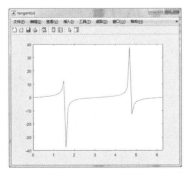

图 5-44 $\tan x$ 图像

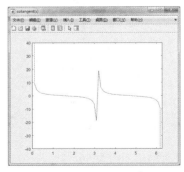

图 5-45 $\cot x$ 图像

（2）坐标轴对象。建立坐标轴对象使用 axes() 函数，调用它的命令形式为：

句柄变量=axes(属性名 1,属性值 1,属性名 2,属性值 2,…)

MATLAB 为每个坐标轴对象提供了很多属性，除公共属性外，还有其他常用属性。

（3）曲线对象。建立曲线对象使用 line() 函数，调用它的命令形式为：

句柄变量=line(x,y,z,属性名 1,属性值 1,属性名 2,属性值 2,…)

其中，对 x、y、z 的解释与高层曲线函数 plot() 和 plot3() 等一样，其余的解释与前面介绍过的 figure() 和 axes() 函数类似。

每个曲线对象也具有很多属性，除公共属性外，还有其他常用属性。

（4）文字对象。使用 text() 函数可以根据指定位置和属性值添加文字说明，并保存句柄。调用该函数的命令形式为：

句柄变量=text(x,y,z,'说明文字',属性名 1,属性值 1,属性名 2,属性值 2,…)

其中，说明文字中除使用标准的 ASCII 字符外，还可使用 LATEX 格式的控制字符。

除公共属性外，文字对象还有其他常用属性。

（5）曲面对象。建立曲面对象使用 surface() 函数，调用形式为：

句柄变量=surface(x,y,z,属性名 1,属性值 1,属性名 2,属性值 2,…)

其中，对 x、y、z 的解释与高层曲面函数 mesh() 和 surf() 等一样，其余的解释与前面介绍过的 figure() 和 axes() 等函数类似。

每个曲面对象具有很多属性，除公共属性外，还有其他常用属性。

【例 5.42】以任意位置子图形式绘制出正弦、余弦、正切和余切函数曲线。

解 在 MATLAB 命令提示符下输入：

```
>> clc
>> clear
>> x=-2*pi:0.01:2*pi;
>> y1=sin(x);
>> y2=cos(x);
>> axes('Position',[0.1,0.6,0.2,0.2])
>> plot(x,y1);
>> ht=get(gca,'Title');
>> set(ht,'Color','r');
>> title('y=sin(x)')
>> hc=get(gca,'Children');
>> set(hc,'Color','b','LineWidth',1.5)
>> axes('Position',[0.6,0.6,0.2,0.2])
>> plot(x,y2,'r');
>> ht=get(gca,'Title');
>> set(ht,'Color','r');title('y=cos(x)')
>> axes('Position',[0.1,0.1,0.2,0.2])
>> fplot(@(x)tan(x),[-1.5,1.5]);
>> ht=get(gca,'Title');
>> set(ht,'Color','r');
>> title('y=tan(x)')
>> axes('Position',[0.6,0.1,0.2,0.2])
>> fplot(@(x)cot(x),[0.1,3]);
>> ht=get(gca,'Title');
>> set(ht,'Color','r');
>> title('y=cot(x)')
```

运行结果如图 5-46 所示。

【例 5.43】绘制函数 $y=2e^{-0.5x}\sin 2\pi x$ 的曲线及其包络线，并做适当的文字标注。

解　在 MATLAB 命令提示符下输入：

```
>> clc
>> clear
>> x=(0:pi/100:2*pi)';
>> y1=2*exp(-0.5*x)*[1,-1];
>> y2=2*exp(-0.5*x).*sin(2*pi*x);
>> x1=(0:12)/2;
>> y3=2*exp(-0.5*x1).*sin(2*pi*x1);
>> line(x,y1,'LineStyle',':','color','g');
>> line(x,y2,'LineStyle','--','color','b');
>> line(x1,y3,'LineStyle','none','Marker','p','color','r');
>> title('曲线及其包络线');
>> xlabel('independent variable X');
>> ylabel('independent variable Y');
>> text(2.8,0.55,'2e^{-0.5x}','FontSize',12);
>> text(0.45,0.55,'y=2e^{-0.5x}sin(2{\pi}x)','FontSize',12);
>> text(1.4,0.1,'离散数据点');
>> legend('包络线','包络线','曲线 y','离散数据点')
```

运行结果如图 5-47 所示。

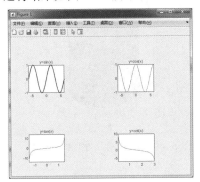

图 5-46　以任意位置子图形式绘制图形

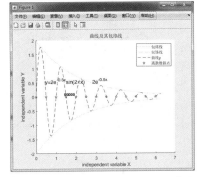

图 5-47　曲线及其包络线、标注信息

【例 5.44】利用曲面对象绘制三维曲面 $z=\sin y \cos x$。

解　在 MATLAB 命令提示符下输入：

```
>> clc
>> clear
>> x=0:0.1:2*pi;
>> [x,y]=meshgrid(x);
>> z=sin(y).*cos(x);
>> axes('view',[-37.5,30]);
>> hs=surface(x,y,z,'FaceColor','w','EdgeColor','flat');
>> grid on;
>> xlabel('x-axis');
>> ylabel('y-axis');
>> zlabel('z-axis');
>> title('mesh-surf');
>> pause;
>> set(hs,'FaceColor','flat');
```

运行结果如图 5-48 所示。

【例 5.45】生成一个圆柱体，并进行光照处理。

解　在 MATLAB 命令提示符下输入：

```
>> clc
>> clear
>> [x,y,z]=cylinder(0.5,30);
>> surf(x,y,z);
>> axis equal;
>> xlabel('X');
>> ylabel('y');
>> zlabel('Z');
>> light('Color','w','Style','local','Position',[0,0,0]);
>> shading interp;
>> lighting phong;
>> material shiny
```

运行结果如图 5-49 所示。

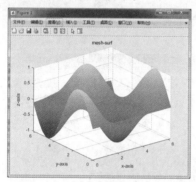

图 5-48　曲面对象绘制三维图形

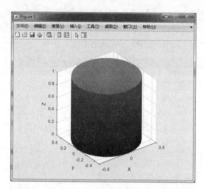

图 5-49　进行光照处理的圆柱体

★ 小　结 ★

　　本章主要讲述了如何利用 MATLAB 绘图。对二维曲线、一般二维图形和特殊二维图形、三维曲线、三维曲面等各种形式的图形绘制进行了详细的说明和举例；介绍了如何对二维和三维图形的精细处理，如何进行底层绘图操作以及 MATLAB 图像处理功能。

　　MATLAB 的可视化操作是它区别于其他高级计算机语言的一个重要方面，由于它在二维、三维图形绘制方面的杰出能力，让使用者对很多抽象的内容有了具体的、直观的认识，满足使用者许多图形图像方面的需要；学好本章，可以为读者进一步学习如何利用 MATLAB 实现数字图像处理打下好的基础。

★ 习　题 ★

1. 在一个图像窗口内分别绘制正弦、余弦、正切、余切的函数图像。

2. 按照 $\Delta x=0.1$ 的步长间隔绘制函数 $y=xe^{-x}$ 在 $0 \leqslant x \leqslant 1$ 时的曲线。

3. 分别采用 $\Delta t=\dfrac{1}{10}\pi$、$\dfrac{1}{100}\pi$ 的步长，绘制连续调制波形 $y=\sin t \sin 9t$ 的图像。

4. 用图形表示离散函数 $y=|(n-6)|^{-1}$，其中 n 为 $[0,12]$ 的自然数。

5. 用曲面图函数 surf() 表现 $z=x^2+y^2$ 的图像，并用火柴杆命令 stem3() 表示网格点上的函数值。

6. 绘制颜色为红色，数据点用五角星标识的函数 $y=xe^{\sin x}$ 在 $(0,5)$ 上的虚线图。

7. 绘制下列曲线的图形（散点图与折线图）：$y=(x^3-x^2-x+1)^{0.5}$ 在 $[-1,2]$ 上。

8. 绘制下列曲面的图形：$z^2=x^2+2y^2$（提示：曲面由两部分构成）。

9. 在同一个图形上画出下列两个函数的图像：

（1）$y=\sin^2 x$，$[0,2\pi]$；　　　　（2）$y=\cos^2 x$，$[0,2\pi]$。

10. 随机产生 100 个 0～100 的整数作为学生的考试分数，画出它的简单直方图。

11. 分别选择合适的 t 的范围，绘制出下列极坐标图形。

（1）$r=\cos(7t/2)$；　　　　　　（2）$r=\sin t/t$。

第6章

MATLAB 程序设计

本章要点

◎ 学会编写 MATLAB 的脚本文件和函数式文件；
◎ 掌握 MATLAB 语言的变量、基本语句和数据类型；
◎ 学会 MATLAB 的程序控制流程；
◎ 掌握程序的调试过程。

在 MATLAB 中对于比较简单的问题，以及那些一次性问题，通过指令窗中直接输入一组指令去求解，也许是比较简便、快捷的。但当待解决问题所需的指令较多和所用指令结构较复杂时，或当一组指令通过改变少量参数就可以被反复使用去解决不同问题时，直接在指令窗中输入指令的方法就显得烦琐和笨拙。MATLAB 中编写 M 文件可以解决这个问题。MATLAB 软件是用 C 语言编写而成的，作为一门高级计算机语言，其风格和语法与 C 语言十分相似。对于已经学习过 C 语言的用户来说，MATLAB 语言的程序设计是相对简单的。MATLAB 提供了一种 M 文件系统，允许用户自己编写函数加入到 MATLAB 的函数库中，在以后的工作中可以直接调用这些函数，这使 MATLAB 拥有了十分强大的扩展能力。

6.1 M 文 件

所谓 M 文件，就是由 MATLAB 语言编写的，可在 MATLAB 工作空间中运行的程序源代码文件。M 文件可以根据调用方式的不同分为脚本文件（Script）和函数文件（Function）两大类。M 文件不仅可以在 MATLAB 的程序编辑器中编写，也可以在其他文本编辑器中编写，并以 "M" 为扩展名加以存储。由于商用的 MATLAB 软件是用 C 语言编写而成的，因此，M 文件的语法与 C 语言十分相似。对参加数学建模竞赛且学过 C 语言的人来说，M 文件的编写是相当容易的。另外，MATLAB 附带了许多函数，使 M 文件的编写更加简便易行。

6.1.1 脚本文件

M 脚本文件中的指令形式和前后位置，与解决同一个问题时在指令窗中输入的指令没有任何区别。MATLAB 在运行这个脚本时，只是简单地从文件中读取一条条指令，送到 MATLAB 中去执行，与在指令窗中直接运行指令一样，脚本文件运行产生的变量都是驻留在 MATLAB 基本工作空间中。脚本式文件类似于 DOS 下的批处理文件，不需要在其中输入参数，也不需要给出输出变量来接收处理结果，只是若干命令或函数的组合，用于执行特定的功能。脚本的操作对象为 MATLAB 工作空间内的变量，在脚本执行结束后，脚本中对变量的一切操作均会被保留。在 MATLAB 中也可以在脚本内部定义变量，且该变量将会自动加入到当前的 MATLAB 工作空间中，可以为其他的脚本或函数引用，直到 MATLAB 关闭或将其删除。

在默认情况下，M 文件编辑器不随 MATLAB 的启动而开启，而只有当编写 M 文件时才启动。M 编辑器不仅可以编辑 M 文件，而且可以对 M 文件进行交互式调试，M 文件编辑器不仅可处理带 M 扩展名的文件，而且可以阅读和编辑其他 ASCII 码文件。打开 M 文件编辑器的方式通常有下列几种方法：在命令窗口输入指令 edit；单击"主页"菜单里的"新建脚本"按钮，可以打开空白的 M 文件编辑器；双击当前目录窗中的所需 M 文件，可直接引出展示相应文件的 M 文件编辑器。

【例 6.1】利用 M 脚本式文件来将华氏温度 f 转换为摄氏温度 c。

解　首先在 MATLAB 命令行提示号下输入 edit，打开 M 文件编辑器，可以把 M 文件编辑器拖离 MATLAB 主窗口，如图 6-1 所示。在其中输入如下内容：

```
clear;            %清除工作空间中的变量
f=input('请输入要转换的华氏温度: ');
c=5*(f-32)/9
```

将文件保存为 exm6_1.m 后，在命令窗口输入该文件名，如下所示：

```
>> exm6_1
```

或在 M 文件编辑器中单击"运行"按钮。

运行结果如图 6-2 所示。

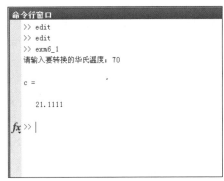

图 6-1　M 文件编辑器　　　　　　　　图 6-2　exm6_1 运行结果

6.1.2　函数文件

函数文件与脚本文件不同。函数文件犹如一个"黑箱子"，把一些数据送进去并经加工处理，再把结果送出来。从形式上看，函数文件与脚本文件不同，函数文件的第一行总是以"function"引导的"函数声明行"。从运行上看，函数文件与脚本文件运行不同，每当函数文件运行，MATLAB 就会专为它开辟一个临时工作空间，称为函数工作空间。当执行到文件最后一条指令时，就会结束该函数文件的运行，同时临时函数空间及其所有的中间变量立即被清除。在 MATLAB 中，函数文件相对于脚本文件而言是较为复杂的。函数需要给定输入参数，并能够对输入变量进行若干操作，实现特定的功能，最后给出一定的输出结果或图形等，其操作对象为函数的输入变量和函数内的局部变量等。函数文件通常包含以下 4 个部分：

（1）函数题头：指函数的定义行，是函数语句的第 1 行，在该行中将定义函数名、输入变量列表及输出变量列表等。

（2）帮助信息：提供了函数的完整帮助信息，一般为函数题头之后至第 1 个可执行行或空行为止的所有注释语句，帮助信息的每一行由%引出，主要对函数功能进行说明。通过 MATLAB 语言的 lookfor()查看函数的帮助信息时，将显示该部分。

（3）函数体：指函数代码段，也是函数的主体部分。

（4）注释部分：指对函数体中各语句的解释和说明，增强程序的可读性。注释语句是以%为引导的语句。

【例 6.2】举例说明一个完整的函数式 M 文件包含哪些部分。

解 定义一个完整的函数如下：

```
1 function s=exm6_2(n)
2 %求 1 到 n 的和
3 %调用方式 s=exm6_2(n)
4 %参数说明：n 为任何正整数
5 s=0;                 %累加计数器清零
6 for i=1:n            %for 循环进行 1 到 n 的累加
7     s=s+i;
8 end
9 s;                   %返回累加计数器内容
```

在 M 文件编辑器输入完毕，进行调试，无误后保存为 exm6_2.m。

对上面定义的函数进行说明：

① 第 1 行是函数题头，其中 function 为函数文件的函数声明行，表明该文件为函数文件；s 为输出参数，如果有多个输出参数则用逗号分开，并用中括号括起来；exm6_2 是函数名，n 为输入参数，如果输入参数为多个则用逗号分开。

② 第 2~4 行为函数文件的帮助信息，是用 lookfor()命令查该函数时出现的帮助信息。

③ 第 5~9 行为函数文件的主体部分，其语句后是由%引出的函数文件注释部分。MATLAB 语言中将一行内百分号后所有文本均视为注释部分，在程序的执行过程中不被解释，并且百分号出现的位置也没有明确的规定，可以是一行的首位，这样整行文本均为注释语句，也可以是在行中的某个位置，这样其后所有文本将被视为注释语句，这也展示了 MATLAB 在编程中的灵活性。

在 MATLAB 命令提示符调用函数的方式为：

```
>> exm6_2(100)
ans=
   5050
```

尽管在上文中介绍了函数文件的 4 个组成部分，但是并不是所有的函数文件都需要全部具备这 4 部分。实际上，4 部分中只有函数题头是一个函数文件所必需的，而其他的 3 个部分根据实际需要均可省略。但是，如果在函数文件中没有函数体则为一个空函数，没有任何实际意义。

在函数文件中，变量主要有输入变量、输出变量及函数内所使用的变量。输入变量相当于函数入口数据，是一个函数操作的主要对象。某种程度上讲，函数的作用就是对输入变量进行加工以实现一定的功能。函数的输入变量为形式参数，即只传递变量的值而不传递变量的地址，函数对输入变量的一切操作和修改如果不依靠输出变量传出，将不会影响工作空间中该变量的值。

在 MATLAB 中，存储 M 文件时文件名应当与文件内主函数名相一致，这是因为在调用 M 文件时，系统查询相应的 M 文件而不是函数名，如果两者不一致，则或者打开不了目的的文件，或者打开的是其他文件。鉴于这种查询文件的方式与以往程序设计语言的不同（在其他的语言系统中，函数的调用都是指对函数名本身），所以，建议在存储 M 文件时，应将 M 文件名与主函数名统一，以便于理解和使用。

6.2　程序设计中的变量与语句

在 MATLAB 程序设计中使用比较多的就是各种类型的变量与数据，在进行程序设计之前，首先应当对这些变量的定义和数据类型的约定进行一定的了解，这样才能在程序设计过程中灵活应用相应的变量和数据类型。程序中，为了方便操作内存中的值，需要给内存中的值设定一个标签，这个标签称为变量。在 MATLAB 中，变量不需要事先声明，MATLAB 在遇到新的变量名时，会自动建立变量并分配内存。给变量赋值时，如果变量不存在，会创建它；如果变量存在，会更新它的值，赋值时，右边的表达式必须有一个值（即使值为空也行）。

6.2.1　变量类型

1．变量命名的原则

为变量命名时需遵循以下原则：

（1）必须以字母开头，并且字母是区分大小字的。

（2）可以由字母、数字、下画线混合组成。

（3）名字可以任意长，但是只有前面的 63 个字符参与识别。

（4）避免使用函数名和系统保留字，例如命令名、函数名等。

（5）不能用特殊的字符，如数学运算符等。

2．变量的分类

（1）局部变量。局部变量不需要事先声明，也不需要预定义变量的类型，但是运算表达式中不允许出现未定义的变量，即不允许没有赋初值的变量出现在等号右边进行运算。

（2）全局变量。全局变量是几个函数共享的变量，每个调用它的函数都要用 global 对该变量进行声明，由于每个共享它的函数都可以改变它的值，因此运行时要特别注意全局变量值的变化，无论在哪里，要访问或者存取全局变量都必须先声明。全局变量在函数中先于其他变量定义，最好定义在函数最前面，全局变量的名字最好全都用大写字母，这样做是为了增强代码的可读性，减少重新定义变量的机会。

（3）永久变量。用 persistent() 函数声明永久变量，只能在函数文件中定义和使用，只允许定义它的函数存取，当定义函数退出运行时，MATLAB 不会清除它，下次调用它将会使用它原先被保留的值，只有清除函数或者关闭 MATLAB 才能从内存中清除它们。永久变量的默认初值为"[]"，用户可以自己设置永久变量的初始值，最好在函数开始时声明永久变量。

在 MATLAB 中与变量有关的函数如表 6-1 所示，特殊变量如表 6-2 所示，关键字如表 6-3 所示。

表 6-1　MATLAB 中与变量有关的函数

函　数　名	函　数　说　明	函　数　名	函　数　说　明
clear	清除工作空间里的数据项，释放内存	ans	当没指定输出变量时，临时存储最近的答案
isvarname	检查输入的字符串是否为有效的变量名	namelengthmax	返回最大的标识符长度
genvarname	采用字符串构建有效的变量名		

表 6-2   MATLAB 中特殊变量

变　　量	函　数　说　明	变　　量	函　数　说　明
eps	浮点数相对精度；MATLAB 计算时的容许误差	i,j	虚数单位
intmax	本计算机能表示的 8 位、16 位、32 位、64 位的最大整数	inf	无穷大。当 $n>0$ 时，$n/0$ 的结果是 inf，当 $n<0$ 时，$n/0$ 的结果是 $-$inf
intmin	本计算机能表示的 8 位、16 位、32 位、64 位的最小整数	nan	非数，无效数值。比如 0/0 或 inf/inf，结果为 NaN
realmax	本计算机能表示的最大浮点数	computer	计算机类型
realmin	本计算机能表示的最小浮点数	version	MATLAB 版本信息
pi	圆周率，3.141 592 653 589 7…		

表 6-3   MATLAB 中关键字

关　键　字	关　键　字	关　键　字
break	end	persistent
case	for	return
catch	function	switch
continue	global	try
else	if	while
elseif	otherwise	

【例 6.3】编写函数求方程 $ax^2+bx+c=0$（$a\neq0$）的实根。

解　编写函数如下：

```
function exm6_3(a,b,c)
%求一无二次方程的根
%参数说明：a 为二次项系数，b 为一次项系数，c 为常数项
global X1 X2     %定义全局变量
t=b*b-4*a*c;
if(t<0)
    disp('无实数解');
else
    X1=(-b+sqrt(t))/(2*a)
    X2=(-b-sqrt(t))/(2*a)
end
```

保存 M 文件名为 exm6_3.m，与函数名同名。

在 MATLAB 命令窗口中调用该函数的命令如下：

```
>> exm6_3(1,3,2)
X1=
    -1
X2=
    -2
```

调用结束后在命令提示符下分别输入 X1、X2，可以查看其结果。

```
>> X1
X1=
    -1
```

```
>> X2
X2=
    -2
```

这说明在函数中定义的全局变量，在 MATLAB 基本工作空间也能使用。在程序设计中，可以在所有需要调用全局变量的函数中定义全局变量，这样就可以实现变量数据的共享。在函数文件中，全局变量的定义语句应该放在变量使用之前，为了便于了解所有的全局变量，需把全局变量的定义语句统一放在文件的前部。

注意：如果有多个全局变量在一行上定义，一定要用空格分开，而不是逗号分开。

【**例 6.4**】MATLAB 中存在两个永久变量 nargin 和 nargout，它们可以自动判断输入变量和输出变量，编写下列程序以作示例。

解 编写函数如下：

```
function c=exm6_4(a,b)
if(nargin==1)
    c=a.^2;
 elseif(nargin==2)
    c=a*b;
end
```

【**例 6.5**】编写函数文件求半径为 r 的圆的面积和周长。

解 编写函数如下：

```
function [s,p]=exm6_5(r)
  %r 为圆半径
  %s 为圆面积
  %p 为圆周长
  s=pi*r*r
  p=2*pi*r
```

6.2.2 基本语句

MATLAB 可以认为是一种解释性语言，可以直接在 MATLAB 命令窗口输入命令，也可以在编辑器内编写应用程序，MATLAB 软件对此命令或程序中各条语句进行翻译，然后在 MATLAB 环境下对它进行处理，最后返回运算结果。

MATLAB 语言的基本语句有如下几种：

1. 说明语句

用%引出的程序说明部分或解释部分，用关键词来定义程序所使用的变量及类型都是 MATLAB 的说明语句。

2. 赋值语句

赋值语句的格式如下：

```
变量名列表=表达式
```

其中，等号左边的变量名列表为 MATLAB 语句的返回值，等号右边是表达式的定义，它可以是 MATLAB 允许的矩阵运算，也可以是函数调用。

等号右边的表达式可以由分号结束，也可以由逗号或回车符结束，但它们的含义是不同的，如果用分号结束，则左边的变量结果将不在屏幕上显示，否则将显示全部结果。

MATLAB 语言和 C 语言有所不同，在调用函数时 MATLAB 允许一次返回多个结果，这时等号左边是用[]括起来的变量列表，例如，$[X,Y,Z]$ = peaks。

注意：表达式中的运算符号两侧允许有空格，以增加可读性，但在复数或符号表达式中要尽量避免，以防出错。

在 MATLAB 的基本语句结构中，等号左边的变量名列表和等号可以一起省略，这时将把执行结果自动保存到变量 ans 中，并在命令窗口中显示。

3. 比较语句

MATLAB 提供的比较运算符有<（小于）、<=（小于或等于）、>（大于）、>=（大于或等于）、==（等于）、~=（不等于）。

比较两个元素的大小，结果为"1"表明为真，结果为"0"表明为假。如 $C=A>B$，当 A 和 B 矩阵满足 $a_{ij}>b_{ij}$ 时，$c_{ij}=1$，否则，$c_{ij}=0$。

另外，针对矩阵，MATLAB 还提供了 all() 和 any() 两个函数来进行比较运算。如在命令窗口输入：

```
a1=all(A>=5),a2=any(A>=5)
```

前一个命令当 A 矩阵的某列元素全都大于或等于 5 时，相应结果为 1，否则为 0。而后者在某列中含有大于等于 5 的元素时，相应结果为 1，否则为 0。

4. 逻辑语句

在 MATLAB 语言中，如果一个数的值为 0，则可以认为它为逻辑 0，否则为逻辑 1。

假设 A 和 B 均为 n 行 m 列的矩阵，则在 MATLAB 下定义了如下的逻辑运算：

（1）与运算：在 MATLAB 下用"&"表示逻辑与，例如 $A\&B$，如果两个矩阵相应元素均非 0，则相应结果为 1，否则为 0。

（2）或运算：在 MATLAB 下用"|"表示逻辑或，例如 $A|B$，如果两个矩阵相应元素存在非 0 值，则相应结果为 1，否则为 0。

（3）非运算：在 MATLAB 下用"~"表示逻辑非，例如 $\sim A$，若矩阵的元素为 0，则结果为 1，否则为 0。

（4）异或运算：MATLAB 下矩阵 A 和 B 的异或运算可以表示为 xor(A, B)，若相应的两个数一个为 0，一个非 0，则结果为 1，否则为 0。

5. 函数调用语句

程序中使用一个函数的功能称为函数调用，如使用函数 scanf()、printf()、sqrt() 等，一个单独的函数调用加上一个分号就称为函数调用语句。例如：

```
scanf("%d%d",&a,&b);
printf("Sun=%d\n",s);
```

而语句

```
s=0.5*a*b*sin(alpha*pi/180);
```

应视为赋值语句，而不是函数调用语句，因为函数调用嵌入在赋值表达式内。

6. 复合语句

用一对大括号{}将一些语句括起来就构成复合语句。例如：

```
{ temp=a;
  a=b;
  b=temp;
}
```

复合语句可以作为一个语句对待，也就是说，单个语句使用的地方，复合语句也可以使用。

7．空语句

空语句只由一个分号"；"构成。空语句什么也不能做，为了增加程序的可读性，有时也会在程序中使用空语句。

6.3　数据类型

MATLAB 中的数据类型最大的特点是每种类型都以数组为基础，都是从数组派生出来的，MATLAB 事实上把每种类型的数据都作为数组处理。在 MATLAB 中主要有 7 种数据类型，分别是：基本数值类型、字符、元胞数组、结构、函数句柄、Java 对象和逻辑类型，各种数据类型的层次关系如图 6-3 所示。

其中，整数类型包括：int8（8 位整型）、unit8（无符号 8 位整型）、int16（16 位整型）、uint16（无符号 16 位整型）、int32（32 位整型）、

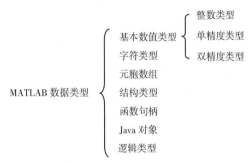

图 6-3　MATLAB 基本数据类型结构

uint32（无符号 32 位整型）。这些类型中比较常用的一般只有双精度型和字符型，所有的 MATLAB 计算都把数据作为双精度型处理。不同数据类型的变量或对象占用的内存空间不同，不同的数据类型的变量或对象也具有不同的操作函数。

【例 6.6】定义一个稀疏矩阵，然后用 issparse ()函数查看其类型。

解　在 MATLAB 命令提示符下输入：

```
>> k=speye(4);              %定义一个稀疏矩阵
>> issparse(k,'sparse')     %isa 会给出一个警告信息
ans=
    logical
    1                       %返回逻辑值真
```

6.3.1　字符

在 MATLAB 中字符或字符串运算是程序设计必不可少的部分。MATLAB 中的字符串是其进行符号运算表达式的基本构成单元。在 MATLAB 中，字符串和字符数组基本上是等价的；所有的字符串都用单引号进行输入或赋值，也可以用函数 char()来生成。字符串的每个字符都是字符数组的一个元素。对于编程语言来讲，字符处理是必不可少的。MATLAB 有强大的字符处理能力，其字符处理函数如表 6-4 所示。

表 6-4　字符处理函数

函　数　名	功　　能	函　数　名	功　　能
abs	将字符串转变为 ASCII 码值	upper	将字符串中字符转变为大写
eval	解释执行字符串	strcal	字符串水平连接
deblank	删除字符串末尾的空格	strcmp	比较字符串
findstr	从一个字符串中查找另一个字符串	strcmpi	忽略大小写比较字符串
lower	将字符串中字符转变为小写	strncmp	比较两个字符串的前 n 个字符

续表

函 数 名	功 能	函 数 名	功 能
symvar	确定字符串中的符号变量	num2str	数字转换为字符串
texlabel	用特征字符串产生 Tex 格式的符号	sprintf	将带格式的数字转换为字符串
char	建立或转换为字符数组	sscanf	将字符串转换为带格式的数字
int2str	整数转换为字符串	str2double	字符串转换为双精度数
mat2str	矩阵转换为字符串	srt2num	字符串转换为数字
strmatch	查找匹配的字符串	bin2dec	二进制数转换为十进制数
strrep	替换字符串	dec2bin	十进制数转换为二进制数
strjust	对齐字符数组（左对齐、右对齐、居中）	dec2hex	十进制数转换为十六进制数
strtok	返回字符串中第一个分隔符前的部分	hex2dec	十六进制数转换为十进制数
strvcat	垂直连接字符串	bex2num	十六进制数转换为双精度数

在 MATLAB 中，使用字符串需要注意以下事项：

（1）所有字符串都用单引号括起来。

（2）字符串中的每一个字符都是该字符串变量（矩阵或向量）中的一个元素。

（3）字符串中的字符以 ASCII 码形式存储，因而大小写是有区别的。用 abs()函数可以看到字符的 ASCII 码值。

以下介绍 MATLAB 中对字符串的几类常用操作方法。

1. 字符串的建立

建立字符串可以通过直接赋值的方法，也可以使用函数 char()、int2str()、num2str()和 sprintf()建立或转换。

```
>> c='matlab'                      %直接给 c 赋字符串，其中的每个字符都是一个元素
c=
    matlab
>> char([99   104   105   110   97])   %把数字按照 ASCII 码值转换为字符串
ans=
    china
>> num2str ([120 67 88])           %把数字直接转换为字符串，每个数为一个独立字符串
ans=
    120   67   88
>> int2str([123.11 34.4 55])       %把数字取整后再转换为字符串
ans=
    123   34   55
>> mat2str([1 2;3 4])              %把矩阵转换为字符串，其中包括
                                   %"[]"、": "和空格在内的每个字符都是其元素
ans=
    [1 2;3 4]
```

2. 字符串的连接

字符串可以连接在一起组成新的字符串。水平连接通过函数 strcat()或在中括号内用逗号实现；垂直连接通过函数 strvcat()或在中括号内用分号实现。它们的作用不尽相同，举例如下：

```
>> ['How ','are ','you ','!']      %在中括号中把字符直接水平连接，注意字符空格
ans=
    How  are  you  !
```

```
>> strcat('How ','are ','you ','!')   %水平连接，忽略原字符串处的空格
ans=
    Howareyou!
>> ['How';'are';'you';'  !']%在中括号中用分号实现垂直连接，必须保证每个被连接的
                           %字符串长度相等，不足的用空格补齐，否则该命令无法使用
ans=
    How
    are                    %注意本例！前补加了两个空格
    you
      !
>> strvcat('How','are','you','!')      %实现垂直连接，自动为较短的字符串补足空格
ans=
    How
    are
    you
      !
```

3．字符的比较和查找

比较字符串的函数为 strcmp()、strcmpi()和 strncmp()。按同样顺序比较字符串（数组）中的字符，相同则返回逻辑值 1，不相同则返回逻辑值 0。

函数 strrep()的用法如下：

```
strrep(str1,str2,str3)          %在 str1 中的字符串 str2 用 str3 来替换
>> s1='This is a good example.';
>> str=strrep(s1,'good','great')
str=This is a great example.
```

函数 strmatch()的用法如下：

```
x=strmatch('str',STRS)
```

查找字符串数组 STRS 中所有以字符串 str 开头的字符串，并返回其次序行向量，如果带有参数 exact，则查找完全相同的字符串。

```
>> x=strmatch('max',strvcat('max','minimax','maximum'))
x=
    1
    3
>> x=strmatch('max',strvcat('max','minimax','maximum'),'exact')
x=
    1
```

函数 findstr()的用法如下：

```
x=findstr (str1,str2)
```

返回在字符串 str1 中包含字符串 str2 的位置。

```
>> s1='This is a good example.';
>> findstr(s1,'a')
ans=
    9    18
```

6.3.2　元胞数组

元胞数组是 MATLAB 中的特色数据类型，它不同于其他数据类型（如字符型、字符数组或者叫字符串，以及一般的算术数据和数组）。元胞数组特有的存取数据方法决定了它的特点，它给人一种查询信息的感觉，可以逐渐追踪一直到所有的变量全部翻译成基本的数据信息。它的 class()函数输出就是 cell（细胞之意）。元胞数组就像细胞一样，可大可小，比如卵细胞、

神经细胞、肌肉细胞，它们可以放在一起构成一个集合，也就是数组，但是值得注意的是其元素可以是细胞团，可以是组织，也可以是器官。采用一个来自女儿国的比喻，一个元胞就是一个母亲，她有女儿，女儿可以有女儿，也可以是单身，也可以是子孙满堂，而同一辈分的女儿不需要是同种数据类型的，这是非常关键的。

矩阵只适合存放和处理若干相同类型的数据，要想同时存放和处理多种类型的数据就需要用元胞数组。元胞数组（Cell Array）中的基本组成是元胞，每一个元胞可以视为一个单元（Cell），用来存放各种不同类型的数据，如矩阵、字符串、多维数组、元胞数组以及结构数组等。同一元胞数组中各元胞的内容可以不同，从定义中元胞内可以用来存放各种不同的数据类型这个角度来看，MATLAB 中的元胞数组类似于 C 语言中的结构体。

1．元胞数组的创建

（1）用赋值语句创建。

用"{ }"来创建元胞数组以区别创建矩阵的"[ ]"。例如，a = {'hello' [1 2 3; 4 5 6]; 1 {'1' '2'}}，创建 2×2 的元胞数组，同行元素间用"，"或空格符隔开，行与行间用"；"隔开；第 1 行第 1 列的元胞，存放字符串'hello'；第 1 行第 2 列的元胞，存放一个 2×3 矩阵；第 2 行第 1 列的元胞，存放数 1；第 2 行第 2 列的元胞，存放 1×2 元胞数组。

```
>> a={'hello' [1 2 3; 4 5 6]; 1 {'1' '2'}}
a=
  2×2 cell 数组
    {'hello'}    {2×3 double}
    {[    1]}    {1×2 cell  }
```

（2）用 cell( )函数创建。

MATLAB 中可以用 cell()函数创建元胞数组。例如，cell(2,3)创建一个成 2×3 的空元胞数组。

```
>> b=cell(2,3)
b=
  2×3 cell 数组
    {0×0 double}    {0×0 double}    {0×0 double}
    {0×0 double}    {0×0 double}    {0×0 double}
```

2．元胞数组元胞的访问

对元胞数组来说，元胞和元胞内容是两个不同范畴的概念。因此，寻访元胞和寻访元胞中的内容是两种不同的操作。

元胞标识（Cell Indexing）：以二维元胞数组 A 为例，A(2,3)是指 A 元胞数组中的第 2 行第 3 列元胞元素。

元胞内容编址（Content Addressing）：如 A{2,3}是指 A 元胞数组第 2 行第 3 列元胞中所允许存放的内容。

（1）获取指定元胞的大小，用小括号"()"，如：

```
>> a={'hello' [1 2 3; 4 5 6]; 1 {'1' '2'}}
>> a(1,2)%访问元胞数值的元胞
ans=
  1×1 cell 数组
    {2×3 double}
```

（2）获取指定元胞的内容，用大括号"{}"，如：

```
>> a={'hello' [1 2 3; 4 5 6]; 1 {'1' '2'}}
>> a{1,2}%访问元胞数组的元胞内容
ans=
    1    2    3
```

```
          4    5    6
```

（3）进一步获取指定元胞的内容，获取该数组指定元素，如：

```
>> a={'hello' [1 2 3; 4 5 6]; 1 {'1' '2'}}
a=
  2×2 cell 数组
    {'hello'}    {2×3 double}
    {[     1]}    {1×2 cell  }
>> a{1,2}
ans=
     1    2    3
     4    5    6
>> a{1,2}(1,1)
ans=
     1
>> a{1,2}(1,2)
ans=
     2
>> a{1,2}(1,3)
ans=
     3
```

3. 元胞数组的赋值

可以通过赋值语句对元胞数组各元胞一一赋值，如：

```
>> b=cell(2,2);
>> b{1,1}='hello';
>> b{1,2}=[1 2 3; 4 5 6];
>> b{2,1}=1;
>> b{2,2}={'1' '2'};
```

MATLAB 中用 char(*n*)来定义，当然最基本的是包裹式定义，比如先定义了一个字符型的变量 *a*，并赋值，然后定义一个长整型 *b*，并赋值，最后用大括号打包 *c*={*a*,*b*}形成元胞 *c*。当然，进一步可以将 *c* 再包裹进去，如 *d*={*a*,*b*,*c*,'*abc*',123}，都是合法的。

6.3.3　结构类型

MATLAB 中结构的概念与其他高级语言中类似，它也包含一个或多个域，每个域可包含任何类型的数据，而且互相独立。

通过下面的例子来说明结构类型数据的建立与访问。

```
>> s=struct('type',{'big','little'},'color',{'red'},'x',{3 4})
   %s 为结构变量名，单引号内的为域名变量
s=
  包含以下字段的 1×2 struct 数组：
    type
    color
    x
```

通过 s=struct('type',{'big','little'},'color',{'red'},'x',{3 4})得到维数为 1×2 的结构数组 s，包含了 type、color 和 x 共 3 个字段。这是因为在 struct 函数中{'big','little'}、{'blue','red'}和{3,4}都是 1×2 的元胞数组，可以看到两个数据成分分别如下：

```
>> s(1,1)
ans=
  包含以下字段的 struct：
     type: 'big'
    color: 'red'
```

```
        x: 3
>> s(1,2)
ans=
  包含以下字段的 struct:
     type: 'little'
    color: 'red'
        x: 4
```

若要单独访问结构类型数据的某一个域，可以使用"结构变量.域名"。例如：

```
>> s.type  %s 访问 type 域
ans=
    'big'
ans=
    'little'
>> s(1,2).type%访问第一个变量的 type 域
ans=
    'little'
```

结构类型数据也可直接进行定义，例如：

```
>> student(1).name='Tom';
>> student(1).NO='0401';
>> student(1).store=78;
>> student(1)
ans=
  包含以下字段的 struct:
    name: 'Tom'
      NO: '0401'
    store: 78
```

6.3.4 函数句柄

函数句柄是 MATLAB 的一种数据类型，引入函数句柄是为了使 feval 及借助它的泛函指令工作更可靠，特别在反复调用情况下更显效率，使"函数调用"像"变量调用"一样方便灵活。使用函数句柄，可以提高函数调用速度，提高软件重用性，扩大子函数和私用函数的可调用范围，迅速获得同名重载函数的位置、类型信息。MATLAB 中函数句柄的使用使得函数也可以成为输入变量，并且能很方便地调用，提高函数的可用性和独立性。

利用函数句柄可以实现对函数的间接调用，可以通过将函数句柄当作参数传递给其他函数实现对函数的操作，也可以将函数句柄保存在变量中。函数句柄通过@符号创建，其语法格式为：

```
fhandle=@functionname
```

其中，fhandle 为函数句柄，functionname 为函数名。函数句柄也可以通过创建匿名函数的方式来创建，其语法格式为：

```
fhandle=@(arglist)expression
```

其中，expression 为函数体，arglist 为逗号分隔的输入变量列表，如 sum=@(x,y)x.^2+y.^2 创建了用于计算输入变量 x、y 平方和的匿名函数；如果没有输入变量，则 arglist 为空，如 x=@()datestr(now)创建了一个输入变量为空的匿名函数。

【例 6.7】定义 exm6_6()函数和 ftest()函数，在 ftest()函数中通过句柄调用 exm6_6()函数。

解　在 MATLAB 命令提示符下输入 edit，打开 M 文件编辑器，输入下列内容：

```
function y=exm6_6(X)
    x1=X(1);
    x2=X(2);
```

```
    y=X.*2;
function Y=ftest(f,X)
    syms x1 x2;
    x1=X(1)
    x2=X(2)
F=exm6_6([x1,x2])
Y=F.*3;
```

在 MATLAB 窗口输入：

```
>> Y=ftest(@exm6_6,[2,1])
```

得到以下输出：

```
x1=
    2
x2=
    1
F=
    4    2
Y=
    12    6
```

【例 6.8】定义匿名函数计算 $f(x)=x+\sin x$。

解　在 MATLAB 命令提示符下输入 edit，打开 M 文件编辑器，输入下列内容，并保存为 exm6_7.m。

```
clc
clear
f=@(x)x+sin(x);
x=2;
disp(['the result of f(x) is:',num2str(f(x))])
```

在命令窗口输入：

```
>> exm6_7
```

运行 M 文件得到计算结果：

```
the result of f(x) is:2.9093
```

6.3.5　Java 对象

MATLAB 的面向对象编程效率较低，利用 MATLAB 进行面向对象编程只适合不太注重效率的场合，不过，在 MATLAB 中利用了 Java 对象可以适当提高面向对象编程运行效率。经过测试发现，效率能够提高 10%左右。

自从 MATLAB 集成了 Java 后，便可以很方便地使用 Java 的数据结构类型。和数据结构相关的是 java.util，里面有超过 20 个数据结构类型，在这里只介绍常用的几个类型。

（1）Set 类：指一个集合，其中不允许有重复元素。根据具体的实现方法，MATLAB 可以使用以下类型。

EnumSet：集合元素类型需要一致，速度最快。

HashSet：Hash 表，速度也比较快。

LinkedHashSet：Hash 表，但元素之间根据插入顺序链接，比 Hash 表慢。

TreeSet：红黑树实现的 Set 类，速度相对较慢。

（2）List 类：指一个顺序列表。

Vector：一个容量可变的数组向量。

Stack：后进先出栈。

LinkedList：链表。

PriorityQueue：优先树。

（3）Map 类：指一个从 keys 到 values 的映射关系。

EnumMap：keys 的类型一样，和 EnumSet 类似。

HashMap：利用 Hash 表保存。

HashTable：线程安全的 HashMap。

TreeMap：利用红黑树实现的 Map。

LinkedHashMap：一个 HashMap，但元素之间根据插入顺序互相链接。

这些的使用方法很简单，不需要对 MATLAB 做任何配置。例如，下面定义一个 HashMap：

```
map=java.util.HashMap;
```

然后对 map 的操作可参考 Java 文档对 HashMap 对象的描述，也可通过 methodsview(map) 查看 map 可用的函数。

6.3.6 逻辑类型

逻辑类型就是仅有 0 和 1 两个数值的一种数据类型，即 false 和 true。任何数值都可以参与逻辑运算，非零值看作逻辑真，零值看作逻辑假。逻辑类型的数据只能通过数值类型转换，或者使用特殊的函数生成相应类型的数组或者矩阵。

6.4　程序控制语句结构

按照现代程序设计的观点，任何算法功能都可以通过顺序结构、选择结构和循环结构三种基本程序结构来实现。其中顺序结构是最基本的结构，它依照语句的自然顺序逐条执行程序的各语句。如果要根据输入数据的实际情况进行逻辑判断，对不同的结果进行不同的处理，可以使用选择结构。如果需要反复执行某些程序段落，可以使用循环结构。MATLAB 中的控制语句与 C 语言的控制语句很相似，本节将重点讲述这些控制语句及其用法。

6.4.1　顺序结构

顺序结构是由两个程序模块串接构成的。一个程序模块是完成一项独立功能的逻辑单元，它可以是一段程序、一个函数，或者是一条语句。顺序结构是比较简单的控制语句，就是按照顺序从头到尾执行程序中的各条语句。

顺序结构是 MATLAB 程序中最基本的结构，表示程序中的各操作是按照它们出现的先后顺序执行的。顺序结构可以独立使用构成一个简单的完整程序，常见的输入、计算、输出三部曲的程序就是顺序结构。在大多数情况下，顺序结构作为程序的一部分，与其他结构一起构成一个复杂的程序，例如分支结构中的复合语句、循环结构中的循环体等。

1. 输入/输出函数

程序设计过程中会使用到数据输入/输出函数进行人机交互，MATLAB 中常用的输入/输出函数有 input()、disp()等。

（1）input()函数。

input()函数的功能是请求用户输入，提示用户从键盘输入数据、字符串或表达式，指定提示信息和接收用户输入信息，并保存在指定的变量中，其调用格式如下：

```
x=input('提示信息',选项);
```

引号里即为提示信息，选项用于决定用户的输入是作为一个表达式看待，还是作为一个普通的字符串看待。需要说明的是：input()函数如果有第二个参数，则第二个参数只能是's'，而不能是其他任何内容。input()函数在输入信息时，若带参数's'，则不管输入什么类型或格式的内容都当成是字符串，然后赋值给指定的变量。

如果没有输入任何字符，而只是按【Enter】键，input()函数将返回一个空矩阵。在提示信息的文本字符串中可能包含'\n'。'\n'表示换行输出，它允许用户的提示字符串显示为多行输出。

input()函数常用格式如下：

```
a=input('input a number:')        %输入一个数值(或者是表达式)给a,回车a将为空矩阵
b=input('input a number:','s')    %输入字符(串)给b
input('input a number:')          %输入数值给ans
```

【例 6.9】对比不带选项和带选项情况下 input()函数接收数据的异同。

解　在 MATLAB 命令提示符下输入：

```
>> clc
>> clear
%第1种情况：不带选项
>> input('请输入一个矩阵: ')
请输入一个矩阵: magic(3)
ans=
     8     1     6
     3     5     7
     4     9     2
%第2种情况：带选项
>> input('请输入一个矩阵: ','s')
请输入一个矩阵: magic(3)
ans=
    'magic(3)'
```

两种情况下，用户输入的同样是 magic(3)这样一个字符串，但在第 1 种情况下，magic(3)被理解成一个表达式，因而返回一个 3 阶的魔方矩阵；而后一种情况下，输入的内容当作字符串，则直接原样输出输入的字符串内容。

【例 6.10】使用 input()函数输入数据并进行计算。

解　在 MATLAB 命令提示符下输入：

```
clc
clear
>> a=input('data:')
data:2
a=
    2
>> a+1
ans=
    3
>> a=input('data:','s')
data:2
a=
    '2'
>> a+1
ans=
    51
```

思考：第二种情况下输出的结果为什么是 51？

【例 6.11】根据不同的输入显示对应的信息。

解 打开 M 文件编辑器，编写程序如下。

```
reply=input('您打算进入吗？Y/N:','s');
if isempty(reply)        % 如果用直接按【Enter】键，则把 Y 赋给 reply
    reply='Y';
end
if upper(reply)=='Y'
    disp('欢迎光临！');
else
    disp('欢迎下次光临！');
end
```

保存为 exm6_8，在 MATLAB 命令窗口中执行该 M 文件，结果如下：

```
>> exm6_8
    您打算进入吗？Y/N:Y
    欢迎光临！
```

（2）disp()函数。

disp()函数的功能是直接将内容输出在 MATLAB 命令窗口中，其调用格式如下：

```
disp(输出项)
```

输出项可以是字符串、表达式和矩阵等。用 disp()函数显示矩阵时将不显示矩阵的名字，而且其格式更紧密，且不留任何没有意义的空行。

【例 6.12】利用 disp()函数输出各类信息。

解 在 MATLAB 命令提示符下输入：

```
%输出字符串
>> disp('This is a string!')
    This is a string!
%输出数值型数据
>> test=2;
>> disp(test)
    2
%输出字符串和数字
>> disp(['test=',num2str(test)])%需将数值型数据转换成字符串
    test=2
```

（3）pause()函数。

pause()函数的作用是暂时停止执行 MATLAB，当程序运行到此函数时，程序暂时中止，然后等待用户按任意键继续进行。该函数在程序的调试过程和用户需要查询中间结果时十分有用，其调用格式如下：

```
pause         %暂停 MATLAB 并等待用户按任意键，还可暂停 simulink 模型，但不会暂停其重绘
pause(n)      %暂停执行 n 秒，然后继续执行；必须启用暂停，此调用才能生效
pause(state)                  %启用、禁用或显示当前暂停设置
oldState=pause(state)         %返回当前暂停设置并如 state 所示设置暂停状态
                             %如已启用暂停功能，oldState = pause('off')
                             %则会在 oldState 中返回'on' 禁用暂停
pause on          %允许后续的 pause 命令中止程序运行
pause off         %保证后续的任何 pause 或 pause(n)语句的中止程序的运行
```

暂停控制指示符指定为'on'、'off'或'query'，使用'on'或'off'控制 pause()函数是否能够暂停执行 MATLAB，使用'query'查询暂停设置的当前状态；要运行交互式无人值守的代码，请禁用暂停设置。pause()函数的准确度取决于操作系统的调度精度，以及其他并发系统活动。若

要强行中止程序的运行可按【Ctrl+C】组合键。

【例 6.13】举例说明 pause() 函数的使用。

解　在 MATLAB 命令提示符下输入：

```
%(1)暂停执行 0.1 秒
>> pause(0.1)
% (2)禁用暂停设置并查询当前状态
>> pause('off')
>> pause('query')
ans=
    'off'
%(3)启用暂停设置
>> pause('on')
%(4)存储当前暂停设置，然后禁用暂停执行功能,最后恢复初始功能
oldState=pause('off')              %禁用暂停执行功能，并将原状态返回给oldState
oldState=
    'on'
>> pause('query')                  %查询当前暂停设置
ans=
    'off'
>> pause(oldState)                 %恢复初始的暂停状态
>> pause('query')
ans=
    'on'
```

2. 顺序结构程序设计举例

【例 6.14】举例说明如何利用顺序控制语句绘制曲线。

解　在 MATLAB 命令提示符下输入 edit，打开 M 文件编辑器，输入下列内容：

```
clc
clear
x1=linspace(0,2*pi,100);
x2=linspace(0,3*pi,100);
x3=linspace(0,4*pi,100);
y1=sin(x1);
y2=1+sin(x2);
y3=2+sin(x3);
x=[x1;x2;x3];
y=[y1;y2;y3];
plot(x,y,x1,y1-1)
```

保存为 exm6_9，在 MATLAB 命令窗口中执行该 M 文件，上述语句将按顺序执行。

【例 6.15】求解一元二次方程 $ax^2+bx+c=0$ 的根。

解　在 MATLAB 命令提示符下输入 edit，打开 M 文件编辑器，输入下列内容：

```
clc
clear
a=input('a=');
b=input('b=');
c=input('c=');
d=b*b-4*a*c;
x=[(-b+sqrt(d))/(2*a),(-b-sqrt(d))/(2*a)];
disp(['x1=',num2str(x(1)),',x2=',num2str(x(2))]);
```

保存为 exm6_10，在 MATLAB 命令窗口中执行该 M 文件，上述语句将按顺序执行并输出处理结果。

【例 6.16】输入 x、y 的值，并将二者的值交换后输出。

解　在 MATLAB 命令提示符下输入 edit，打开 M 文件编辑器，输入下列内容：

```
clc
clear
x=input('x=');
y=input('y=');
z=x;
x=y;
y=z;
disp(x)
disp(y)
```

保存为 exm6_11，在 MATLAB 命令窗口中执行该 M 文件，如 x 和 y 分别输入 3、5，则运行该程序后将输出 5 和 3，实现了变量值的交换。

【例 6.17】 输入圆柱体半径 r、高 h，计算其表面积和体积。

解　在 MATLAB 命令提示符下输入 edit，打开 M 文件编辑器，输入下列内容：

```
clc
clear
r=2;
h=4;
s=2*pi*r*h+2*pi*r^2;
v=pi*r^2*h;
disp(['the surface area of the column is:',num2str(s)])
disp(['the volume of the column is:',num2str(v)])
```

保存为 exm6_12，按【F5】键运行该程序，输出结果如下：

```
the surface area of the column is:75.3982
the volume of the column is:50.2655
```

6.4.2　选择结构

在一些复杂的运算中，通常需要根据特定的条件来确定进行何种计算，为此 MATLAB 提供了 if 语句和 switch 语句用于根据条件选择相应的计算语句。

1. if 语句

if 语句根据逻辑表达式的值来确定是否执行紧接的选择语句体。if 语句的语法格式下列有三种常用格式，流程图如图 6-4~图 6-6 所示。

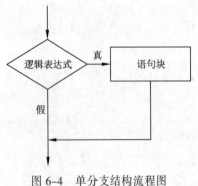

图 6-4　单分支结构流程图

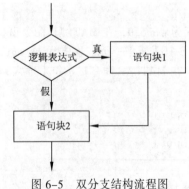

图 6-5　双分支结构流程图

（1）单分支结构：

```
if 逻辑表达式
    语句体 1
```

```
    end
（2）双分支结构:
    if 逻辑表达式
        语句体 1
    else
        语句体 2
    end
（3）多分支结构:
if 逻辑表达式
    语句体 1
elseif  逻辑表达式 2
    语句体 2
    …
else
    语句体 n
end
```

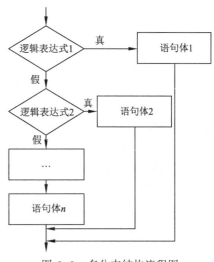

图 6-6 多分支结构流程图

第一种最为简单，当执行 if 语句时，先判断表达式的值是否为真，若为真就执行语句体，否则结束。第二种当执行 if 语句时，先判断表达式的值是否为真，若为真就执行语句体 1，否则执行语句体 2，然后结束。第三种当执行 if 语句时，先判断表达式 1 的值是否为真，若为真就执行语句体 1，并跳出选择体继续执行 end 后面的语句；若为假，则跳过语句体 1，进而判断表达式 2 的值，情况与判断表达式 1 相同。如果所有的表达式都为假时，则执行语句体 n。

【例 6.18】输入一个数字，使用 if 语句判断其是否为偶数。

解 在 MATLAB 命令提示符下输入 edit，打开 M 文件编辑器，输入下列内容:

```
clc
clear
x=input('data=');
if(mod(x,2)==0)
    disp([num2str(x),' is the even'])
end
```

保存为 exm6_13，在 MATLAB 命令窗口中执行该 M 文件。

【例 6.19】输入学生的成绩，使用 if 语句判断学生的成绩是否及格。

解 在 MATLAB 命令提示符下输入 edit，打开 M 文件编辑器，输入下列内容:

```
clc
clear
n=input('请输入学生成绩: ')
m=60;
if  n<m
    r='不及格'
else
    r='及格'
end
```

保存为 exm6_14，在 MATLAB 命令窗口中执行该 M 文件。

【例 6.20】输入学生的百分制成绩，然后将学生成绩转换为五等级输出。

解 在 MATLAB 命令提示符下输入 edit，打开 M 文件编辑器，输入下列内容:

```
clc
clear
n=input('请输入学生成绩: ')
```

```
if  n>=90
    cj='优秀'
elseif  n>=80
    cj='良好'
elseif  n>=70
    cj='中等'
elseif  n>=60
    cj='及格'
else
    cj='不及格'
end
```

保存为 exm6_15，在 MATLAB 命令窗口中执行该 M 文件。

2. switch 语句

switch 语句和 if 语句类似。switch 语句可以替代多分支的 if 语句，而且 switch 语句简洁明了，可读性更好。switch 语句根据变量或表达式的取值不同分别执行不同的命令，该语句的语法格式如下：

```
switch 表达式(标量或字符串)
    case 数值1
      语句体1
    case 数值2
      语句体2
      …
    otherwise
      语句体n
end
```

表达式的值和哪个 case 的值相同，就执行哪种情况中的语句体，如果都不同，则执行 otherwise 中的语句。switch 语句中也可以不包括 otherwise，这时如果表达式的值和列出的每种情况都不同，则继续向下执行，执行流程图如图 6-7 所示。表达式应该是一个可以列举的表达式，如整型、字符串等，而不能使用实型表达式，且计算出的表达式值只要等于某个 case 值即执行该 case 值对应的语句组；当 case 值有多个时，这些 case 值需要使用{}括起来，在执行过程中只要计算出的表达式值与其中的任一个数值匹配成功，即执行该 case 语句对应的语句组。otherwise 语句是可选项，其功能是匹配除前面已列举的 case 值外的数值，如果实际问题中不存在排除特定数值以外的情况，该语句可省略。需要注意的是，在 MATLAB 中，当其中一个 case 语句后的条件为真时，switch 语句不对其后的 case 数值进行判断，也就是说，在 MATLAB 中，即使有多条 case 判断语句为真，也只执行所遇到的第一条为真的语句。这样就不必像 C 语言那样，在每个 case 语句组后加上 break 语句以防止继续执行后面为真的 case 条件语句。

【例 6.21】输入学生的百分制成绩，然后将学生成绩转换为五等级输出。

解 在 MATLAB 命令提示符下输入 edit，打开 M 文件编辑器，输入下列内容：

```
clc
clear
x=input('请输入学生成绩: ')
switch  fix(x/10)
    case{10,9}
        y='优秀'
    case  8
        y='良好'
    case  7
        y='中等'
```

```
     case  6
         y='及格'
  otherwise
         y='不及格'
end
```

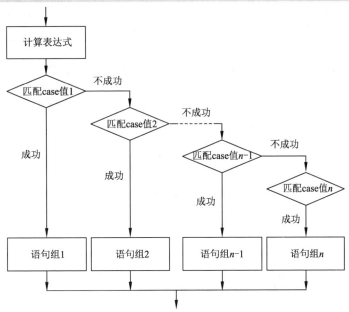

图 6-7　switch 语句流程图

保存为 exm6_16，在 MATLAB 命令窗口中执行该 M 文件。

【例 6.22】输入三角函数名绘制出相应的曲线图像。

解　在 MATLAB 命令提示符下输入 edit，打开 M 文件编辑器，输入下列内容：

```
clc
clear
t=0:0.1:2*pi;
s=input('输入三角函数名 sin/cos/tan/:')
switch s
   case 'sin'
       plot(t,sin(t));
   case 'cos'
       plot(t,cos(t));
   case 'tan'
       plot(t,tan(t));
  otherwise
       disp('请输入指定的三角函数名！')
end
```

保存为 exm6_17，在 MATLAB 命令窗口中执行该 M 文件。

【例 6.23】输入月份显示季节。

解　在 MATLAB 命令提示符下输入 edit，打开 M 文件编辑器，输入下列内容：

```
clc
clear
s=input('输入月份 1~12:')
switch s
```

```
        case {3,4,5}
            '春'
        case {6,7,8}
            '夏'
        case {9,10,11}
            '秋'
        case {12,1,2}
            '冬'
    end
```

保存为 exm6_18，在 MATLAB 命令窗口中执行该 M 文件。当 case 的值为多个时，需要用大括号括住全部值，并用逗号隔开。

【例 6.24】编写程序实现简易计算器，即完成两个数的加减乘除运算。

解 在 MATLAB 命令提示符下输入 edit，打开 M 文件编辑器，输入下列内容：

```
clc
clear
x=round(rand(1)*100);
y=round(rand(1)*100);
disp(['x=',num2str(x)])
disp(['y=',num2str(y)])
op=input('Enter the calculation operator:','s');
switch(op)
    case '+'
        s=x+y; disp(['x+y=',num2str(s)])
    case '-'
        s=x-y; disp(['x-y=',num2str(s)])
    case '*'
        s=x*y; disp(['x*y=',num2str(s)])
    case '/'
        s=x/y; disp(['x/y=',num2str(s)])
    otherwise
        disp('Please enter the correct calculation operator, and try again!')
end
```

保存为 exm6_calc.m，在 MATLAB 命令窗口中执行该 M 文件。

6.4.3 循环结构

在实际问题中经常会遇到某些问题需要有规律地重复运算，此时就需要对某些语句重复执行，这时就需要使用循环语句进行控制。循环是计算机解决问题的主要手段。

1. for 循环

for 循环语句使用起来比较灵活，一般用于循环次数已经确定的情况。for 语句的语法格式为：

```
for 循环变量=起始值:步长:终止值
    循环体
end
```

如果省略步长，则默认步长为 1；如果步长为正值，当循环变量的值大于终止值时，将结束循环；如果步长为负值，当循环变量的值小于终止值时，将结束循环。for 循环允许嵌套使用，但是在程序中，每一个 for 要与一个 end 相匹配，否则将会出错。需要注意的是，在循环体内不要强行改变循环变量的值。

【例 6.25】计算 $s=1^2+2^2+3^2+4^2$ 值。

解 在 MATLAB 命令提示符下输入 edit，打开 M 文件编辑器，输入下列内容：

```
clc
clear
a=[1 2 3 4];
s=0;
for k=a
    s=s+k^2;
end
s
```

保存为 exm6_19，在 MATLAB 命令窗口中执行该 M 文件。

【例 6.26】利用 for 循环生成乘法表。

解　打开 M 文件编辑器，编写程序如下：

```
function c=exm6_20(n)
%生成乘法表
for i=1:n
    for j=i:n
        c(j,i)=i*j;        %用到了矩阵
    end
end
```

保存为 exm6_20，在 MATLAB 命令窗口中执行该 M 文件，结果如下：

```
>> exm6_20(9)
  ans=
    1    0    0    0    0    0    0    0    0
    2    4    0    0    0    0    0    0    0
    3    6    9    0    0    0    0    0    0
    4    8   12   16    0    0    0    0    0
    5   10   15   20   25    0    0    0    0
    6   12   18   24   30   36    0    0    0
    7   14   21   28   35   42   49    0    0
    8   16   24   32   40   48   56   64    0
    9   18   27   36   45   54   63   72   81
```

2．while 循环

for 语句用于循环次数是确定的，而 while 循环一般用于不能确定循环次数的情况，它的判断控制可以是一个逻辑判断语句，因此它的应用更加灵活。while 循环的语法格式为：

```
while 逻辑表达式
    循环体
end
```

当逻辑表达式的值为真时，执行循环体；当表达式的值为假时，终止该循环，执行 end 后面的语句。当逻辑表达式的计算对象为矩阵时，只有当矩阵中所有元素均为真时，才执行循环体。当表达式为空矩阵时，不执行循环体。有时也可以用函数 all() 和 any() 等把矩阵表达式转换成标量。

【例 6.27】查看 MATLAB 的计算相对精度。

解　解题的思路是，让 y 值不断减小，直到 MATLAB 分不出 $1+y$ 与 1 的差别为止。打开 M 文件编辑器，编写程序如下：

```
clc
clear;
y=1;
n=0;
while  1+y>1;
    y1=y;
    y=y/2;
```

```
    n=n+1;        %添加一个计数器，查看循环了多少次
end
y1
n
```

保存为 exm6_21，在 MATLAB 命令窗口中执行该 M 文件。

【例 6.28】寻找阶乘大于 10^{10} 的最小整数。

解 打开 M 文件编辑器，编写程序如下：

```
function n=exm6_22
n=1;
while prod(1:n)<1e10
    n=n+1;
end
```

保存为 exm6_22，在 MATLAB 命令窗口中执行该 M 文件，结果如下：

```
>> exm6_22
ans=
    14
```

【例 6.29】编写程序计算水仙花数。水仙花数是指一个 n（$n \geqslant 3$）位数，它每位上的数字的 n 次幂之和等于它本身（例如，$1^3+5^3+3^3=153$，所以 153 是水仙花数）。

解 打开 M 文件编辑器，编写程序如下：

```
function narcissus(n)
clc
w=zeros(1,n);
s=0;
for m=10^(n-1):10^n-1
    for i=1:n
        w(i)=fix(rem(m,10^(n+1-i))/10^(n-i));
    end
    w=w.^n;
    for j=1:n
        s=s+w(j);
    end
    if m==s
        disp([num2str(n),' digits narcissus number :',num2str(m)])
    end
    s=0;
    w=zeros(1,n);
end
```

保存为 exm6_narcissus.m，在 MATLAB 命令窗口中执行该 M 文件，结果如下：

```
>> exm6_narcissus(3)
    3 digits narcissus number :153
    3 digits narcissus number :370
    3 digits narcissus number :371
    3 digits narcissus number :407
>> exm6_narcissus(4)
    4 digits narcissus number :1634
    4 digits narcissus number :8208
    4 digits narcissus number :9474
>> exm6_narcissus(5)
    5 digits narcissus number :54748
    5 digits narcissus number :92727
    5 digits narcissus number :93084
```

6.4.4　程序代码优化

1．程序计时

程序代码很复杂或计算量大造成执行的时间很长时，就有必要对程序进行优化以提高程序的执行效率。在对程序优化之前，必须能够找出程序执行的瓶颈才能进行有针对性的优化。在 MATLAB 中可以通过计时命令或函数来检测代码执行时间。代码计时命令/函数如表 6-5所示。

表 6-5　代码计时命令/函数

命令/函数	功　　能
tic, toc	计算这两个命令之间的程序执行花费的时间
round(clock)	返回现在的年、月、日、时、分、秒
etime(t1,t2)	返回两个时间 t1、t2 的差值，并以秒表示
cputime	返回 MATLAB 启动后占用的 CPU 时间
profile on/off	开始/停止计时
profile report	停止计时，输出计时数据
profile on　　detail builtin	对各函数（包括内部命令）进行计时
profile on　　detail operator	对数学运算（如加、减、乘、除）进行计时

【例 6.30】编写程序，并用表 6-5 中的计时命令或函数计算执行时间。

解　打开 M 文件编辑器，编写程序如下：

```
%①tic、toc 命令统计 rand()函数执行时间
tic
inv(rand(3000));
toc

%②clock 命令统计 rand()函数执行时间
to=clock
inv(rand(3000));
 e=etime(clock,to)

%③cputime 计算 rand()函数执行时间
to=clock
 inv(rand(3000));
ct=cputime-to

%④profile 计算出每个命令所占用的时间
profile on        %打开定时器，清除旧的数据
 for i=1:1000
    a=inv(rand(10));
    b=mean(rand(10));
 end
 profile report

%⑤profile on -detail builtin 计算各函数执行时间
profile on -detail builtin
for i=1:1000
   a=inv(rand(10));
   b=mean(rand(10));
```

```
    end
    profile report
```

保存为 time_acc，在 MATLAB 命令窗口中执行该 M 文件。为了能够清晰观察和分析各计时命令的功能，建议对①②③④⑤部分的代码依次执行（可通过按【Ctrl+R】组合键注释掉其他部分的代码）。tic、toc 命令是粗略统计代码的执行时间，而 profile 将数据以 HTML 格式在浏览器中显示出来，从中可观察出各命令执行占用的精确时间，如图 6-8 所示。在使用过程中一般推荐使用 tic、toc 命令和 profile 命令来分析代码执行时间，不推荐使用 clock、cputime 和 etime 计时工具。

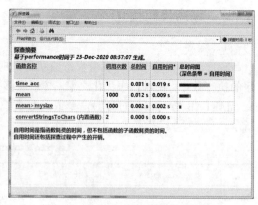

图 6-8　profile 探查代码执行时间

profile 可当作调试工具用以查找出没有实际运行的代码，当 M 文件中有错误时，可以从 profile 中查看什么运行或没运行哪些代码。profile 亦可用于理解 M 文件，对于一个冗长的 M 文件，可以先用 profile 看看它是怎么运行的，哪些行被实际调用了；当用户要编制一个与现存 GUI 或 M 文件相似的程序时，可以先运行 profile 查看哪些是与要实现的程序相似的部分。在使用时，先通过 profile on、profile clear 对事先已运行的程序进行清空，然后开启新的 profier 进行时间计算。

2. 程序向量化

利用计时工具找到程序执行瓶颈后，下一步就是要对程序代码进行优化，提高执行效率。MATLAB 是一个解释器（Interpreter），会逐行对程序代码解释后执行，为了提高程序的运行效率，应尽量多使用向量化的运算，少使用 for、while 等循环。

【例 6.31】编写程序，计算 n 项调和数列的和，取 $n=100000$。

解　打开 M 文件编辑器，编写程序如下：

```
%①用 for 循环计算方法
function exm6_23_1
    tic
    n=100000;
    total=0;
    for i=1:n;
        total=total+1/i;
    end
    toc
end
%②用向量化计算方法
function exm6_23_2
    tic
    n=100000;
    seq=1:n;
    total=sum(1./seq);
    toc
end
```

在命令窗口分别运行①②部分的函数代码，对比用循环方法和用向量方法代码执行时间。要熟练使用向量化的运算，首先要对矩阵索引非常熟悉，这样才能灵活使用；其次，要对 MATLAB 的内部（Built-in）命令非常熟悉，应该尽量使用这些快速命令；最后，要对问题本身认识清楚，才可以将其转换成用内部命令可以解决的演算过程。

【例 6.32】编写程序，用循环方法和向量化方法绘制给定正弦函数的图像。

$$x(t) = \sin(2\pi t) + \frac{1}{3}\sin(6\pi t) + \frac{1}{5}\sin(10\pi t), \ 0 \leqslant t \leqslant 1$$

分析　设时间向量 $[t_1, t_2, t_3, t_4]$，则 $x(t)$ 在 t_1, t_2, t_3, t_4 时刻的取值分别为

$$x(t_1) = \sin(2\pi t_1) + \frac{1}{3}\sin(6\pi t_1) + \frac{1}{5}\sin(10\pi t_1)$$

$$x(t_2) = \sin(2\pi t_2) + \frac{1}{3}\sin(6\pi t_2) + \frac{1}{5}\sin(10\pi t_2)$$

$$x(t_3) = \sin(2\pi t_3) + \frac{1}{3}\sin(6\pi t_3) + \frac{1}{5}\sin(10\pi t_3)$$

$$x(t_4) = \sin(2\pi t_4) + \frac{1}{3}\sin(6\pi t_4) + \frac{1}{5}\sin(10\pi t_4)$$

化成矩阵相乘形式得：

$$\begin{pmatrix} x(t_1) \\ x(t_2) \\ x(t_3) \\ x(t_4) \end{pmatrix} = \begin{pmatrix} \sin(2\pi t_1) & \sin(6\pi t_1) & \sin(10\pi t_1) \\ \sin(2\pi t_2) & \sin(6\pi t_2) & \sin(10\pi t_2) \\ \sin(2\pi t_3) & \sin(6\pi t_3) & \sin(10\pi t_3) \\ \sin(2\pi t_4) & \sin(6\pi t_4) & \sin(10\pi t_4) \end{pmatrix} \begin{pmatrix} 1 \\ 1/3 \\ 1/5 \end{pmatrix}$$

$$= \sin\left(2\pi \begin{pmatrix} t_1 \\ t_2 \\ t_3 \\ t_4 \end{pmatrix} (1 \quad 3 \quad 5) \right) \begin{pmatrix} 1 \\ 1/3 \\ 1/5 \end{pmatrix}$$

将上式计算结果转置得到关于时间变量 t 的行向量，依据该向量即可绘出正弦函数的图像。

解　打开 M 文件编辑器，编写程序如下：

```
%① 用向量化方法绘制图形
clc
clear
close all
tic
t=0:0.01:1;
k=1:2:5;
xt=sin(2*pi*t'*k)*(1./k');
xt=xt';
plot(t,xt);
xlabel('t');
ylabel('amplititude');
title('用向量化方法绘图');
toc
```

将上述代码保存为 exm6_24_1.m，运行该 M 文件绘制出正弦函数的图像如图 6-9 所示。与其他编程语言一样，也可以使用循环方法来绘制该正弦函数的图像，下面尝试使用 for 循

环来实现，保存为 exm6_24_2.m，运行后绘制出的正弦函数图像如图 6-10 所示，对比两种方法的结果和执行效率，并领会 MATLAB 程序向量化方法和养成向量化编程习惯。

打开 M 文件编辑器，编写程序如下：

```
%② 用 for 循环方法绘制图形
clc
clear
close all
tic
t=0:0.01:1;
xt=zeros(1,length(t));
for k=1:2:5
    xt=xt+(1/k)*sin(2*pi*k*t);
end
plot(t,xt);
xlabel('t');
ylabel('amplititude');
title('用 for 循环方法绘图');
toc
```

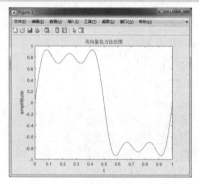

图 6-9　用向量化方法绘图

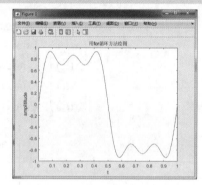

图 6-10　用 for 循环方法绘图

3. 内存预分配

在 MATLAB 的运算过程中，可以随时改变矩阵的维数，以容纳新的数据。但在每次扩充矩阵容量时，MATLAB 必须向计算机操作系统申请使用内存，会造成程序执行效率降低和内存分散使用的情况。在程序设计时，若能事先预估欲使用矩阵规模的大小和预先分置（Pre-allocation）适当的内存空间，将会有效地减少内存申请和访问的次数，从而提高程序执行效率。在 MATLAB 中可使用的内存预分配命令有 zeros、ones、cell（用于配置单元数组）以及 struct（用于配置结构数组）等。

【例 6.33】 编写程序，计算矩阵的行列式。

解　打开 M 文件编辑器，编写程序如下：

```
%① 非预分配方法计算
tic
a=[1 2 3;4 5 6;7 8 9];
for i=1:100
    y(i)=det(a^i);
end
toc
```

将上述代码保存为 exm6_25_1.m，运行该 M 文件。为对比程序执行效率，对上述程序代码进行优化，采用内存预分配的思想来设计程序。首先，在程序初始化时创建一个规模为 100 的一维向量（或数组）且值初始化为 0；在随后的循环体中，将每次计算结果赋到指定位置。这样操作的优点体现在两个方面：一是避免了在执行循环体时申请使用和分配内存；二是访问连续的内存区域，能够有效提高程序执行效率。

打开 M 文件编辑器，编写程序如下：

```
%② 预分配内存方法计算
clc
clear
tic
a=[1 2 3;4 5 6;7 8 9];
y=zeros(1,100);%预分配内存
for i=1:100
    y(i)=det(a^i);
end
toc
```

将上述代码保存为 exm6_25_2.m，运行该 M 文件，并对比其与 exm6_25_1.m 的计算结果和执行时间。

除了程序向量化和内存预分配等方法外，在 MATLAB 程序设计过程中还可以采取多种措施来优化程序和提高程序执行效率，如对数组赋值时避免改变数组的类型或数组的大小，尽可能采取实数计算和避免复数计算，避免重载 MATLAB 的内置函数和操作符，用函数文件替代脚本文件，合理使用逻辑运算符，以及尽量用 load() 和 save() 函数替代文件输入/输出等。特别是在计算量大和复杂度高的程序设计与调试时，可以先利用计时工具查找和定位程序效率瓶颈，合理地选择程序优化措施，以提高程序执行效率及程序可读性。

6.4.5　程序中断命令和交互语句

在大部分程序设计中，经常要用到输入/输出控制、提前终止循环、跳出子程序、显示出错信息等语句，此时就要用到交互语句来控制程序流的进行。

1. break 命令

break 命令通常用在循环语句或条件语句中。通过使用该命令，可以中途终止循环的结束，跳出循环。break 命令可以使包含 break 的最内层的 for 或 while 语句强制终止，立即跳出该结构，执行 end 后面的命令。break 命令一般和 if 结构结合使用。

【例 6.34】已知 y 的表达式，当 $n=100$ 时，求 y 的值。

解　打开 M 文件编辑器，编写程序如下：

```
y=0;
i=1;
while 1
    f=1/i/i;
    y=y+f;
    if i==100
        break;
    end
i=i+1;
end
y
```

保存为 exm6_26，在 MATLAB 命令窗口中执行该 M 文件。

2. continue 命令

MATLAB 中的 continue 语句跟 break 语句有点像。continue 语句不是强制终止，但是强制下一次迭代的循环发生。该命令经常与 for 或 while 循环语句一起使用，在循环体中若遇到该命令，即结束该次循环，接着进行下一次循环。

【例 6.35】统计 exm6_18.m 文件的行数。

解 打开 M 文件编辑器，编写程序如下：

```
clc
clear
fid=fopen('exm6_18.m','r');
count=0;
while ~feof(fid)
    line=fgetl(fid);
    if isempty(line)|strncmp(line,'%',1)
        continue
    end
    count=count+1;
end
disp(sprintf('%d lines',count));
```

保存为 exm6_27，在 MATLAB 命令窗口中执行该 M 文件，结果如下：

```
>> exm6_27
    13 lines
```

3. return 命令

return 就是直接退出程序或函数，该命令能够使得当前函数正常退出。这个语句经常用于函数的末尾，以正常结束函数的调用。也可以放在其他地方，根据特定条件进行判断，然后根据需要结束函数的调用。

【例 6.36】在下列程序中先运行 continue，然后再改成 return，分析运行过程。

解 打开 M 文件编辑器，编写程序如下：

```
clc
clear
str='MATLAB R2019b version';
for i=1:length(str)
    if(~isletter(str(i)))
        continue
    end
    result(i)=str(i);
end
result
```

保存为 exm6_28，在 MATLAB 命令窗口中执行该 M 文件，结果如下：

```
result=
    'MATLAB R    b version'
```

打开 M 文件编辑器，编写程序如下：

```
clc
clear
str='MATLAB R2019b version';
for i=1:length(str)
    if(~isletter(str(i)))
        return
    end
    result(i)=str(i);
```

```
end
result
```

保存为 exm6_29，在 MATLAB 命令窗口中执行该 M 文件，无法输出运行结果，因为 return 语句结束了程序的运行，其后的语句不再执行。

4. error 命令

在进行程序设计时，很多情况下会出现错误，此时如果能够及时把错误显示出来，就可以根据错误信息找到错误的根源。利用 error 命令可以给出程序的错误信息。该命令语法格式如下：

```
error('message')
```

error 命令显示错误信息，并将控制权交给键盘。提示的错误信息是字符串 message 的内容。如果 message 是空的字符串，则 error 命令将不起作用。

```
error('message',a1,a2,…)
```

显示错误信息字符串中包含有格式化字符，如用于 MATLAB 中的 sprintf()函数中的特殊字符。在提示信息中每一个转化字符被转换成参数表中的 a1,a2,…。

```
error('message_id','message')
```

将错误信息与一个标识符或 message_id 联系起来，这样该标识可以帮助用户区分错误的来源。

```
error('message_id','message')
```

包含格式转换字符。

【例 6.37】 设计带两个参数的函数，若被调用时缺少参数，则给出错误信息提示。

解　打开 M 文件编辑器，编写程序如下：

```
function exm6_30(x,y)
if nargin~=2
    error('输入的参数错误！')
end
```

保存为 exm6_30，在 MATLAB 命令窗口中执行该 M 文件，结果如下。

```
>> exm6_30(2)              %因为该函数有两个形参，调用时只有一个实参，所以给出错误信息
    ??? Error using==>exm6_21
    输入的参数错误！
```

5. warning 命令

该命令的用法与 error 语句类似，与 error 不同的是，函数 waring()不会中断程序的执行，而仅给出警告信息。该命令的语法格式如下：

```
warning('message')
```

用于显示文本警告信息。

```
warning('message',a1,a2,…)
```

用于显示文本信息字符串中包含有格式化字符，如用于 MATLAB 中的 sprintf()函数中的特殊字符。在提示信息中每一个转化字符被转换成参数表中的 a1,a2,…。

```
warning('message_id','message')
```

用于将警告信息与一个标识符或 message_id 联系起来。这样该标识符可以帮助用户区分开程序运行过程中特定的警告信息类型。

```
warning('message_id','message',a1,a2,…,an)
```

包含格式转换字符。

```
warning('state','mode')
```

这是一个可控警告声明，它提示用户是进入显示 M 堆栈，或是紧随警告显示更多的信息。

参数 state 可以是 on、off 或 query，参数 mode 可以是 backtrace 或 verbose。

6. echo 命令

一般情况下，M 文件执行时，在命令窗口中看不到文件中的命令。但在某些情况下，需要显示 M 文件中命令的执行情况，为此需要将 M 文件中的命令在执行过程中显示出来，此时可以应用 echo 命令。该命令的语法格式为：

```
echo on                    %显示以后所有执行的命令
echo off                   %不显示以后所有执行的命令
echo                       %在上述两种情况中切换
echo fcnname on            %使 filename 指定的 M 文件的执行命令显示出来
echo fcnname off           %使 filename 指定的 M 文件的执行命令不显示出来
echo fcnname               %在上述两种情况中切换
echo on all                %其后所有 M 文件的执行命令显示出来
echo off all               %其后所有 M 文件的执行命令不显示出来
```

7. keyboard 命令

keyboard 命令一般被放置在 M 文件中使用，当运行 M 文件时，它会在 keyboard 语句的位置停下，并且在命令窗口出现>>K，这时可以在命令窗口中输入命令，可以测试软件已经运行的程序（keyboard 以上的程序），可以改变已运行程序所得到的变量，并且可以在"工作空间"里面观察变量的变化。其实 keyboard 就是调试程序时候用的，在容易出现问题的地方加上该语句，方便程序的调试。要终止调试模式并继续执行，可使用 dbcont 命令；要终止调试模式并退出文件而不完成执行，可使用 dbquit 命令。

【例 6.38】 举例说明 keyboard 命令的使用方法。

解 在 MATLAB 命令提示符下输入 edit，打开 M 文件编辑器，创建如下函数文件。

```
function z=exm6_31(x)
    n=length(x);
    keyboard
    z=(1:n)./x;
```

运行 exm6_31.m，MATLAB 将在第 3 行（keyboard 命令所在的位置）暂停。

```
buggy(5)
```

将变量 x 乘以 2 并继续运行程序，MATLAB 将使用新的 x 值执行程序的其余部分。

```
x=x*2
dbcont    %终止调试模式并继续执行
```

6.4.6　试探语句

MATLAB 语言提供了一种新的试探语句结构，其调用格式如下：

```
try,语句段1,
catch,语句段2,
end
```

本语句结构首先试探性地执行语句段 1，如果在此段语句执行过程中出现错误，则将错误信息赋给保留的 lasterr 变量，并终止这段语句的执行，转而执行语句段 2 中的语句。这种新的语句结构是 C 语言等所没有的。试探性结构在实际编程中很实用，例如，可以将一段不保险但速度快的算法放到 try 段落中，而将一个保险的程序放到 catch 段落中，这样就能保证原始问题的求解更加可靠，且可能使程序高速执行。

【例 6.39】 矩阵乘法运算要求两矩阵的维数相容，否则会出错。先求两矩阵的乘积，若出错，则自动转去求两矩阵的点乘。

解 打开 M 文件编辑器，编写程序如下：

```
A=[1,2,3;4,5,6];
B=[7,8,9;10,11,12];
try
    C=A*B;
catch
    C=A.*B;
end
C
lasterr        %显示出错原因
```

保存为 exm6_32，在 MATLAB 命令窗口中执行该 M 文件，输出结果如下：

```
C=
     7    16    27
    40    55    72
ans=
    '错误使用   *
    用于矩阵乘法的维度不正确。请检查并确保第一个矩阵中的列数与第二个矩阵中的行数匹配。
要执行按元素相乘，请使用 '.*'。'
```

6.4.7　可变输入/输出变量个数的处理

MATLAB 提供了 varargin 和 varargout 两个单元变量，分别表示输入变量列表和输出变量列表。在编程的时候，如果事先不能确定函数的输入/输出变量个数，可以使用这两个单元变量来表示。

【例 6.40】MATLAB 提供的 conv() 函数用来求两个多项式的乘积，对于多个多项式的连乘，不能直接使用此函数，需要嵌套使用，这样在表示很多多项式连乘的时候很麻烦。试编写一个 MATLAB 函数，要求它能直接处理任意多个多项式的乘积问题。

解　编写函数 convs() 存入 convs.m 文件中，内容如下：

```
function a=convs(varargin)
    a=1;
    for i=1:length(varargin)
      a=conv(a,varargin{i});
    end
```

这时，所有的输入变量列表由单元变量 varargin 表示，在这样的表示下，理论上可以处理任意多个多项式的连乘问题了。

6.4.8　函数的递归调用

MATLAB 函数允许递归调用，亦即在函数的内部可以调用函数自身。

【例 6.41】试用递归调用的方式编写一个求阶乘 $n!$ 的函数。

解　打开 M 文件编辑器，编写程序如下：

```
function a=exm6_33(n)
    if n==0|n==1
        a=1;
    else
        a=n*exm6_33(n-1);
end
```

保存为 exm6_33，在 MATLAB 命令窗口中输入：

```
>> exm6_33(4)
```

执行该 M 文件，输出的结果如下：

```
ans=
    24
```

实际上 MATLAB 提供了求阶乘的函数 factorial ()，其核心算法为 prod(1:n)。函数的递归调用无疑是解决这一类问题的有效算法，但不宜滥用。使用函数递归调用时一定要注意所需要解决的问题，程序运行需要的时间，有时可以用循环来代替递归调用。

6.5 程序的调试

在 MATLAB 中，M 文件编辑器提供了相应的程序调试功能，通过这些功能可以对已经编写好的程序进行调试运行。使用调试器可在执行中随时显示工作空间的内容，查看函数调用的栈关系，并且可单步执行 M 函数代码。

1. M 文件中的常见错误

程序调试是一个很基本也很重要的问题，因为在程序设计时，没有谁能一遍写出完全正确没有错误的程序，这时就需要对程序进行分析调式。与其他高级语言一样，M 文件中的常见错误主要有以下几种。

（1）拼写错误：比如应该是 sum()，写成了 smu()，这样的错误程序运行时会提示错误。

（2）语法错误：比如 6/0 这样的就会造成错误，这样的程序不一定会报错，但是结果显示的完全不正常。

（3）逻辑错误：这样的错误非常隐蔽，往往是对算法考虑不周全。程序可以顺利通过，显示的结果也是正常的数值，但是与先验的预期不符合。

（4）格式错误：如函数名的格式错误、缺少括号等，MATLAB 可以在运行程序时检测出大多数格式错误，并显示出错信息和出错位置。这类错误是很容易发现并可以加以纠正的。

（5）运行错误：这些错误通常发生在算法和设计错误上，例如修改了错误的变量、计算不正确等。运行错误一般不容易发现，因此要利用调试器来进行诊断。

要发现程序的错误，最简单的莫过于 MATLAB 直接告诉用户哪行出错了，但是很多时候情况并不这么简单。比如，程序的第 36 行出错了，而出错的原因可能不在第 36 行，而是因为上面几行的一些中间结果出错导致，或者程序根本没有报错，但是最后的结果不对。程序运行中发生错误时，虽然不会停止程序的执行，也不显示错误位置和信息，但无法得到正确的执行结果。由于在程序执行结束或者因出错而返回基本工作空间时，才知道发生了运行错误，这样可采用下列技术进行调试。

（1）在运行错误可能发生的 M 文件中，删除某些语句句末的分号可以显示一些中间计算结果，从中可以发现问题。

（2）利用 echo 指令，使运行时在屏幕上逐行显示文件内容。

（3）在 M 文件的适当位置加上 keyboard 语句，当执行到这条语句时，MATLAB 会暂停执行，并将控制权交给用户，这时可检查和修改局部工作空间的内容，从中找到出错的原因，然后利用 return 命令可恢复程序的执行。

（4）注释掉 M 函数文件中的函数定义行，即在该行前加上%，将 M 函数文件转变成 M 脚本文件，这样，在程序运行出错时就可以查看 M 文件中产生的变量。

（5）使用 MATLAB 调试器可查找 MATLAB 程序的运行错误，因为它允许访问函数空间。可以设置和清除运行断点，还可以单步执行 M 文件，这些功能都有助于找到出错的位置。

2. 在 M 文件编辑器中调试

通过调试器，可以查看和修改函数工作空间中的变量调试器以准确找到运行错误。通过调试器设置断点可以使程序运行到某一行时暂停运行，这时可以查看和修改各个工作空间中的变量。通过调试器可以一行一行地运行程序。下面根据一个具体程序的调试过程来说明应用调试器调试的过程。

【例 6.42】在 M 文件编辑器（调试器）中编写一个名为 exm6_34.m 的 M 文件，用于估计输入向量的无偏方差，其内容为：

```
function f=exm6_34(x)
    l=length(x);
    s=sum(x);
    y=s/l;
    t=exm6_35(x,y);
    f=sqrt(t/(l-1));
```

其中，它又调用了另一个函数 exm6_35()，它用于计算输入向量的均方和：

```
function t=exm6_35(x,y)
    t=0;
    for i=1:length(x)
        t=t+((x-y).^2);
    end
```

这一实例仅用做说明调试器的用法，因此采用了效率不高的循环算法，而且有意包含了错误。

MATLAB 提供了计算方差的标准函数 std()，可以利用 std() 计算正确结果。在实际运用中，只能通过分析和手工计算，得到典型示例下的结果。

输入向量：

```
>> v=[1  2  3  4  5];
```

先利用 std() 计算正确的方差：

```
>> var1=std(v).^2
var1=
    2.5000
```

利用 exm6_34 来计算：

```
>> myvar1=exm6_34(v)
myvar1=
    2.2361    1.1180    0    1.1180    2.2361
```

两者结果相差很大，为此在调试器中进行调试。

（1）设置断点：在 exm6_34 文件中最后一行前设置一个断点，所谓断点，就是程序运行到有断点的这一步会自动停住，方便用户在中间环节调试，监督程序运行。

方法如下：把光标定位到 M 文件的最后一行，在编辑器中单击"编辑器"菜单栏中的"断点"按钮，选择"设置/清除断点"，则在最后一行前面有一个大红点标记，如图 6-11 所示。程序运行到断点时，将在此处暂停。

（2）检查变量：在程序运行时，检查变量。在 MATLAB 命令窗口中输入如下命令：

```
>> v=[1 2 3 4 5]
v=   1    2    3    4    5
>> myvar1=exm6_34(v)
6   f=sqrt(t/(l-1));
K>>
```

当执行到断点处时，在断点和文本之间将会出现一个绿色的箭头，表示程序运行到此暂停，如图 6-12 所示。

```
k>> l
l=5                                    %正确
K>> s
```

```
s=15                                    %正确
K>> y
y=3                                     %正确
K>> t
t=20      5      0      5      20        %不正确
K>>
```

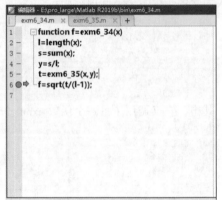

图 6-11　在 M 文件中设置断点　　　　　图 6-12　程序运行至断点时的情况

　　检查变量也可以通过直接双击变量浏览器中的相应变量查看，双击选中的变量 t 将打开数组编辑器，可以查看变量内容，并可进行修改。

　　由此可以确定问题出现在子函数的调用上，为此需要对子函数进行调试。

　　（3）切换工作空间。结束上面的调试过程，在编辑器右上角单击红色的"退出调试"按钮，在"断点"按钮，选择"选择/清除断点"，退出调试模式。

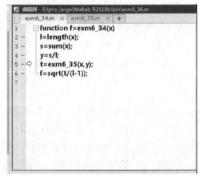

　　（4）调试子函数。切换到子函数 exm6_35.m 文件，在第 5 行设置一个断点。采用前面的向量 v 再一次调用函数 exm6_35()，这时单击函数文件 exm6_34.m 的标签，则在 exm6_34.m 文件的第 5 行前增加了一个白色的箭头，如图 6-13 所示。

　　此时，在 MATLAB 工作区窗口中查看变量 i 和 t 的值。从中可以看出，错误出现在计算 t 的表达式上，为此，对 t 的表达式进行观察发现，表达式 $t=t+((x-y).^2)$ 中的 x 应该改为 $x(i)$。

图 6-13　调试结果

　　（6）退出调试。

　　（7）修改函数。将子函数中的 $t=t+((x-y).^2)$; 改为 $t=t+((x(i)-y).^2)$;，然后清除断点标记，保存文件。

　　（8）重新运行程序。重新运行程序，便可以得出正确结果。

☆ 小 结 ☆

　　本章主要讲述了 MATLAB 中 M 文件（脚本文件和函数式文件）的编写，介绍了 MATLAB 语言的变量和基本语句，MATLAB 语言的数据类型，MATLAB 语言的控制流和程序的调试。

MATLAB 语言的风格和语法与 C 语言类似，有 C 语言基础的读者对 MATLAB 语言的基本语句、数据类型和控制流应该能够很快理解和接受。

★ 习　题 ★

1. 什么叫 M 文件？如何建立并执行一个 M 文件？

2. 程序的基本控制结构有哪几种？在 MATLAB 中如何实现？

3. 什么叫函数文件？如何定义和调用函数文件？

4. 用 for 循环求 1!+2!+3!+⋯+5!的值。

5. 用 while 循环求 1～100 之间的偶数之和。

6. 编写求圆的面积的函数文件。

7. 编写求圆的面积的脚本文件。

8. 创建函数 $y=ax^2+bx+c$，当 $y=0$，$a=2$，$b=5$，$c=6$ 时求 x 的值。

9. 创建包含 "He is the best student with glasses in our class"字符串数组，并查找字符串 "ass"的位置。

10. 编写函数计算两个数的最大公约数，如输入 196 和 371，计算出二者最大公约数是 7。

11. 编写函数文件，输入 n 则计算 $1-1/2+1/3-1/4+\cdots-1/n$，如输入 100 则计算 $1-1/2+1/3-1/4+\cdots-1/100$。

12. 编写具有 3 个参数的函数文件，输入一个 1～1 000 的整数，输出其约数及约数的个数，并统计各个约数之和。

13. 编写函数文件，输入一个整数，判断其是否为素数。

14. 编写两个函数文件，一个函数（isprime.m）用于判定某个数是否为素数，并在第二个函数中调用 isprime()函数实现：输入一个正整数 n，输出 1～n 内的所有素数。

15. 编写函数实现：输入一个正整数，将其逆向输出，如输入 123 则输出 321。

第7章

MATLAB图形用户界面设计技术

本章要点

◎了解什么是图形用户界面设计；
◎掌握利用图形界面设计向导设计用户图形界面；
◎利用编写M文件来实现图形界面的两种方法；
◎掌握数学建模的思路和如何利用图形界面实现用户需求。

用户界面（或接口）是指人与机器（或程序）之间交互作用的工具和方法。如键盘、鼠标、跟踪球、话筒都可成为与计算机交换信息的接口。图形用户界面(Graphical User Interfaces，GUI)是由窗口、光标、按键、菜单、文字说明等对象（Object）构成的一个用户界面。用户通过一定的方法（如鼠标或键盘）选择、激活这些图形对象，使计算机产生某种动作或变化，如实现计算、绘图等。MATLAB提供了丰富的图形界面设计工具，以方便用户设计图形化的程序界面，让用户更加方便地使用MATLAB的各种功能。

如果用户所从事的数据分析、解方程、计算结果可视工作比较单一，那么一般不会考虑GUI的制作。但是如果用户想向别人提供应用程序，或进行某种技术、方法的演示，或制作一个供反复使用且操作简单的专用工具，那么图形用户界面也许是最好的选择之一。 MATLAB 为表现其基本功能而设计的演示程序 demo 是使用图形界面的最好范例。MATLAB 用户在指令窗中运行 demo 打开图形界面后，只要用鼠标进行选择和单击就可浏览丰富多彩的内容。

★ 7.1 图形用户界面简介

计算机用户图形界面是指计算机与用户之间的对话接口，是计算机系统的重要组成部分。计算机的发展史不仅是计算机本身处理速度和存储容量飞速提高的历史，而且是计算机用户界面不断改进的历史。

用户界面的重要性在于它极大地影响了最终用户的使用体验，影响了计算机的推广应用，甚至影响了人们的工作和生活。由于开发用户界面的工作量极大，加上不同用户对界面的要求不尽相同，因此，用户界面已成为计算机软件研制中最困难的部分之一。当前，Internet 的发展异常迅猛，虚拟现实、科学计算、可视化及多媒体技术等对用户界面提出了更高的要求。

图形用户界面的广泛流行是当今计算机技术的重大成就之一，它以其友好性、直观性、易懂性在软件编程上被广泛使用。Windows 系列操作系统就是一个典型的图形用户界面操作系统，它直观的界面和人性化的交互式系统调用方式给用户留下了深刻的印象。

MATLAB 以其强大的科学计算及图像生成功能著称，同时也提供了图形用户界面的设计和开发功能。MATLAB 的科学计算功能不仅仅是通过输入一个个的函数代码来实现，还可以通过单击按钮和对话框等直观的图像来实现。本章所描述的图形用户界面的功能使得用户能够定制与 MATLAB 的交互方式，命令窗口不再是与 MATLAB 进行交互的唯一方式。本章将详细说明图形句柄 uicontrol、uimeinu 和 uicontextmenu 对象的使用，把图形界面加到 MATLAB 的函数和 M 文件中，最后结合实例说明如何更好地使用 MATLAB GUI 编程。

通常在开发一个应用程序时会尽量做到界面友好、直观，最常用的方法是使用图形用户界面。在 MATLAB 中，图形用户界面是一个包含多种对象的图形窗口。用户必须对功能对象进行界面布局和编程，从而使用户在激活 GUI 的功能对象时能够执行相应的行为。

MATLAB 为用户开发图形界面提供了一个方便、高效的集成开发环境 GUIDE（Graphic User Interface Development Environment）。GUIDE 主要是一个界面设计工具集，MATLAB 将所有 GUI 的控件都集成在这个环境中并提供界面外观、属性和行为响应方式的设置方法。GUIDE 将用户设计好的 GUI 界面保存在一个 FIG 文件中，同时还自动生成一个包含 GUI 初始化和组件界面布局控制代码的 M 文件。这个 M 文件为实现回调函数提供了一个参考框架，这样既简化了 GUI 应用程序的创建工作，又可以让用户直接使用这个框架来编写自己的函数代码。

7.2　图形对象和图形对象的句柄

每个图形对象都有一个句柄，只有获取了图形对象的句柄，才可以对该图形对象进行控制，设置或修改对象的有关属性。在进行 GUI 设计时，应该先理解"句柄图形"，它是设计与实现 GUI 的前提。

简单地讲，句柄图形是对底层图形对象集合的总称，实际上它进行了生成图形的工作。通过句柄图形，可以定制图形的许多特性。例如，用户可以通过图形对象 uicontrol 的句柄设置控件的背景颜色。

7.2.1　图形对象与图形对象的结构

当今计算机行业最流行的术语之一便是对象。面向对象的编程语言、数据库对象、操作系统和应用程序接口都使用了对象的概念。一个对象可以被粗略地定义为由一组紧密相关、形成唯一整体的数据结构或函数集合。在 MATLAB 中，图形对象是一幅图中很独特的成分，它可以被单独操作。

在 MATLAB 中，由图形命令产生的每个对象都是图形对象。图形对象不仅包括 uimenu、uicontextmenu 和 uicontrol 对象，而且包括图形、坐标、线条、曲面、文本及其子对象。计算机屏幕是根对象，这是所有其他对象的父对象；图形窗口是计算机屏幕的子对象；坐标轴、uimenu、uicontextmemu、uicontrol 是图形窗口对象的子对象；图像、线条、曲面、文本等是坐标轴的子对象。MATLAB 定义的各种图形对象及其关系如图 7-1 所示。

根对象可以包含一个或多个图形窗口，每个图形窗口可包含一组或多组 uimenu 对象、uicontextmenu 对象、uicontrol 对象或坐标轴（axes）对象；每个 uimenu、uicontextmemu 对象可包含一个或多个 uimenu、uicontextmenu 子对象；uicontrol 对象虽然没有子对象，但它有多种类型，如按钮、检验框、文本框、编辑框等；所有其他对象都是坐标轴的子对象，并且在这些坐标轴上显示。

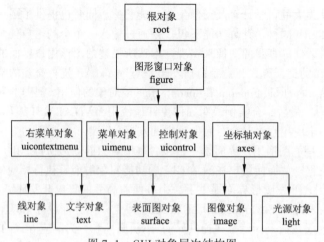

图 7-1　GUI 对象层次结构图

所有创建对象的函数当其父对象或对象不存在时，都会先创建父对象或必要的组件对象。例如，如果没有图形窗口，plot(rand(size([1:10])))函数会用默认属性创建一个新的图形窗口和一组坐标轴，然后在这组坐标轴内画线。

7.2.2　句柄对象

假设已打开了 3 个图形窗口，其中两个有两幅子图。要改变其中一幅子图坐标轴内一条线的颜色，如何认定想要改变的那条线？在 MATLAB 中，每一个对象都有一个数字来标识，称为句柄。

每次创建一个对象时，就为它建立一个唯一的句柄。计算机屏幕作为根对象常常是 0。Hf_fig=figure 命令建立一个新的图形窗口，变量 Hf_fig 返回它的句柄值。图形窗口的句柄为整数，通常显示在图形窗口标题条中，其他对象句柄是 MATLAB 满精度的浮点值。

MATLAB 可以用来获得图形、坐标轴和其他对象的句柄。例如，Hf_fig=gcf 返回当前图形窗口的句柄值，而 Ha_ax=gca 返回当前图形窗口内当前坐标轴的句柄值。

所有产生对象的 MATLAB 函数都为所建立的每个对象返回一个句柄（或句柄的列向量）。这些函数包括 plot()、mesh()、surf()及其他。有一些图形由一个以上对象所组成。例如，一个网格图由一个曲面组成，它只有一个句柄；而 waterfall 图形由许多线条对象组成，每个线条对象都有各自的句柄。例如，Hl_wfall=waterfall(peaks(20))返回一个包含 20 个句柄的列向量。

所有对象都由属性来定义它们的特征，通过设定这些属性修正图形显示的方式。尽管许多属性所有的对象都有，但与每一种对象类型（如坐标轴、线、曲面）相关的属性列表都是独一无二的。对象属性可包括对象的位置、颜色、类型、父对象、子对象及其他内容。每个不同对象都有和它相关的属性，可以改变这些属性而不影响同类型的其他对象。和每一种对象类型（图形、坐标轴、线、文本、曲面、补片和图像）相关的完整的属性列表在本章后面进行讲解。

对象属性包括属性名和与它们相关联的值。属性名是字符串，它们通常按混合格式显示，每个词的开头字母大写，如 LineStyle。但是，MATLAB 识别一个属性时不区分大小写。另外，只要用足够多的字符来唯一地辨识一个属性名即可。例如，坐标轴对象中的位置属性可以用 Position、position，甚至是 pos 来调用。

坐标轴对象是 MATLAB 图形中常用的对象，坐标轴对象可以用 MATLAB 的菜单项添加。添加之后，可以用鼠标改变其大小和形状。

MATLAB 可以用来获得图形、坐标轴、uimenu、uicontextmenu、uicontrol 和其他对象的句柄。具体而言，可以通过下述 3 个函数来获得对象句柄值：

（1）gcf 获得当前图形窗口的句柄值，语法格式如下：

```
h=gcf
```

（2）gca 获得当前图形窗口内当前坐标轴的句柄值，语法格式如下：

```
h=gca
```

（3）gco 获得当前图形窗口内当前对象的句柄值，语法格式如下：

```
h=gco
```

当前对象的定义为用鼠标刚刚单击过的对象。这种对象可以是除根对象（计算机屏幕）之外的任何图形对象。但是，如果鼠标指针处在一个图形中而鼠标按钮未单击，则 gco 返回一个空距阵。为了让当前对象存在，用户必须选中一些东西。

一旦获得了一个对象的句柄，它的对象类型可以通过查询对象的'Type'属性来获得。该属性是一个字符串对象名，比如 figure、axes 或 text。例如：

```
x_type=get(Hx_obj,'Type')
```

另外，获得对象的句柄值后，可以利用该对象句柄设置或修改对象的属性。在 MATLAB 中，可以通过函数 get()获得图形对象的属性，通过函数 set()设置对象的属性。get()和 set()函数的使用方式如下：

```
属性值=get(句柄,属性)
set(句柄,属性 1,属性值 1,属性 2,属性值 2,…)
```

例如：

```
Hf_1=figure('color','white')
```

它用默认的属性值建立一个新的图形窗口，只是背景颜色被设为白色而不是默认的黑色。

为了获得和改变句柄图形对象的属性，需要 get()函数和 set()函数。

① 函数 get()返回某些对象属性的当前值。使用函数 get()的最简单语法是 get(handle, 'PropertyName')。例如：

```
p=get(Hf_1,'position')
```

它返回具有句柄 Hf_1 图形窗口的位置向量。

```
c=get(Hl_a,'color')
```

它返回具有句柄 Hl_a 对象的颜色。

② 函数 set()改变句柄图形对象属性，使用语法 set(handle,'PropertyName',value)。例如：

```
set(Hf_1,'Position',p_vect)
```

它将具有句柄 Hf_1 的图形位置设为向量 p_vect 所指定的值。同样：

```
set(Hl_a,'color','r')
```

它将具有句柄 Hl_a 的对象的颜色设置成红色。

一般情况下，函数 set()可以有任意数目的('PropertyName',PropertyValue)对。如：

```
set(Hl_a,'Color','r','Linewidth',2,'LinStyle','--')
```

它将具有句柄 Hl_a 的线条变成红色，线宽为 2 点，线型为破折号。

除了这些主要功能，函数 set()和函数 get()还能提供帮助。例如，set(handle,'PropertyName')返回一个可赋给由 handle 所描述对象的属性值列表。例如：

```
set(Hf_1,'Units')
[inches|centimeters|normalized|points|{pixels}]
```

表明由 Hf_1 所引用的图形的'Unites'属性是 5 个字符串，而其中 pixels 是默认值。

也可以通过函数 delete()来删除句柄所属对象的图形对象。例如：

```
delete(Hf_1)
```

删除句柄 Hf_1 所属的图形对象。

★ 7.3　图形用户界面设计工具 GUIDE ★

在前面已经介绍了图形用户界面的各种控件和这些控件属性的修改等知识，但是这些操作都是通过相关函数来实现的。如果让用户去记忆如此之多的函数以及不同函数的相关属性，将是一件非常烦琐的工作，而且使用也非常不方便。为此，MATLAB 提供了用户界面设计工具 GUIDE，通过这个工具可以不必关心不同控件的具体属性设置方法，也不必考虑不同控件具体的摆放坐标，只通过单击鼠标拖动的方法来把各种需要的控件添加到图形界面中去即可。对于控件属性的设置也可以通过右击控件单击属性来配置，从而大大简化了用户设计图形界面的难度。本节主要介绍 GUIDE 的基本使用方法和操作步骤。

7.3.1　图形用户界面的开发环境

在 MATLAB 的命令窗口中输入 "guide"，确认后就可以进入到 GUIDE 选择界面，如图 7-2 所示。其中有 "新建 GUI" 和 "打开现有 GUI" 两个选项卡，在 "新建 GUI" 选项卡中有 4 个选项，如下所述。

Blank GUI (Default)：新建空白的 GUI。

GUI with Uicontrols：新建带有 UI 控件的 GUI。

GUI with Axes and Menu：新建带有坐标轴和菜单的 GUI。

Modal Question Dialog：新建带有模态对话框的 GUI。

图 7-2　"新建 GUI" 选项卡

GUI 的开发环境和 VC、VB 等程序语言的开发环境非常相似。设计用户交互界面的过程就是把需要的控件从控件调色板拖动到（或者复制到）控件布局编辑区，并使用队列工具把这些控件排列整齐合理的过程。把控件拖动到编辑区的方法有两种：① 如图 7-3 所示，单击所需要的控件，然后在编辑区再单击即可得到所需要的控件；② 选中需要的控件，然后在编辑区按住鼠标左键不放，拖动出的框区就会生成一个大小等于框区的控件。

新建一个空白的 GUI，来展示一下 GUI 的开发环境，如图 7-3 所示。

（1）下面介绍各个按钮控件的作用，这些控件的形状如图 7-4 所示。

① 按钮控件：按钮控件可在其上重命名，单击后会自动弹出，经常用来触发、调用一些事件。

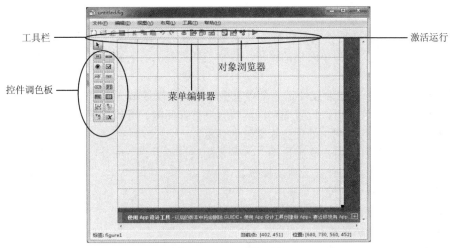

图 7-3　GUI 开发环境

② 滑块控件：滑块控件可以为最终用户提供一个简单的、熟悉的方式，以便在预定范围内选择一个值。滑块控件含有丰富的内置的辅助功能，比如，键盘支持和鼠标滚轮支持。其状态可以为竖直的，也可以是水平的。通过改变它的属性，使宽（Width）大于高（Height）就可以使滚动条变为水平的。最直接的是使用鼠标拖动改变它的形状来实现。通过鼠标拖动滑块或者单击两个方向可以设定数据的范围。

③ 复选框：用于设定 on 及 off 状态，用鼠标选择切换状态。当被选中时，其属性 Value为 1，表示 on；再单击一下，Value 设为 0，表示 off。复选框常常成组使用，作为多项选择中的一个被选项。

④ 单选按钮：单选按钮与复选框的功能相同，只不过显示的图形不同。不过这个按钮经常多个一起使用，用来表示多个选项中的一个。这里要注意的是，这种按钮和 VC 等编程语言上的不同，它没有互斥性，只有通过编写程序才能使其具有互斥性，因此在使用的时候要注意。

⑤ 可编辑文本控件：可编辑文本控件通常用于可编辑文本，不过也可使其成为只读控件。文本框可以显示多个行，对文本换行使其符合控件的大小以及添加基本的格式设置。可编辑文本控件仅允许在其中显示或输入的文本采用一种格式。让用户在其中输入数字或者变量，以便程序执行时进行提取，通常保存在 String 属性中，因此，如果要得到数值，还要用str2num()或者 str2double()函数将其转化为数值。

⑥ 静态文本控件：静态文本在运行期间是不可以编辑修改的，它是一种普通文本，起到解释说明的作用。

⑦ 弹出式菜单控件：弹出式菜单提供了很多可供选择，在当前状态，或弹出式的操作系统或应用程序。通常情况下，可用的选择都涉及选定的对象的行动。弹出式菜单打开用户交互通过各种形式的针对一个区域的 GUI 支持上下文菜单。

⑧ 列表框控件：列表框用于提供一组条目或数据项，用户可以用鼠标选择其中一个或者多个条目，但是不能直接编辑列表框的数据。当列表框不能同时显示所有项目时候，它将自动添加滚动条，使用户可以滚动查阅所有选项。

⑨ 切换按钮控件：切换按钮也称开关按钮，只有开和关两种状态。单击下沉，再单击

弹起。

⑩ 表格控件：表格控件就是由行、列等元素组成的二维表格。它的主要单元是行、列元素交叉形成的一个个称为单元格的格子。表格控件就是具有表格的外观，实现了表格功能的控件。

⑪ 坐标轴控件：坐标轴控件是一个含有坐标轴的绘图区域，它可以实现左、右、上、下4种形式的范围设置。可以设置固定间隔或自动选择间隔，可以设置最小间隔，开放一个槽来动态调整坐标轴的范围、处理边缘刻度的显示。

（2）在建立的控件上右击会弹出图 7-5 所示的快捷菜单，下面介绍常用的几个选项。

① 剪切：对选中的控件进行剪切操作。

② 复制：复制选中的控件。

③ 粘贴：粘贴复制的控件。

④ 清除：删除选中的控件。

⑤ 生成副本：对选中的控件进行复制生成。

⑥ 置于顶层：如果多个控制重叠，让选中的控件置于最顶层。

⑦ 置于底层：如果多个控制重叠，让选中的控件置于最底层。

⑧ 对象浏览器：打开对象浏览器。

⑨ 编辑器：打开代码编辑器。

⑩ 查看回调：其中包括 Callback（单击时控件回调的函数或功能）、 CreateFcn（定义控件在创建阶段执行的回调函数）、DeleteFcn（定义在对象的删除阶段执行的回调函数）、ButtonDownFcn（按下鼠标时控件回调的函数）、KeypressFcn（按键盘时控件回调的函数）。

⑪ 属性检查器：打开控件的属性对话框。

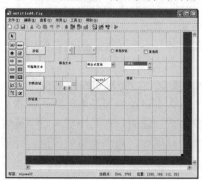

图 7-4　GUI 的控件

图 7-5　控件快捷菜单

（3）所有控件的快捷菜单都是相同的。

（4）如果控件都布局好了，控件的属性也设置好了，那么单击工具栏中的 Run 按钮，就可以运行设计的 GUI 了。另外，如果关闭还没有保存 GUI，会弹出一个对话框提示为文件命名、保存，接下来就能运行了。

7.3.2　位置调整工具

在 GUIDE 主窗口工具栏中单击对齐按钮，会打开"对齐对象"对话框，如图 7-6 所示。可以看到队列工具菜单分为两部分，分别是在竖直方向和水平方向上调整空间位置和控件间的距离。在选中多个对象后，可以方便地通过"对齐对象"对话框调整对象间的对齐方式与距离。

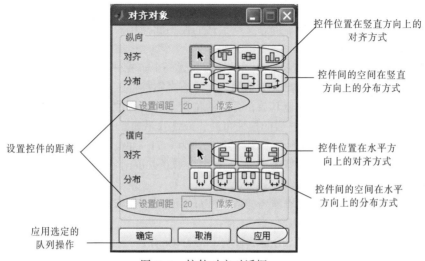

图 7-6　控件对齐对话框

7.3.3　对象属性查看器

利用对象属性查看器可以查看每个对象的属性值，也可以修改、设置对象的属性，从对象设计编辑器界面工具栏上单击 ![按钮] 按钮，或者选择"查看"→"属性查看器"命令，或者右击所要查看的控件，在弹出的快捷菜单中选择"属性查看器"命令，就可以打开对象属性查看器的界面，如图 7-7 所示。

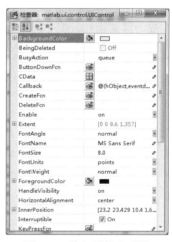

图 7-7　按钮属性查看器

在选中某个对象后，可以通过对象属性查看器查看该对象的属性值，也可以方便地修改对象属性的属性值。

图 7-7 所示是按钮的属性列表，其中在设计 GUI 时经常用到的几个重要的属性值介绍如下：

① Callback：定义对象的控制动作，为单击控件时回调的例程。其值为一个有效的 MATLAB 表达式或者一个可执行的 M 文件名。

② ButtonDownFcn：在该控件上单击时调用的例程，其值为一个有效的 MATLAB 表达式或者一个可执行的 M 文件名。

③ Position：有 x、y、width、hight 4 个分量，分别用于确定控件的位置和大小。

④ String：其值为一个字符串，为显示在控件上的文本串。

⑤ Tag：其值为一个字符串，标记控件的名字，编程时可以用来指定控件。

⑥ Tooltip：其值为一个字符串，当鼠标移动到该控件上时显示这个字符串。

⑦ UIncontextMenu：其值为一个 context menu 菜单的句柄，在该控件上右击将弹出这个句柄指向的菜单。

⑧ Visible：其值为 on 和 off，分别设置该控件为可见和不可见。

下面通过范例对属性列表里面属性值的作用进行具体说明。

【例 7.1】设计 GUI，通过调节滑块可以画出不同频率的三角波形，同时学习对按钮、复选框、滑块、轴、弹出式菜单、静态文本控件的使用和操作。

解　程序设计步骤如下：

（1）打开 GUIDE 窗口，在控件布局设计区放置一个轴控件、两个按钮控件、一个滑块控件、一个复选框控件、一个弹出式菜单和一个静态文本控件。

（2）对这些控件进行调整使其放在合适的位置，可以通过鼠标，也可以通过修改各个控件中的 Position 属性来完成调整后的控件布局，最终效果如图 7-8 所示。

（3）打开轴控件的属性查看器，Tag 属性修改为 ex71_axes。用同样的方法把静态文本控件和复选框控件的 Tag 属性分别修改为 ex71_text、ex71_gridon。用同样的方法修改其他控件的 Tag 属性。其中 Static Text 用来动态显示信息。

（4）打开滑块控件的属性查看器修改其 Max 属性为 5，修改弹出式菜单控件的 String 属性为 $\sin x$、$\cos x$、$\tan x$、$\cot x$。

（5）修改两个按钮控件的 String 属性为 Plot 和 Close。

（6）设置好各个控件的属性列表后，回到 GUIDE 主窗口保存。文件命名为 ex71，并在 M-file 文件窗口中打开。

（7）打开 M-file 文件窗口设置回调函数。从图 7-9 中可以看出有 5 个回调函数，分别应用于两个 Push Button 控件、Checkbox 控件、Popup Menu 控件和 Slider 控件。本例使用了自动生成的回调函数，但是回调函数都是空的，要在 M-file 文件中对它们进行定义说明。

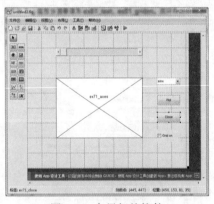

图 7-8　布局好的控件

图 7-9　M-file 文件窗口

以下是部分需要修改的程序代码。

① Plot 按钮的函数代码：

```
function ex71_plot_Callback(hObject,eventdata,handles)
flag=get(handles.ex71_fun,'Value');      %取得下拉菜单的值
w=get(handles.ex71_input,'Value');       %得到滑块的输入值
t=0:0.001:2*pi;                          %定义数组 t
switch flag
    case 1
        y=sin(w*t);                      %根据下拉菜单的值计算
    case 2
```

```
        y=cos(w*t);                     %正弦、余弦、正切或者
    case 3
        y=tan(w*t);                     %余切值
    case 4
        y=cot(w*t);
end
axes(handles.ex71_axes)                 %声明是在坐标系 ex71_axes 上绘制波形
plot(t,y)                               %绘图
```

② "Grid On" 这个 Checkbox 控件的代码:

```
function ex71_gridon_Callback(hObject,eventdata,handles)
flag=get(hObject,'Value');              %取得该控件的值
if flag==1;                             %如果值为 1 则使用网格
    grid on;
else                                    %否则去除网格
    grid off;
end
```

③ 下拉列表的代码:

```
function ex71_fun_Callback(hObject,eventdata,handles)
flag=get(hObject,'Value');              %取得该控件的值
w=get(handles.ex71_input,'Value');      %得到 Slider 控件的值
if w==1
    string='x)';
else
    string=[num2str(w),'x)'];
end
switch flag                             %动态显示绘制的函数
    case 1                              %如图 7-9 所示
        set(handles.ex71_text,'String',['绘制的函数为 y=sin(',string]);
    case 2
        set(handles.ex71_text,'String',['绘制的函数为 y=cos(',string]);
    case 3
        set(handles.ex71_text,'String',['绘制的函数为 y=tan(',string]);
    case 4
        set(handles.ex71_text,'String',['绘制的函数为 y=cot(',string]);
end
```

④ "Close" 空间的代码:

```
function ex71_close_Callback(hObject, eventdata, handles)
close
```

（8）保存修改后的 M-file 文件, 现在就可以运行用户定义的 GUI 了。单击工具栏中的 Run 按钮, 打开 GUI 界面, 把滑块拖到任意位置, 调整 Popup Menu, 然后单击 Plot 按钮即可看到绘出的相应频率的波形, 如图 7-10 所示。

程序说明:

（1）在本例中定义回调函数时用到了控件的句柄 handle, 每个控件都有自己的句柄。句柄是个数据结构, 其中包含了这个控件具有的所有属性值。可以通过句柄引用或修改这个控件的某个属性值。set()可以设置句柄中的某个属性值, get()可以获得句柄中的某个属性值。

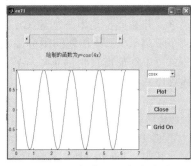

图 7-10　频率可调余弦波形

（2）flag=get(handles.ex71_fun, 'Value')中的 handles 是整个 GUI 界面的句柄，声明了要获得 ex71_fun（Popup Menu 控件，ex71_fun 是 Popup Menu 控件的 Tag 值）控件的 Value 值，然后把这个值赋给 flag。

（3）一个 GUI 程序的运行主要是在其 M-file 文件的控制之下进行的。这个 M-file 文件包含了启动这个 GUI 的命令和程序进行中的各种控制函数命令，其中非常重要的就是回调函数。在 M-file 文件窗口中可以看到各种回调函数是放在文件的最后的。

7.3.4　菜单编辑器

绝大多数图形用户界面都包含菜单。通过选择各级菜单，可以执行相应的命令，实现相应的功能。一般情况下，从菜单的标题可以大概了解该菜单的功能。在 Windows 系统中，菜单一般位于用户图形界面的顶端。例如，在 Windows 系统的 MATLAB 在早期版本主窗口中就有一个主菜单，包括 File、Edit、View、Web 等主菜单。在各级主菜单下，还可以嵌入子菜单，就会显示该主菜单的下拉菜单。在 MATLAB 的 GUI 设计中，有两种菜单类型，分别是下拉菜单类型和快捷菜单类型。下面，对 MATLAB 中的菜单设计方法进行介绍。

在 MATLAB 中，可以通过命令行方式与 GUI 设计工具中的菜单编辑器两种方式来建立菜单。

1. 命令行方式

在命令行方式下，可以通过编辑 uimenu() 来建立下拉菜单对象。uimenu() 函数有如下几种调用格式：

```
uimenu('PropertyName',PropertyValue,…)
uimenu(parent,'PropertyName',PropertyValue,…)
handle=uimenu('PropertyName',PropertyValue,…)
handle=uimenu(parent,'PropertyName',PropertyValue,…)
```

其中，handle 是创建的菜单项的句柄值；parent 是菜单所在图形窗口的句柄值或者子菜单所属主菜单的句柄值；PropertyName 是菜单某个属性的属性名；PropertyValue 是与菜单属性名相对应的属性值。其中，第 1 种和第 2 种调用格式，不返回创建的菜单的句柄值。第 1 种和第 3 种调用方式，省略菜单所在的图形窗口的句柄值或者子菜单所属的主菜单的句柄值。通过函数 uimenu() 可以设置菜单的多个属性值。

使用该函数可以创建主菜单与下拉菜单。当函数中的变量 parent 是菜单所在图形窗口的句柄值时，创建的是主菜单；当 parent 是某个主菜单句柄值时，创建的是该主菜单下的下拉菜单。例如：

```
h_menu=uimenu('label','Option');
h_sub1=uimenu(h_menu,'label','Grid on');
h_sub2=uimenu(h_menu,'label','Grid off','Separator','on','Accelerator','Q');
```

上述命令将在当前图形下创建一个 Option 主菜单，并在此主菜单下创建 Grid on 和 Grid off 两个子菜单，子菜单之间用分隔条分开。创建的菜单位于图形窗口帮助菜单标题的后面。运行上述程序，结果如图 7-11 所示。

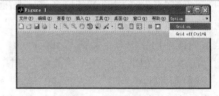

图 7-11　运用 uimenu() 函数建立下拉式菜单

在命令行方式下，可以通过函数 uicontextmenu() 创建快捷菜单对象。uicontextmenu() 调用形式如下：

```
Handle=uicontextmenu('PropertyName',PropertyValue,…);
```

其中，handle 是创建的菜单项的句柄值；PropertyName 是菜单某个属性的属性名；PropertyValue 是与菜单属性名相对应的属性值。利用 uicontextmenu() 函数生成快捷菜单后，再通过函数 uimenu()可在以往创建的快捷菜单中添加子菜单。然后，可以通过函数 set()把创建的快捷菜单与某个对象相联系，通过设置对象的 uicontextmenu 属性，使快捷菜单依附于对象。需要说明的是，快捷菜单必须依附于某个对象而存在。例如：

```
t=(-3*pi:pi/50:3*pi)+eps;
y=sin(t)./t;
hline=plot(t,y);                          %绘制 Sa 曲线
cm=uicontextmenu;                         %创建现场菜单
%制作具体菜单项，定义相应的回调
uimenu(cm,'label','Red','callback','set(hline,''color'',''r''),')
uimenu(cm,'label','Blue','callback','set(hline,''color'',''b''),')
uimenu(cm,'label','Green','callback','set(hline,''color'',''g''),')
set(hline,'uicontextmenu',cm)             %使 cm 现场菜单与 Sa 曲线相联系
```

上述命令将在当前图形窗口内画一条曲线，并且当在直线附近右击，就会显示创建的快捷菜单。快捷菜单中包括 Red、Blue、Green 三个子菜单项，当单击一个子菜单项时，所画的曲线就会发生颜色变化，如图 7-12 所示。

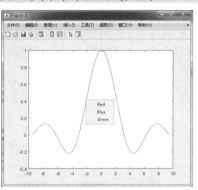

图 7-12　运用 uicontextmenu()函数建立快捷菜单

2. GUI 设计工具菜单编辑器

用命令行方式创建菜单时，需要记住用于创建的函数，如果忘了创建菜单的函数，那么就无法创建菜单。然而，利用 GUI 设计工具中的菜单编辑器，可以方便地创建下拉菜单与快捷菜单。

首先打开 GUIDE 的主窗口，在工具栏单击"菜单编辑器"按钮就可以打开"菜单编辑器"窗口，如图 7-13 所示。菜单编辑器提供了两种菜单类型的编辑功能：一种是下拉菜单；另一种是快捷菜单，分别对应"菜单编辑器"窗口中的 Menu Bar（下拉菜单）编辑区和 Context Menu（快捷菜单）编辑区。图 7-13 中已经建立了 3 个下拉菜单，其中第二个还有 2 个子菜单。菜单项的回调函数是用来设置单击菜单时程序回调的例程，也就是程序的反应。

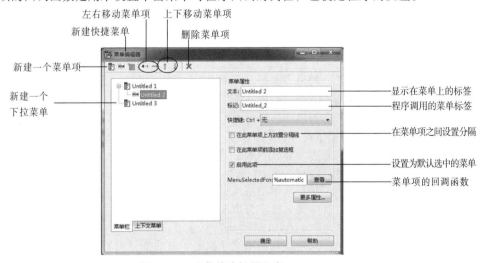

图 7-13　"菜单编辑器"窗口

7.3.5 对象浏览器

在 GUIDE 主窗口的工具栏里还有一个比较重要的工具按钮，那就是 Object Browser（对象浏览器）按钮，单击该按钮可以打开"对象浏览器"窗口。"对象浏览器"窗口中列出了所有对象的树状结构，这些对象都是当前正在设计的 GUI 程序中用到的所有对象。

7.3.3 节例中的 GUI 对象浏览器如图 7-14 所示。图 7-14 中的对象一共有 7 种，结构比较简单。但是，如果编写比较复杂的图形用户界面程序，这个浏览器就非常有用了，它可以帮助用户一目了然地分清各个对象之间的关系。

双击选中的对象就可以打开该对象的属性浏览器，所以当对象非常多的时候，使用它修改对象的属性非常方便。

图 7-14 "对象浏览器"窗口

★ 7.4 对 话 框 ★

在 GUI 程序设计中，对话框是最重要的显示信息和取得用户数据的用户界面对象。对话框一般包含一个或多个按钮以供用户输入，或者弹出显示的信息，由用户决定要采取的措施。使用对话框可以使图形用户界面更加友好，易于用户理解。MATLAB 中的对话框分为两大类：公共对话框和一般对话框，这其中包括请求对话框。下面对 MATLAB 中的对话框进行介绍。

7.4.1 公共对话框

MATLAB 拥有大量的标准公共对话框。它们是文件打开对话框 uigetfile、文件保存对话框 uiputfile、颜色设置对话框 uisetcolor、字体设置对话框 uisetfont、打印页面设置对话框 pagesetupdlg 与 pagedlg、打印预览对话框 printpreview 以及打印对话框 printdlg，下面主要对前几种进行介绍。

（1）文件打开对话框：用于打开某个文件。在 Windows 系统中，几乎所有的应用软件都提供了文件打开对话框。

在 MATLAB 中，调用文件打开对话框的函数为 uigetfile()。该函数的调用格式有如下几种：

```
uigetfile
```
打开的对话框中会显示文件，列出当前目录下 MATLAB 能识别的所有文件。

```
uigetfile('FilterSpec')
```
打开的对话框中会显示文件，列出当前目录下的由参数 FilterSpec 指定的类型文件。参数 FilterSpec 是一个文件类型过滤字符串，用于指定要显示的文件类型。例如，'*.m'（这是默认值）会显示当前目录下所有扩展名为 m 的文件，即显示 MATLAB 中的 M 文件。

```
uigetfile('FilterSpec','DialogTitle')
```
与第二种调用格式基本相同，只是该调用格式打开对话框的标题名为 DialogTitle 所指定的字符串。文件打开对话框的默认标题名是字符串 Select file to open。

```
uigetfile('FilterSpec','DialogTitle',x,y)
```
与第三种调用格式基本相同，只是该调用格式还指定了对话框显示的位置。显示的位置由参数 x 与 y 决定。x、y 是屏幕左下角起的水平与垂直距离。距离的单位是像素。在有些操作系统中，可能不支持对话框位置参数的设置。

```
[fname,pname]=uigetfile(…)
```

返回打开文件的文件名与路径。如果单击文件打开对话框中的"打开"按钮，那么返回文件名与路径。其中，输入参数 fname 存放的是打开的文件名，pname 包含文件的路径。如果单击文件打开对话框中的"取消"按钮或者打开文件时出现错误，那么输出参数 fname 与 pname 的返回值都是零。该调用方式的输入参数与前面调用方式中的输入参数一样。

如果打开文件时所要打开的文件不存在或者有错误，此时可以选择打开另外一个文件或者单击"取消"按钮，取消打开文件。

请看下面的例子：

```
[fname,pname]=uigetfile('*m','Sample Dialog Box')
```

执行上述命令可得到图 7-15 所示的结果。

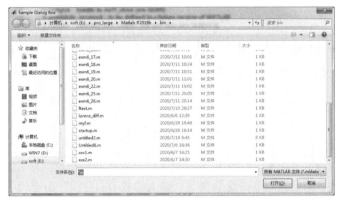

图 7-15　文件打开对话框

在该例中，列出了当前目录下的所有 M 文件，打开文件对话框的标题名为 Sample Dialog Box。打开的文件名与路径返回到输出参数 fname 与 pname 中。显示的文件打开对话框的外观依赖于不同的操作系统。

（2）文件保存对话框：用于保存某个文件。MATLAB 中文件保存对话框的函数为 uiputfile()。该函数的调用格式有如下几种：

```
uiputfile
```

显示用于保存文件的对话框，对话框中列出了当前目录下的所有文件。

```
uiputfile('InitFile')
```

显示的文件保存对话框中，列出当前目录下的由参数 InitFile 指定的类型文件。参数 InitFile 是一个文件类型过滤字符串，用于指定要保存的文件类型。例如，*.m（这是默认值）会显示当前目录下所有扩展名为 m 的文件，即显示 MATLAB 中的 M 文件。

```
uiputfile('InitFile','DialogTitle')
```

与第二种调用格式基本相同，只是该调用格式保存对话框的标题名为 DialogTitle 所指定的字符串。文件保存对话框的默认标题名是字符串 Select file to write。

```
uiputfile('InitFile','DialogTitle',x,y)
```

与第三种调用格式基本相同，只是该调用格式还指定了对话框显示的位置。显示的位置由参数 x 与 y 决定。x、y 是从屏幕左下角起的水平与垂直距离。距离的单位是像素。在有些操作系统中，可能不支持对话框的位置参数的设置。

```
[fname,pname]=uiputfile(…)
```

返回了保存文件的文件名与路径。如果单击了文件打开对话框中的"保存"按钮，那么返回文件名与路径。其中，输入参数 fname 存放的是保存的文件名，pname 包含文件的路径。如果单击文件保存对话框中的"取消"按钮，或者保存文件时出现错误，那么输出参数 fname 与 pname 的返回值都是零。该调用方式的输入参数与前面调用方式中的输入参数一样。

如果保存文件时，所要保存的文件已经存在，就会打开一个信息对话框，询问是否覆盖已经存在的文件。如果单击"保存"按钮，那么新文件就会成功覆盖原来已经存在的文件；如果单击"取消"按钮，那么控制焦点就会返回到保存文件对话框，等待用户采取进一步的措施。

请看下面的例子：

```
[newfile,newpath]=uiputfile('animinit.m','Save filename')
```

执行命令可得到图 7-16 所示的结果。

在该例中，准备把文件 animinit.m 保存到当前目录下。文件保存对话框中列出了当前目录下的所有文件，保存对话框的标题名为 Save filename。保存的文件名与路径返回到输出参数 newfile 与 newpath 中，显示文件保存对话框的外观依赖于不同的操作系统。

（3）颜色设置对话框：可用于交互式设置某个图形对象的前景或背景颜色等。在绝大部分程序设计软件中都提供这种公共对话框。

在 MATLAB 中，调用颜色设置对话框的函数为 uisetcolor()。该函数的调用格式如下：

```
color=uisetcolor(h,'DialogTitle');
```

输入参数中的 h 可以是一个图形对象的句柄，也可以是一个三色 RGB 向量。如果是图形对象句柄，那么该图形对象必须有一个颜色属性；如果是三色 RGB 向量，那么必须输入一个有效的 RGB 向量（如[0 0 0]表示白色），此时输入的是颜色初始化对话框。如果输入的参数是图形对象句柄，颜色对话框被初始化为黑色。输入参数 DialogTitle 用于标明颜色对话框的标题名。输出参数 color 返回用户选择的 RGB 向量值。如果用户在颜色对话框上单击"取消"按钮，或者设置颜色时有错误，那么输出参数 color 的值为零。如果用户在颜色对话框上单击"确定"按钮，那么输出参数 color 的值为输入参数的 RGB 值。如果输入参数 h 没有设置 RGB 颜色值，那么输出参数 color 的值为零。

例如，在 MATLAB 中输入：

```
color=uisetcolor([0 0 1],'Select Color for Graphics Object')
```

执行命令后，返回的颜色设置对话框如图 7-17 所示。

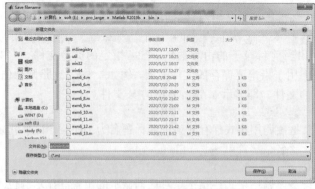

图 7-16　文件保存对话框

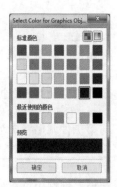

图 7-17　颜色设置对话框

（4）字体设置对话框：可用于交互式修改文本字符串、坐标轴或控件对象的字体属性。可以修改的字体属性包括 FontName、FontUnits、FontSize、FontWeight、FontAngle 等。在

MATLAB 中，调用字体设置对话框的函数为 uisetfont()。该函数的调用格式如下：

```
uisetfont
```

显示字体设置对话框，对话框中列出了字体、字形、字号等字段，返回的是当前的字体属性。

```
uisetfont(h)
```

输入参数是一个对象句柄。该调用格式用对象句柄中的字体属性值初始化字体设置对话框中的属性值，用户可以利用字体设置对话框重新设置对象的字体属性。

```
uisetfont(S)
```

输入参数 S 是一个字体属性结构。该调用格式用字体属性结构 S 中的成员值来初始化字体设置对话框中的属性值。输入参数 S 必须是一个包含一个或多个下列属性的合法值：FontName、FontUnits、FontSize、FontWeight、FontAngle。如果在 S 中输入其他属性值，该属性值会被忽略。用户可以利用字体设置对话框重新设置对象字体属性值，返回重新设置后的字体属性值。

```
uisetfont(h,'DialogTitle')
```

调用格式和 uisetfont(h) 的调用格式基本相同，只是该格式设定了字体设置对话框的标题名。字体设置对话框的默认标题名是字符串 Font。

```
uisetfont(S,'DialogTitle')
```

调用格式和 uisetfont(S) 的调用方式基本相同，只是在该调用格式中设置了字体设置对话框的标题名，字体设置对话框的默认标题名为字符串 Font。

```
S=uisetfont(…)
```

返回字体属性（FontName、FontUnits、FontSize、FontWeight、FontAngle）的属性值，被保存在结构 S 中。如果用户单击了字体设置对话框中的"取消"按钮，或者设置字体时出现错误，那么输出参数 S 的返回值为零，该调用方式的输入参数与前面调用方式中的输入参数一样。

请看下面的例子：

```
h=text(.5,.5,'Figure Annotation');
uisetfont(h,'Update Font')
```

该例首先创建一个显示文本，里面有字符串 Figure Annotation，然后显示字体设置对话框，让用户进行字体设置。执行上述代码之后，返回的设置字体对话框如图 7-18 所示。

在图 7-18 所示的对话框中设置字体格式，得到图 7-19 所示的结果。

图 7-18　字体设置对话框

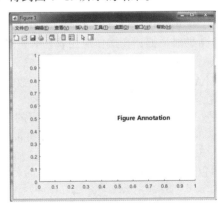

图 7-19　字体设置后的结果

其他公共对话框的调用和上述几种基本相同，如果用户需要使用可参阅 MATLAB 帮助文件。它们的函数名在前面已经进行介绍，可以根据函数名进行查找。

7.4.2 一般对话框

从理论上讲，每个对话框都可以通过编程从最基本的图形窗口开始逐步建立，但这样工作量很大，而且很多有专门作用的对话框格式都很固定，因而 MATLAB 中提供了大量的一般对话框与请求对话框。MATLAB 提供的一般对话框与请求对话框有：错误信息对话框 errordlg、帮助对话框 helpdlg、信息提示对话框 msgbox、问题显示对话框 questdlg、警告信息显示对话框 warndlg、变量输入对话框 inputdlg、列表对话框 listdlg 等。

（1）错误信息对话框：在开发应用软件中，当用户进行了错误的操作后，应该显示错误信息对话框，使用户知道错误原因，以便采取正确的操作。此时，就要用到错误信息对话框。MATLAB 提供的创建错误信息显示对话框的函数为 errordlg()。该函数的调用格式如下：

```
errordlg
```

建立一个错误提示对话框，如果已有错误对话框存在，则 errordlg 将指定的对话框调到其他窗口前台。errordlg 显示一个名为 Error Dialog 的对话框，这个对话框中包含字符串 This is the default error string。

```
errordlg('errorstring')
```

显示一个包含字符串 errorstring 的名为 Error Dialog 的对话框。

```
errordlg('errorstring','dlgname')
```

显示一个包含字符串 errorstring 的名为 dlgname 的对话框。

```
errordlg('errorstring','dlgname','on')
```

指定是否取代一个已经存在的相同名字的对话框。on 把一个有相同名字的错误信息对话框提到前台。这种情况下，errordlg 没有生成新的对话框。

```
h=errordlg(…)
```

返回一个对话框的句柄。

MATLAB 改变对话框的大小来适应字符串 errorstring 的长度，这个错误信息对话框有一个"确定"按钮，在单击"确定"按钮或者"关闭"按钮之前，此对话框将一直保留在屏幕上。在单击上述按钮之后，出错对话框才消失，而对话框的外观依赖于所使用的操作系统。

例如，如下命令建立图 7-20 所示的错误提示对话框：

```
errordlg('Invalidation Operation!','My error dialog')
```

单击"确定"按钮该对话框自动关闭，否则将一直存在。

（2）帮助对话框：在操作应用软件时，当用户不知道该如何操作时，此时如果有帮助信息，那么就会帮助用户进行正确的操作。

MATLAB 提供的创建帮助对话框的函数是 helpdlg()。此函数的调用格式如下：

```
helpdlg
```

产生一个帮助对话框或把一个指定的帮助对话框提到前台。Helpdlg 显示包含字符串 This is the default help string 的名为 Help Dialog 的对话框。

```
helpdlg('helpstring')
```

显示包含由 helpstring 指定的字符串的名为 Help Dialog 的对话框。

```
helpdlg('helpstring','dlgname')
```

显示包含字符串 helpstring 的名为 dlgname 的对话框。

```
h=helpdlg(…)
```

返回一个对话框句柄。

MATLAB 将 helpstring 中的内容自动换行来适应对话框的宽度。对话框将一直保留在屏幕上直到单击"确定"按钮或按【Enter】键，帮助对话框才消失。

例如，下面的命令建立图 7-21 所示的帮助对话框：

```
helpdlg('Use Ctrl+d to draw graph.','My help dialog')
```

单击"确定"按钮对话框消失，否则将一直显示。

图 7-20　错误提示对话框　　　　　　　　图 7-21　帮助对话框

（3）警告信息显示对话框：在应用软件中，当用户进行了不恰当的操作后应该显示警告信息显示对话框，使用户知道该操作可能导致的错误信息，以便采取正确的操作。

MATLAB 提供的创建警告信息显示对话框的函数是 warndlg()。该函数的调用格式如下：

```
warndlg
```

显示一个包含字符串 This is thedefault warning string.的名为 Warning Dialog 的对话框。在用户单击"确定"按钮后，警告对话框消失。

```
warndlg('warningstring')
```

显示一个标题为 Warning Dialog 的对话框，其中包含由 warningstring 指定的字符串。

```
warndlg('warningstring','dlgname')
```

显示一个标题为 dlgname 包含字符串 warningstring 的对话框。

```
h=warndlg(…)
```

返回一个对话框的句柄。

例如，下面的命令建立图 7-22 所示的警告信息显示对话框：

```
warnstr='This operation may take a long time!!';
title='Warning!!!';
warndlg(warnstr,title)
```

注意：提问对话框也可以发出警告信息，它和警告对话框的区别是，警告对话框仅提示信息，不对下一步的操作做出反应，而提问对话框可以对不同按钮下的事件进行不同的操作。

（4）信息提示对话框：当面临多种选择或应该显示某种提示情况时，一般会显示信息提示。这时就要借助于信息提示对话框。

MATLAB 提供的创建信息提示对话框的函数是 msgbox()。该函数的调用格式如下：

```
msgbox(message)
```

建立一个信息提示对话框，显示 message 中的消息。message 可以是字符串的向量、矩阵或数组。信息提示对话框带"确定"按钮，其中的消息自动进行换行来适应其有适当尺寸的图框。

```
msgbox(message,title)
```

用 title 指定信息提示对话框的标题。

```
msgbox(message,title,'icon')
```

用 icon 指定在信息提示对话框中使用的图标。icon 的取值可以为 none、error、help、warn或者 custom，分别对应不显示图标、错误图标（错误对话框中的图标）、帮助图标（帮助对话框中的图标）、警告图标（警告对话框中的图标）或者自定义图标，默认是 none。

```
msgbox(message,title,'custom',iconData,iconCmap)
```

自定义一个自己的图标，iconData 是定义图标的数据，iconCmap 是图标采用的颜色映像。

```
msgbox(…,'createMode')
```

指定信息提示对话框是模式对话框还是无模式对话框。createMode 的取值包括 modal（模式）和 non-modal（无模式），不指定参数 createMode 时看作无模式对话框。

```
h=msgbox(…)
```

返回一个对话框的句柄，它是一个图形对象句柄。

例如，在 MATLAB 下输入如下命令建立图 7-23 所示的信息提示对话框。

```
msgbox('This is my test message box.','Test msgbox','help')
```

单击"确定"按钮信息提示对话框消失。

图 7-22　警告信息显示对话框

图 7-23　信息提示对话框

（5）问题显示对话框：当对问题的解决可能存在多种选择的时候，就会显示一个问题显示对话框，由用户决定采取的步骤。例如，保存的文件的文件名与当前目录中存在的某个文件名相同时，就会显示问题显示对话框。

MATLAB 中创建问题显示对话框的函数是 questdlg()。该函数的调用格式如下：

```
button=questdlg('qstring')
```

显示一个提出的问题 qstring 的模式对话框。这个对话框有 3 个默认按钮：Yes、No 和 Cancel。Qstring 是一个数组或字符串，可以自动换行以适应对话框。Button 包含单击的按钮名字。

```
button=questdlg('qstring','title')
```

显示一个对话框，其标题栏中显示 title。

```
button=questdlg('qstring','title','default')
```

default 指定在按【Enter】键时哪个按钮是默认按钮，其值是 Yes、No、Cancel。

```
button=questdlg('qstring','title','str1','str2','default')
```

生成一个包含 3 个显示为 str1、str2、str3 的按钮的问题显示对话框。default 指定默认的按钮选择，并且必须是 str1、str2、str3 之一。

例如，如下命令建立一个图 7-24 所示的问题显示对话框：

```
queststring={'This operation may take a long time.';'Are you sure?'};
title='Are you sure?';
botton=questdlg(queststring,title,'Yes','No','Why','No')
```

单击不同的按钮会返回不同的按钮赋名给 button。

（6）变量输入对话框：在许多应用软件中，当需要用户输入变量时，就会显示一个输入对话框，这样就使变量的输入变得非常容易。这个对话框就是变量输入对话框。

MATLAB 提供的创建变量输入对话框的函数是 inputdlg()。该函数的调用格式如下：

```
answer=inputdlg(prompt)
```

创建一个模式对话框并返回用户在数组中输入的内容，prompt 是一个包含提示字符串的数组。

```
answer=inputdlg(prompt,title)
```

title 为对话框指定一个标题。

```
answer=inputdlg(prompt,title,lineNo)
```

LineNo 为用户的每个输入值指定输入行数。lineNo 可以是标量、列向量或者矩阵。如果 lineNo

是一个标量，它适用于所有的提示字符串；如果 lineNo 是一个列向量，则向量的每个元素为一个提示符指定输入时的行数。如果 lineNo 是一个矩阵，它的尺寸应该是 $m \times 2$。这里 m 是对话框中提示符的个数。每一行对应一个提示符，第一列指定输入的行数，第二列指定字符的域宽。

```
answer=inputdlg(prompt,title,linesNo,defAns)
```

defAns 指定每个提示符显示的默认值，defAns 必须和 prompt 有同行数目的元素，并且所有的元素必须是字符串。

```
answer=inputdlg(prompt,title,linesNo,defAns,Resize)
```

Resize 说明对话框是否改变尺寸。允许值是 on 和 off，on 意味着对话框可以改变尺寸而非固定模式。

例如，以下命令建立了图 7-25 所示的变量输入对话框：

```
prompt={'Enter Graph Title:','Enter XLabel:','Enter YLabel:'};
title='Setup Graph Label…';
line=1;
def={'Graph1','Xaxis','Yaxis'};
glabel=inputdlg(prompt,title,line,def)
```

在单击该对话框的"确定"按钮或者"取消"按钮之前，对话框一直显示在屏幕上，而且由于输入对话框默认情况下是模式对话框，用户无法进行其他操作。

图 7-24　问题显示对话框

图 7-25　变量输入对话框

（7）列表对话框：当存在多个选择项时，可以给用户提供一个列表框，把所有可能的选择项都列出来，使用户从中选择一个需要的值。在这种情况下就要用到列表对话框。

MATLAB 提供的创建选择列表对话框的函数是 listdlg()。该函数的调用格式如下：

```
[Selection,ok]=listdlg('ListString',S,…)
```

上述调用格式生成一个可以使用户从一个列表中选择一个或者多个选项的模式对话框，Selection 是已选择的字符串的索引向量（在只有一个选项的模式下，它的长度为 1）。当 OK 是 0 时，Selection 是空向量[ ]。当单击"确定"按钮时，OK 是 1，而当单击"取消"按钮或者关闭对话框时，OK 是 0。双击一个选项或者在多项被选定后按【Enter】键都相当于单击"确定"按钮。对话框还有一个 Select all 按钮（在多选择模式下），用于选中所有的选项。输入参数和值的形式列出如表 7-1 所示。

表 7-1　列表框中的参数列表

参　　数	描　　述
ListString	该参数用于设置列表框中的列表项，是一个字符向量
SelectionMode	该参数用于设置是单模式选择还是多模式选择，默认是多模式选择。参数取值是一个字符串，可以取 single 或 multiple
ListSize	该参数用于设置列表框大小，是一个两元素向量[width height]，默认值是[160 300]，单位是像素
InitialValue	该参数用于说明初始选择的列表框的索引，默认是 1，即第一项。参数的取值是一个向量
Name	该元素用于设置列表选择对话框的标题名，默认是空字符串

续表

参　数	描　述
PromptString	该参数是一个字符矩阵或字符向量，用于表明在列表框中的说明性文本，默认是空
OKString	该参数是用于设置"确定"按钮上的文本，默认是字符串 OK
CancelString	该参数用于设置"取消"按钮上的文本，默认是 Cancel
uh	该参数用于设置空间按钮的高度，默认是 18，单位是像素
fus	该参数用于设置框架与控件对象之间的距离，默认是 8，单位是像素
ffs	该参数用于设置框架与图形窗口对象之间的距离，默认是 8，单位是像素

　　下面通过一个例子来说明，这个例子用于显示一个可以使用户从当前目录中选择一个文件的对话框。函数将返回一个向量，该向量的第一个元素是被选中文件的索引；而第二个元素在没有进行选择时为 0，在进行选择后为 1。

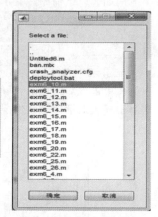

```
d=dir;
str={d.name};
[s,v]=listdlg('PromptString','Select a file:',…
              'SelectionMode','single',…
              'ListString',str)
```

上述例子的运行结果如图 7-26 所示。

　　除了前面介绍的对话框外，MATLAB 还提供了一个用于创建对话框的函数 dialog()。通过该函数用户可以创建任何类型的对话框。在 MATLAB 中，所有的对话框都是基于该函数创建的。它本

图 7-26　列表对话框

身不是一个句柄图形对象，而是由一系列句柄图形对象构成的 M 文件。实际上，对话框是由框架、可编辑文本框、按钮等构成的图形窗口对象。关于利用函数 dialog() 创建的对话框，可以参考 MATLAB 的帮助信息。

★ 小　结 ★

　　本章主要介绍了图形用户界面各个控件的使用和属性的修改，对句柄概念的理解；掌握图形对象与图形对象的结构、图形用户界面设计工具 GUIDE、图形用户界面的开发环境、位置调整工具（Alignment tool）、菜单编辑器、对话框以及一般对话框等。

　　本章介绍了一些基本方法，大部分都是通过向导来实现的，同时也可以用脚本来实现，而且更加灵活。不管用哪种方式实现，最好的入门就是读代码，MATLAB 有自带的 demo，包括按钮、单选按钮、框架、复选框、文本标签、编辑文本框、滑动条、下拉菜单、列表框和双位按钮等的使用，还能了解 MATLAB 中句柄函数的参数传递，可以更直观而快速地掌握 GUI 设计的技巧。使用 M 文件代码可以重复使用，可以生成非常复杂的界面，可以实现组件、创建对象，方便地在 handle 中存取数据，将创建对象代码与动作执行代码很好地结合起来。

　　当然，最好的办法是针对不同的情况确定使用 GUIDE 还是全脚本，同时可以考虑结合使用二者来发挥各自优势。

★ 习　题 ★

1. 对于传递函数为 $G = \dfrac{1}{s^2 + 2\zeta s + 1}$ 的归一化二阶系统，制作一个能绘制该系统单位阶跃响应的图形用户界面。

2. 设计菜单，要求：

（1）把用户菜单 Option 设置为顶层的第 3 菜单项。

（2）下拉菜单被两条分隔线分为三个菜单区。

（3）最下菜单项又由两个子菜单组成。

3. 创建一个界面，包含静态文本、单选按钮、控件区域框等控件，要求在绘图区绘制 peak() 函数图像，单击单选按钮时变换对应的色系。

4. 制作演示"归一化二阶系统单位阶跃响应"的交互界面。在该界面中，阻尼比可在 [0.02,2.02] 中连续调节，标志当前阻尼比值；可标志峰值时间和大小；可标志（响应 0～0.95 所需的）上升时间。本例涉及以下主要内容：

（1）静态文本的创建和实时改写。

（2）滑动键的创建：Max 和 Min 的设置；Value 的设置和获取。

（3）检录框的创建：Value 的获取。

（4）受多个控件影响的回调操作。

5. 制作一个能绘制任意图形的交互界面。它包括可编辑文本框、弹出框、列表框。

第8章

MATLAB 工具箱

本章要点

◎MATLAB 工具箱的含义；

◎MATLAB 工具箱的作用与功能；

◎MATLAB 工具箱应用的主要领域；

◎MATLAB 工具箱的使用方法。

MATLAB 作为一款无比强大的科学计算工具，在可以自由编程的同时，也为用户封装了一些功能，以工具箱的形式供用户使用。在 MATLAB R2019b 中工具箱以"应用程序"的形式出现在主菜单内，工具箱也就是 MATLAB 的应用程序了。MATLAB 丰富的工具箱将不同领域、不同方向的研究者都吸引到了 MATLAB 的编程环境中，所以 MATLAB 的工具箱非常丰富。MATLAB 工具箱有近 100 种，大致可以分为功能型工具箱和领域型工具箱两类。功能型工具箱主要用来扩充MATLAB 的符号计算功能、图形建模仿真功能、文字处理功能以及与硬件实时交互功能，能用于多种学科。而领域型工具箱专业性很强，如控制工具箱（Control Toolbox）、信号处理工具箱（Signal Processing Toolbox）等。MATLAB 工具箱是 MATLAB 软件的主要组成部分，也是 MATLAB 软件功能的扩充。MATLAB 工具箱已经成为一个系列产品。

★ 8.1 打开 MATLAB 工具箱的方式 ★

2019 年 9 月，MathWorks 宣布推出了 Release 2019b，其中包含一系列 MATLAB 和 Simulink新功能，工具箱进行了持续的优化和更新，包括对人工智能、深度学习和汽车行业的支持；引入了支持机器人技术的新产品、基于事件建模的新培训资源，以及对 MATLAB 和 Simulink产品系列的更新和 Bug 修复。

在 MATLAB R2019b 中工具箱以"APP"为名出现在主菜单内，单击"APP"后，列出默认工具箱图标，单击图标右侧的三角形按钮，出现按功能分类的所有工具箱图标，如图 8-1 所示。以功能分类的工具箱右侧有三角形按钮，单击可以改变排列的顺序，如图 8-2 所示。

图 8-1　MATLAB 工具箱打开方式

图 8-2　MATLAB 工具箱

8.2　MATLAB 工具箱简要介绍

安装 MATLAB R2019b 以后，自带的工具箱主要有以下内容，现做简要介绍。

1. 机器学习和深度学习

机器学习和深度学习工具箱在 APP 中的图标如图 8-3 所示，名称与功能如表 8-1 所示。

图 8-3　机器学习和深度学习工具箱

表 8-1　机器学习和深度学习工具箱

工 具 箱	功　　能
Classification Learner	使用有监督的机器学习训练模型对数据进行分类
Deep Network Designer	设计和编辑深度学习网络
Neural Net Clustering	使用自组织映射网络（SOM）模型求解聚类问题
Neural Net Fitting	使用两层前馈网络求解拟合问题
Neural Net Pattern Recognition	使用两层前馈网络解决模式识别问题
Neural Net Time Series	使用动态神经网络求解非线性时间序列问题
Regression Learner	使用有监督的机器学习训练模型回归模型进行预测

2. 数学、统计与优化

数学、统计与优化工具箱在"APP"中的图标如图 8-4 所示，名称与功能如表 8-2 所示。

图 8-4 数学、统计与优化工具箱

表 8-2 数学、统计与优化工具箱

工 具 箱	功 能
Curve Fitting	将曲线和曲面拟合到数据
Distribution Fitter	对数据进行概率分布拟合
Optimization	设置和解决优化问题
PDE Modeler	求解二维区域上的偏微分方程

3. 控制系统设计和分析

控制系统设计和分析工具箱在 APP 中的图标如图 8-5 所示，名称与功能如表 8-3 所示。

图 8-5 控制系统设计和分析工具箱

表 8-3 控制系统设计和分析工具箱

工 具 箱	功 能
Control System Designer	单输入单输出控制器的设计
Control System Tuner	调谐固定结构控制系统
Diagnostic Feature Designer	机器诊断和预测的设计特点
Fuzzy Logic Designer	设计和测试模糊推理系统
Linear System Analyzer	线性时不变系统的时频响应分析
Model Reducer	降低线性时不变模型的复杂度
MPC Designer	模型预测控制器的设计与仿真
Neuro Fuzzy Designer	设计、训练和测试 Sugeno 型模糊推理系统
PID Tuner	整定 PID 控制器
SLAM Map Builder	使用基于激光雷达的 SLAM 构建和调整二维栅格地图
System Identification	为测量数据识别动态系统模型

4. 汽车

汽车工具箱在 APP 中的图标如图 8-6 所示，名称与功能如表 8-4 所示。

图 8-6 汽车工具箱

表 8-4　汽车工具箱

工　具　箱	功　　能
Driving Scenario Design	设计驱动场景配置传感器并生成合成目标检测
Ground Truth Labeler	自动驾驶应用的地面真实数据标签
MBC Model Fitting	为基于模型的校准创建实验设计和统计模型
MBC Optimization	基于模型校准的发电机最优查找表

5．信号处理和通信

信号处理和通信工具箱在 APP 中的图标如图 8-7 所示，名称与功能如表 8-5 所示。

图 8-7　信号处理和通信工具箱

表 8-5　信号处理和通信工具箱

工　具　箱	功　　能
Antenna Array Designer	天线阵的可视化设计与分析
Antenna Designer	天线设计可视化与分析
Audio Labeler	标记并录制音频数据集
Bit Error Rate Analysis	生成理论和蒙特卡罗误码率曲线
Filter Builder	从频率和幅度规范开始设计滤波器
Filter Designer	从算法选择开始设计过滤器
Impulse Response Measure	测量音响系统的脉冲响应
LTE Throughput Analyzer	生成物理下行链路共享信道一致性测试分析的吞吐量曲线
LTE Waveform Generator	生成可视化和传输 LTE 波形
Radar Equation Calculator	估计雷达系统的最大距离、峰值功率和信噪比
Radar Waveform Analyzer	分析脉冲、调频和相位编码波形的性能特点
RF Budget Analyzer	分析级联射频元件的增益、噪声系数和 IP3，并导出到 RF 块集
Sensor Array Analyzer	分析线性、平面和共形传感器阵列的波束图
SerDes Designer	设计和分析 SerDes 系统，并将其输出到 simulink、matlab 和 IBIS-AMI
Signal Analyzer	查看、分析和比较信号
Signal Multiresolution Analyzer	将信号分解成时间对齐的分量
Sonar Equation Calculator	估计声呐系统的最大射程、信噪比、传输损耗和声源电平
Wavelet Signal Denoiser	用不同的小波参数对信号去噪
Window Designer	光谱窗口的设计与分析
Wireless Waveform Generator	生成、可视化和导出无线波形
WLAN Waveform Generator	生成可视化并传输 WLAN 波形

6．图像处理和计算机视觉

图像处理和计算机视觉工具箱在 APP 中的图标如图 8-8 所示，名称与功能如表 8-6 所示。

图 8-8　图像处理和计算机视觉工具箱

表 8-6　图像处理和计算机视觉工具箱

工 具 箱	功　　能
Camera Calibrator	单摄像机几何参数估计
Color Thresholder	彩色图像的阈值
DICOM Browser	探索和导入 DICOM 医学图像和 3D 卷
Image Acquisition	从硬件获取图像和视频
Image Batch Processor	将函数应用于多个图像
Image Browse	使用缩略图浏览图像
Image Labeler	计算机视觉应用中的标签图像
Image Region Analyzer	浏览并过滤图像中连接的组件
Image Segmenter	通过细化区域分割图像
Image Viewer	查看和浏览图像
Map Viewer	在地图坐标中查看和浏览数据
OCR Trainer	训练 OCR 模型识别特定字符集
Registration Estimator	使用基于强度、基于特征和非刚性的技术注册图像
Stereo Camera Calibrator	立体相机几何参数的估计
Video Labeler	用于计算机视觉应用的标签视频
Video Viewer	查看视频和图像序列
Volume Viewer	查看卷数据

7．测试和测量

测试和测量工具箱在 APP 中的图标如图 8-9 所示，名称与功能如表 8-7 所示。

图 8-9　测试和测量工具箱

表 8-7　测试和测量工具箱

工 具 箱	功　　能
Analog Input Recorder	配置、预览和记录模拟输入信号
Analog Output Generator	配置、预览和生成模拟输出信号
Instrument Control	控制示波器和其他仪器
Modbus Explore	配置 Modbus 设备并与之通信
OPC Data Access Explorer	使用 OPC 数据访问服务器探索和交换数据
Vehicle CAN Bus Monitor	监控车辆 CAN 总线信息流量

8. 计算金融学

计算金融学工具箱在 APP 中的图标如图 8-10 所示，名称与功能如表 8-8 所示。

图 8-10　计算金融学工具箱

表 8-8　计算金融学工具箱

工 具 箱	功　　能
Binning Explorer	摒弃数据并探索信用评分卡对象
Econometric Modeler	经济时间序列分析与建模

9. 计算生物学

计算生物学工具箱在 APP 中的图标如图 8-11 所示，名称与功能如表 8-9 所示。

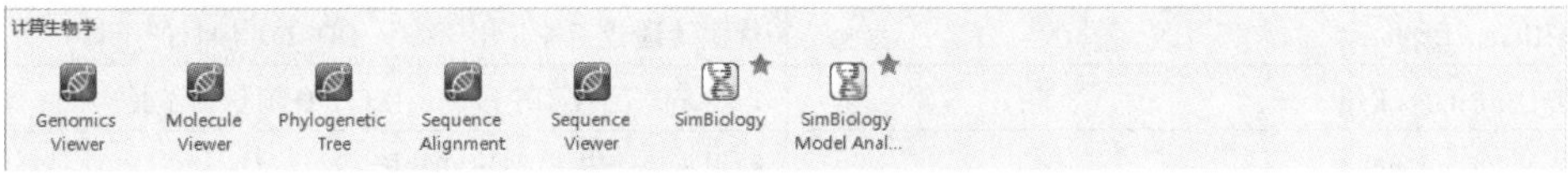

图 8-11　计算生物学工具箱

表 8-9　计算生物学工具箱

工 具 箱	功　　能
Genomics Viewer	查看 NGS 序列和注释
Molecule Viewer	可视化分子
Phylogenetic Tree	可视化和编辑系统发生树
Sequence Alignment	可视化和编辑序列对齐
Sequence Viewer	生物序列可视化
Simbiology	生物系统模型
Simbiology Model Analyzer	配置并运行生物系统模型

10. 代码生成

代码生成工具箱在 APP 中的图标如图 8-12 所示，名称与功能如表 8-10 所示。

图 8-12　代码生成工具箱

表 8-10　代码生成工具箱

工 具 箱	功　　能
Fixed-Point Converter	将 MATLAB 代码转换为定点
GPU Coder	从 MATLAB 代码生成 CUDA 代码

续表

工 具 箱	功 能
HDL Coder	从 MATLAB 代码生成 HDL 代码
MATLAB Coder	从 MATLAB 代码生成 C 代码或 MEX 函数

11. 代码验证

代码验证工具箱在 APP 中的图标如图 8-13 所示，名称与功能如表 8-11 所示。

图 8-13　代码验证工具箱

表 8-11　代码验证工具箱

工 具 箱	功 能
DO Artifacts Explorer	资源管理器工件，用于确认 DO-178 项目的工具
IEC/ISO Artifacts Explorer	Explorer 工件，用于鉴定 IEC/ISO 项目的工具
Polyspace Bug Finder	通过静态分析识别软件缺陷
Polyspace Code Prover	证明软件中没有运行时错误

12. 应用程序部署

应用程序部署工具箱在 APP 中的图标如图 8-14 所示，名称与功能如表 8-12 所示。

图 8-14　应用程序部署工具箱

表 8-12　应用程序部署工具箱

工 具 箱	功 能
Application Compiler	将 MATLAB 程序打包为独立应用程序进行部署
Hadhoop Compiler	将 MATLAB 程序打包为 MapReduce 程序部署到 Hadhoop 集群
Library Compiler	将 MATLAB 程序打包为共享库和组件进行部署
Production Server Compiler	打包 MATLAB 程序以部署到 MATLAB 生产服务器
Web APP Compiler	打包 MATLAB 应用程序以部署到 MATLAB Web APP 服务器

13. 数据库连接和报告

数据库连接和报告工具箱在 APP 中的图标如图 8-15 所示，名称与功能如表 8-13 所示。

图 8-15　数据库连接和报告工具箱

表 8-13　数据库连接和报告工具箱

工　具　箱	功　　　能
Database Explorer	配置、浏览和导入数据库数据
Report Generator	在 MATLAB 应用程序上设计和生成报告

14.　仿真图形和报告

仿真图形和报告工具箱在 APP 中的图标如图 8-16 所示，名称与功能如表 8-14 所示。

图 8-16　仿真图形和报告工具箱

表 8-14　仿真图形和报告工具箱

工　具　箱	功　　　能
3D Animation Player	播放录制的三维动画文件
3D World Editor	编辑三维动画的虚拟世界

8.3　MATLAB 常用工具箱的使用方法

在这里选择曲线拟合工具箱和模糊逻辑工具箱作为应用实例，通过这两个工具箱的具体应用来介绍工具箱的通用使用方法，以此来引导读者自学感兴趣的工具箱。

8.3.1　曲线拟合工具箱应用

MATLAB 曲线拟合工具箱(Curve Fitting Toolbox)可以方便地拟合一元函数。首先构造一个带有误差的数据，其中噪声 Noise 服从 4 倍标准正态分布，然后利用 MATLAB 曲线拟合工具箱进行拟合。在命令窗输入以下代码：

```
>> x=-6:0.2:6;
>> y=7*sin(x)+x.^2-0.1*exp(x)+4*randn(size(x));      %产生模拟数据
>> plot(x,y,'Color','k','LineW',2,'MarkerSize',8,'Marker','o')
%画出模拟数据曲线，颜色：黑，线宽：2，标记大小：8，形状：圆圈
>> set(gca,'FontSize',16)
% 获取当前图形窗口内当前坐标轴的句柄值，并将坐标字符大小设置为16
>> text(-2,40,'y=7sin(x)+x^2-0.1e^x+Noise','FontSize',16)
% 在规定坐标位置加文字说明
>> axis([-6 6 -15 50])                               % 坐标轴显示范围
```

运行结果如图 8-17 所示。

1.　打开曲线拟合工具箱

在 MATLAB 中单击 APP，然后单击 Curve Fitting 按钮，即可打开曲线拟合工具箱，如图 8-18 所示。

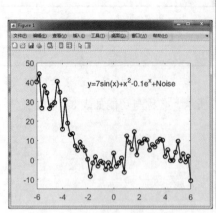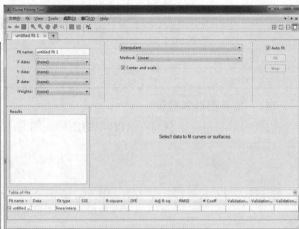

图 8-17　产生的待拟合数据曲线　　　　　　　图 8-18　曲线拟合工具箱

2．拟合步骤

在曲线拟合工具箱左上角选择 Data，在 X data 和 Y data 下拉列表框中选择数据 x、y，若有必要加上权数据，在 Fit name 文本框中可以给拟合的数据起名（如 ex8_1），则数据在拟合工具窗显现，如图 8-19 所示。

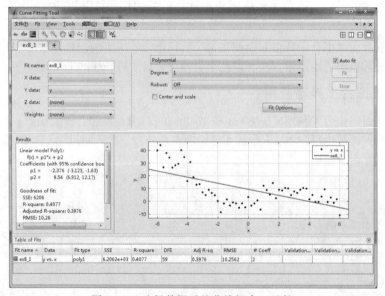

图 8-19　选择数据后的曲线拟合工具箱

在拟合曲线工具箱类型框中有多种类型拟合函数形式，具体的拟合函数形式和含义如表 8-15 所示。在数据拟合窗口中选择需要的拟合函数，可以在指定模型下对数据序列（源数据）进行拟合，如在下拉列表框中选中 Expotential 后，便得到以指数函数模型拟合源数据的结果，如图 8-20 所示。

表 8-15　曲线拟合工具箱中拟合函数形式的含义

拟 合 函 数	含 义
Custom Equation	用户自定义函数
Expotential	e 指数函数
Fourier	傅里叶函数，含有三角函数
Gaussian	正态分布函数，高斯函数
Interpolant	插值函数，含有线性函数等类型的拟合
Linear Fitting	线性拟合
Polynomial	多项式函数
Power	幂函数
Rational	有理函数
Smooth Spline	光滑样条插值
Sum of sin functions	正弦函数类
Weibull	威布尔函数

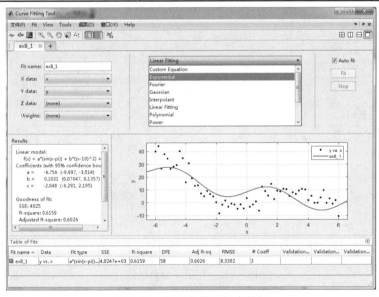

图 8-20　以指数模型拟合数据

对同一数据序列（源数据）可以采用不同的数学模型进行数据拟合，本例中还可以选择线性模型对数据进行拟合，如图 8-21 所示。

用户可以根据应用场景或计算需求自定义所需的拟合函数模型，在数据拟合工具中自行编写数学函数。具体操作方法：在拟合函数形式下拉列表中选择 Custom Equation（用户自定义函数），之后，在 Custom Equation 下边函数编辑框中编辑拟合函数 "a*(sin(x-pi))+c"，结果如图 8-22 所示。编辑拟合函数时，如果编辑存在错误，则在曲线拟合工具箱 "Results" 框内对编辑的拟合函数进行实时错误提示。

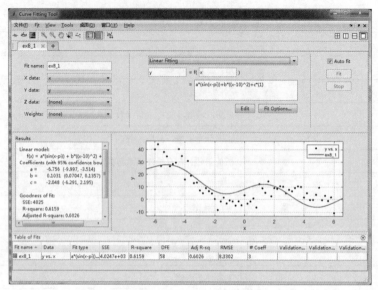

图 8-21 以线性模型拟合数据

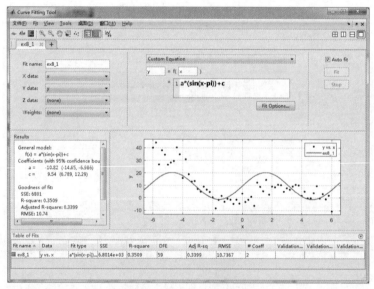

图 8-22 自定义拟合函数

Residuals 即为残差,是估计值与真实值之差,可以用于诊断数据拟合模型。在曲线拟合工具箱左上角单击 Residuals Plot,得到指定模型下的拟合残差,如图 8-23 所示。

这些结果包括：拟合函数的形式；参数的估计以及 95%的置信区间，其含义是如果拟合残差的分布是以 0 为期望值的正态分布，那么所给的区间有 95%的可能性包含参数的真值；拟合优度 R^2 的判断。

拟合优度（Goodness of Fit）是指回归直线对观测值的拟合程度，度量拟合优度的统计量是可决系数（亦称确定系数）R^2，最大值为 1。R^2 的值越接近 1，说明回归直线对观测值的拟合程度越好；反之，R^2 的值越小，说明回归直线对观测值的拟合程度越差。对比图 8-20

和图 8-22，可发现二者的 R-square 分别为 0.6159 和 0.3399，说明前者选用的数学模型对源数据的拟合效果优于后者。

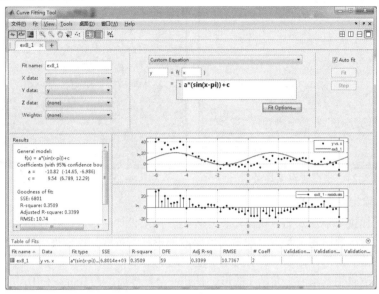

图 8-23　曲线拟合残差

8.3.2　模糊逻辑工具箱应用

MATLAB 模糊逻辑工具箱(Fuzzy Logic Toolbox)为模糊控制器的设计提供了一种便捷的途径，通过它读者需要进行复杂的模糊化、模糊推理及反模糊化运算，只需要设定相应参数，就可以很快得到所需要的控制器，而且修改非常方便。

1.模糊逻辑工具箱打开方式

在 MATLAB APP 中的"控制系统设计与分析"，单击 Fuzzy Logic Designer 按按钮或在命令窗口下执行 fuzzy 命令，打开模糊逻辑工具箱，如图 8-24 所示。

2.模糊控制器的设计

模糊控制系统编辑器用于设计和显示模糊推理系统的一些基本信息，如模糊控制系统的名称、输入、输出变量的个数与名称，模糊控制系统的类型，解模糊方法等。其中，模糊控制系统可以采用 Mandani 或 Sugeuo 两种类型，解模糊方法有最大隶属度法、重心法、加权平均等。

3.确定模糊控制器结构

确定模糊控制器结构即根据具体的系统确定输入、输出量。这里根据需要选取标准的二维控制结构，即输入为误差 I 和误差变化 IC，输出为控制量 O。在模糊逻辑工具箱中的 Name 文本框中输入 I，因为要用的是两个输入，所以选择 Edit→Add Variable→Input 命令，添加一个输入量，然后修改 input2 为 IC。在模糊控制系统编辑器中单击右边的 output1 图形，在 Name 文本框中将 output1 修改为 O。应该注意这里的变量都是精确量。相应的模糊量 I、IC 和为 O，结果如图 8-25 所示。

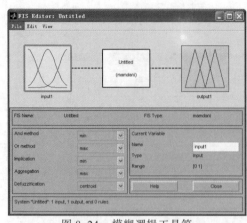
图 8-24　模糊逻辑工具箱

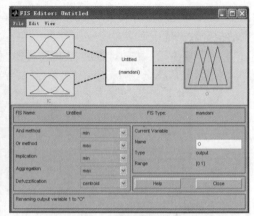
图 8-25　二维模糊控制器结构图

4．输入/输出变量的模糊化

该编辑器提供一个友好的人机图形交互环境，用来设计和修改模糊控制系统中各语言变量对应的隶属度函数的相关参数，如隶属度函数的形状、范围、论域大小等。系统提供的隶属度函数有三角、梯形、高斯形、钟形等，也可自行定义。

双击模糊逻辑工具箱右上角的 I 图形，打开一个新界面，在 Range 和 Display Range 文本框中，可以输入取值范围。在 Name 文本框中填写隶属函数的名称。在 Type 下拉列表框中选择 trimf 选项（三角形隶属函数曲线），当然也可选其他形状。在 Params（参数）下拉列表框中选择三角形涵盖的区间，并填写三个值，分别为三角形底边的左端点、中点和右端点在横坐标上的值。这些值可以由自己确定。

输入/输出变量的模糊化也就是把输入/输出的精确量转化为对应语言变量的模糊集合。首先要确定描述输入/输出变量语言值的模糊子集，如{mf1、NM、NS、ZO、PS、PM、PB}，并设置输入/输出变量的论域，如可以设置误差 I（此时为模糊量）、误差变化 IC、控制量 O 的论域均为{-3,-2,-1,0,1,2,3}。然后为模糊语言变量选取相应的隶属度函数。

在模糊控制系统编辑器中，选择 Edit→Member Function 命令，打开图 8-26 所示的 Member Function 编辑器。

然后分别对输入/输出变量定义论域范围进行编辑，并添加隶属函数。以 I 为例，在 Member Function 编辑器左下部设置 Range 文本框和 Display Range 文本框的论域范围为[-3 3]。然后选择 Edit→Add MFs 命令，添加隶属函数的个数为 3，再根据设计要求分别对这些隶属函数进行修改，包括对应的语言变量和隶属函数类型，修改参数如图 8-27 所示。

5．模糊推理决策算法设计

模糊推理决策算法设计也就是根据模糊控制规则进行模糊推理，并推理出模糊输出量。首先要确定模糊规则。对于这个二维控制结构以及相应的输入模糊集，可以制定 36 条模糊控制规则。选择 View→Rules 命令，再选择 Edit→Rules 命令，单击 Add rule 按钮，如图 8-28 所示。

制定完模糊控制规则之后，会形成一个模糊控制规则矩阵，然后根据模糊输入量按照相应的模糊推理算法完成计算，并推理出模糊输出量，如图 8-29 所示。

6．对输出模糊量的解模糊

模糊控制器的输出量是一个模糊集合，通过反模糊化方法判断出一个确切的精确量，模糊化方法很多，在这里可以选取重心法。

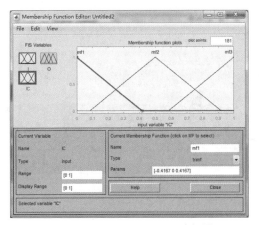

图 8-26 Member Function 编辑器

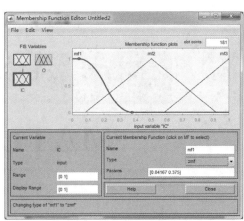

图 8-27 对隶属函数参数修改

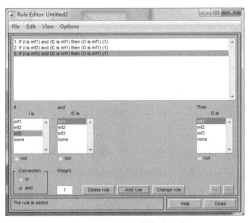

图 8-28 确定模糊规则

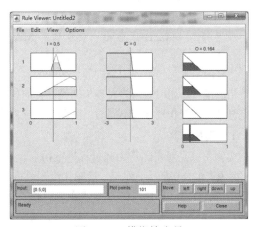

图 8-29 模糊输出量

选择 File→Export to disk 命令，即可得到一个 .fis 文件，该文件就是所设计的模糊控制器。

小　结

MATLAB 工具箱功能非常强大，涉及多个领域，并具有很强的开放性，读者可以通过编制 M 文件来添加工具箱中原来没有的工具函数。本章主要对 MATLAB 工具箱的含义、功能、使用方法等做了简单介绍，如果读者对某个工具箱需要更专业的使用，可以参考其他相关的书籍资料。

习　题

1. MATLAB 工具箱（应用程序）的含义是什么？有多少种工具箱？主要涉及哪些领域？
2. 如何打开 MATLAB 工具箱？
3. MATLAB 工具箱菜单中包含哪些内容？
4. 熟悉个别工具箱的使用方法。

第9章

MATLAB 仿真与应用

本章要点

◎ 了解 MATLAB 仿真的作用；

◎ 了解 MATLAB 仿真的常见模块；

◎ 理解 MATLAB 仿真的基本方法；

◎ 掌握 MATLAB 仿真的一般步骤和 MATLAB 仿真的常见应用。

仿真的基本思想是利用物理的或数学的模型来类比模仿现实过程，以寻求过程和规律。它的基础是相似现象。相似性一般表现为两类：几何相似性和数学相似性。当两个系统的数学方程相似，只是符号变换或物理含义不同时，这两个系统称为"数学同构"。仿真的方法可以分为三类：

1. 实物仿真

实物仿真是对实际行为和过程进行仿真，早期的仿真大多属于这一类。物理仿真的优点是直观、形象，至今在航天、建筑、船舶和汽车等许多工业系统的实验研究中心仍然可以见到。例如，用沙盘仿真作战、利用风洞对导弹或飞机的模型进行空气动力学实验、用图纸和模型模拟建筑群等都是物理仿真。但是要为系统构造一套物理模型不是一件简单的事，尤其是对于复杂的系统，将耗费很大的投资，周期也很长。此外，在物理模型上做实验，很难改变系统参数，改变系统结构也比较困难。至于复杂的社会、经济系统和生态系统就更无法用实物来做实验了。

2. 数学仿真

数学仿真就是用数学的语言、方法去近似地刻画实际问题，这种刻画的数学表述就是数学模型。从某种意义上，欧几里得几何、牛顿运动定律和微积分都是对客观世界的数学仿真。数学仿真把研究对象的主要特征或输入、输出关系抽象成一种数学表达式来进行研究。数学模型可分为以下三类：一是用公式、方程反映系统过程的解析模型；二是一种基于随机数的计算方法统计模型；三是表上作业演练模型。

3. 混合仿真

混合仿真又称数学—物理仿真，或半实物仿真，就是把物理模型和数学模型以及实物联合在一起进行实验的方法，这样往往可以获得较好的效果。

Simulink 是 MATLAB 中的一种可视化仿真工具，是一种基于 MATLAB 的框图设计环境，是实现动态系统建模、仿真和分析的一个软件包，被广泛应用于线性系统、非线性系统、数字控制及数字信号处理的建模和仿真中。Simulink 可以用连续采样时间、离散采样时间或两种混合的采样时间进行建模。它也支持多速率系统，也就是系统中的不同部分具有不同的采样速率。为了创建动态系统模型，Simulink 提供了一个建立模型方块图的 GUI，这个创建过程只需单击和拖动鼠标就能完成。它提供了一种更快捷、直接明了的方式，而且用户可以立即看到系统的仿真结果。

9.1　Simulink 概述

Simulink 是 MATLAB 最重要的组件之一，它提供一个动态系统建模、仿真和综合分析的集成环境。在该环境中，无须大量书写程序，只需通过简单直观的鼠标操作，就可构造出复杂的系统。Simulink 具有适应面广、结构和流程清晰及仿真精细、贴近实际、效率高、灵活等优点。基于以上优点，Simulink 已被广泛应用于控制理论和数字信号处理的复杂仿真和设计。同时有大量的第三方软件和硬件可应用于或被要求应用于 Simulink。

9.1.1　Simulink 简介

Simulink 是实现动态系统建模、仿真的一个集成环境。它支持线性和非线性系统，连续时间、离散时间，或两者相结合的仿真，而且系统可以是多进程的。Simulink 仿真的内容非常广泛，MATLAB 所有工具箱的功能都可以用 Simulink 实现仿真。近几年，在学术界和工业领域，Simulink 已经成为在动态系统建模和仿真方面应用最广泛的软件包之一。它的魅力在于强大的功能和简便的操作。

作为 MATLAB 的重要组成部分，Simulink 具有相对独立的功能和使用方法。它是从底层开发的一个完整的仿真环境和图形界面，所以常常又把 Simulink 与 MATLAB 相提并论。Simulink 把 MATLAB 的许多功能都设计成一个个直观的功能模块，把需要的功能模块连接起来就可以实现需要的仿真功能。用户可以根据自己的需要设计自己的功能模块，也可以采用 Simulink 的功能模块函数库提供的各种功能模块；还可以把一个具有许多复杂功能的模块群作为一个功能模块来使用，从这一点就可以看出 Simulink 的强大功能和巨大潜力。Simulink 的另一个优点是在原来的 MATLAB 基础上不增加任何新的函数，使用的语法也都是原来的语法，这增加了其界面的友好性。

在 MATLAB R2019b 命令窗口输入 Simulink 命令或单击工具栏上的 Simulink 按钮，即可启动 Simulink，如图 9-1 所示。

图 9-1　Simulink 启动页

9.1.2　Simulink 相关产品

MathWorks 公司提供了几十种系统仿真模块并随着版本的升级而不断优化、更新和完善，这些相关的仿真能够帮助用户实现各种各样的仿真任务。如果想了解更多相关的信息，可以采用以下两个途径：

（1）如果在安装 MATLAB 软件的时候安装有在线帮助文档，可以查看帮助文档。

（2）可以访问 MathWorks 的官方网站，在网站上面的 Products 标签下可以看到相关内容，网址为：http://www.mathworks.com。

Simulink 仿真工具箱扩展了 MATLAB 的相关功能，表 9-1 列出了当前常用的仿真功能。为了能够顺利建立仿真模型和分析评价模型，需要用户熟悉相关领域内的模块库和工具箱，并掌握仿真流程和方法。值得说明的是，在新技术的助推下，Simulink 的工具箱亦在不断丰富、更新和完善，建议读者特别是初学者根据研究领域选择性学习，不需要也不可能掌握所有工具箱。

表 9-1　MATLAB R2019b Simulink 工具箱

产 品 名 称	描 述
Simulink	标准 Simulink 模块库：系统建模、仿真与分析，支持系统设计、仿真、自动代码生成以及嵌入式系统的连续测试和验证，提供图形编辑器、可自定义的模块库以及求解器，能够进行动态系统建模和仿真
Aerospace Blockset	航空航天模块库：建模、分析、集成和模拟飞机、航天器、导弹、武器和推进系统，可以集成飞行器动力学、已验证的飞行环境模型和飞行员行为，也可将模型连接到飞行模拟器，用以可视化仿真结果
Aduio Toolbox	音频工具箱：设计和分析语音、声学和音频处理系统，为音频处理、语音分析和声学测量提供工具，包含用于音频信号处理和声学测量的算法
Communication Toolbox	通信工具箱：设计和分析通信系统，可对通信系统进行分析、设计、端到端仿真和验证，包括信道编码、调制、MIM 和 OFDM 等算法，可以组建和仿真基于标准或自定义设计的无线通信系统的物理层模型
DSP System Toolbox	DSP 系统工具箱：对流信号处理系统进行设计和仿真，支持设计和分析 FIR、IIR、多速率、多级和自适应滤波器，可以从变量、数据文件和网络设备流式传输信号以进行系统开发和验证
Embedded Coder	嵌入式代码生成器：生成针对嵌入式系统优化的 C 和 C++代码
HDL Coder	HDL 代码生成器：从 MATLAB 函数、Simulink 模型和 Stateflow 图表生成可移植、可合成的 Verilog 和 VHDL 代码
LTE HDL Toolbox	LTE HDL 工具箱：为 FPGA、ASIC 和 SOC 设计并实现 5G 和 LTE 通信子系统
Powertrain Blockset	汽车动力总成系统模块库：可搭建动力总成实时模型的动力总成部件库和动力传动相关的纵向车辆模型，也可用于汽车燃油经济性和动力性能的仿真和设计优化工作
SimEvents	事件仿真工具箱：能够对包含连续时间、离散时间和离散事件的混合动态系统进行建模
Simscape	物理建模工具箱：建模和仿真多域物理系统，可基于物理连接直接相连模块框图建立物理组件模型，通过将基础组件依照原理图装配，为电机、桥式整流器、液压致动器和制冷系统等系统建模
Simulink Desktop Real-Time	Simulink 桌面实时仿真工具箱：在一台计算机上实时运行 Simulink 模型
Simulink Real-Time	Simulink 实时仿真工具箱：在目标计算机中实时运行开发机提供的 Simulink 模型
SoC Blockset	片上系统模块库：为 ASIC、FPGA 和片上系统（SoC）提供了用于硬件和软件架构建模、仿真和分析的 Simulink 模块和可视化工具
Stateflow	状态机及决策逻辑工具箱：用于对事件驱动型动态系统分析的交互式仿真设计
System Composer	系统编写器：为基于模型的系统工程和软件设计进行架构和组成的定义、分析和规格制定
Vehicle Dynamics Blockset	车辆动力学工具箱：在 3D 虚拟环境下对车辆驾驶和操控的进行模拟，提供完备的车辆动力学模块库和全面的多自由度整车模型
Vision HDL Toolbox	Vision HDL 工具箱：为 FPGA 和 ASIC 设计图像处理、视频和计算机视觉系统

9.1.3　一个使用 Simulink 的例子

Simulink 为用户提供了一个动态系统建模、仿真和综合分析的集成环境，在此环境中用户可以选择适当的模型控件直接搭建各类仿真模型。Simulink 能针对线性、非线性、连续、离散及混合系统开展单任务或多任务仿真，仿真模型结构和流程简洁、清晰和便于理解。

为了帮助读者建立对 Simulink 的基本认识，现在介绍一个例子。在这个例子中，用 Simulink 来实现两个正弦信号的相加。操作步骤如下：

（1）在 MATLAB 的命令窗口中输入 simulink，按【Enter】键，进入图 9-1 所示的 Simulink 启动页，单击标准 Simulink 模块库，选择 Create Model 创建一个空白模型，如图 9-2 所示。

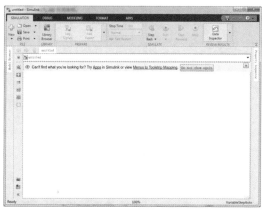

图 9-2　新建的空白模型

（2）打开 SIMULATION 选项卡，单击 Library Browser 按钮，打开 Simulink 功能模块函数库窗口，如图 9-3 所示。

（3）在标准 Simulink 模块库中找到并单击 Sources 模块，打开和选择子函数库。本例中需要用到三种模块，即两个正弦源、一个相加器和一个示波器。首先将输入源子模块库中的 Sine Wave 用鼠标拖动到空白设计区，本例需要添加两个。

（4）在 Sinks 接收子模块中，把示波器 Scope 添加到模型窗口中，然后在 Math Operations 中添加 Add 模块。添加完成后如图 9-4 所示。

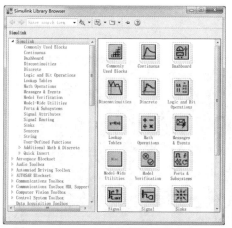

图 9-3　Simulink 功能模块函数库窗口

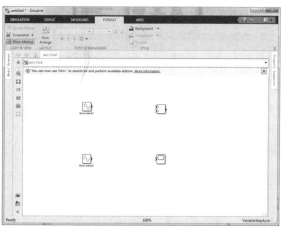

图 9-4　添加模块后的模型

（5）编辑模块组成模型：双击其中第一个正弦波模块打开图 9-5 所示的参数设置对话框。其中的参数包括幅度、频率、相位和采样时间。注意这里的频率是角频率，所以要将其参数改为 3*pi，其他参数不用修改。采用同样的方法对第二个正弦源修改频率为 1*pi。对于相加器，其参数无须修改。

（6）设置示波器（Scope）的参数，选中示波器（Scope），右击并在弹出的快捷菜单中选择 Block Parameters(scope)命令，打开 Configuration Properties：Scope 对话框，如图 9-6 所示，在 Main 选项卡中单击 Number of input ports 文本框后的 Layout 按钮，将输出坐标系设置成 3 个。

图 9-5　Sinewave 模块参数设置对话框　　　　图 9-6　示波器参数设置

（7）将整个模型连接起来：Simulink 为用户提供了非常方便的连线方法，当将鼠标指针置于某模块的输出或者输入端口附近时，鼠标指针将变成十字形，单击并将其拖动至待连接的另一个模块的端口即可。若连线后对连线的走向不满意，可以选中该线，然后拖动它的关键点移动，直到满意为止。本题中，用户将两个正弦源同时输出到示波器，则要按住【Ctrl】键再单击原线，然后再拖动到目的地，这样就可以在一条连线上分叉，连接结果如图 9-7 所示。

（8）进行系统仿真：前面已经将整个信号相加的系统完整搭建出来，接下来就是进行仿真了。在这一步骤中，要设置仿真的时间、步长以及算法等。设置完成后单击 OK 按钮，然后在组建模块窗口中单击运行图标，进行仿真运行，这样就可以得到仿真结果，结果如图 9-8 所示。

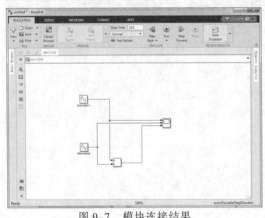

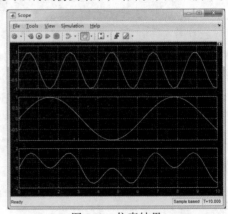

图 9-7　模块连接结果　　　　　　　　图 9-8　仿真结果

至此就完成了这个仿真实例。Simulink 环境的内容很多，本书限于篇幅无法一一介绍。同样，对于不同工作领域的读者，也没有必要了解整个 Simulink 在各个方面的应用。

9.2　功能模块函数库介绍

Simulink 的模块库中提供了大量用于各种应用范畴的模块，但各类模块的基本类型是一样的。从前面一节的实例中可以看到，要使用 Simulink 进行仿真离不开功能模块库函数。本节的主要内容就是介绍功能模块库函数。

在命令窗口中输入 Simulink，按【Enter】键，打开图 9-1 所示的 Simulink 启动页，在标准 Simulink 模块库创建空白仿真窗口，单击 Library Browser 调出功能模块函数窗口。可以看到窗口的左边是一个树状目录，右边就是进行仿真设计时常用的、最基本的功能模块函数库。标准 Simulink 模块库包括以下 20 个子模块库：

（1）Commonly Used Blocks 模块库（常用模块库）：提供一些常用的仿真模块，将各模块库中最经常使用的模块放在一起，目的是方便用户使用。

（2）Continuous 模块库（连续系统模块库）：提供（连续的）线性元件，以及用于构建连续控制系统仿真模型的模块。

（3）Dashboard 模块库（仪表盘模块库）：提供各种仪表，以及一些开关、滑条等可视化仪器仪表。

（4）Discontinuities 模块库（非连续系统模块库）：提供一些不连续的非线性的模块。

（5）Discrete 模块库（离散系统模块库）：提供常用的离散仿真模块。

（6）Logic and Bit Operations 模块库（逻辑和位操作模块库）：提供一些常见的逻辑运算和位运算模块。

（7）Lookup Tables 模块库（查表模块库）：提供常见的查找表模块，主要功能是利用查表法近似拟合函数值。

（8）Math Operation 模块库（数学运算模块库）：提供数学运算功能元件，包含用于完成各种数学运算（包括加、减、乘、除以及复数计算、函数计算等）的模块。

（9）Messages &Events 模块库（消息与事件模块库）：提供基于消息的通信建模的模块。

（10）Model Verification 模块库（模块声明库）：提供显示模块声明的模块，如 Assertion 声明模块和 Check Dynamic Range 检查动态范围模块。

（11）Model-Wide Utilities 模块库（模块扩充功能库）：提供一些公共的文本或信息显示模块，包括支持模块扩充操作的模块，如 DocBlock 文档模块等。

（12）Ports & Subsystems 模块库（端口和子系统模块库）：提供子系统端口和模块，包括按条件判断执行的使能和触发模块，还包括重要的子系统模块。

（13）Signal Attributes 模块库（信号属性模块库）：提供常用的数据类型转换模块，包含支持信号属性的模块，如 Data Type Conversion 数据类型转换模块等。

（14）Signal Routing 模块库（信号数据流模块库）：提供信号和数据操作模块，包括用于仿真系统中信号和数据各种流向控制操作（包括合并、分离、选择、数据读写）的模块。

（15）Sinks 模块库（接收器模块库）：提供输出设备元件，包括 10 种常用的显示和记录仪表，用于观察信号的波形或记录信号数据。

（16）Sources 模块库（信号源模块库）：提供各种信号源，包括 20 多种常用的信号发生器，用于产生系统的激励信号，并且可以从 MATLAB 工作空间及 .mat 文件中读入信号数据。

（17）String 模块库（字符串函数库）：提供各种字符串转换函数库，包含一系列可用的字符串模块和专用于字符串转换的模块。

（18）User-Defined Functions 模块库（用户自定义函数库）：提供用户自定义函数的模块，可以在系统模型中插入 M 函数、S 函数以及自定义函数等，使系统的仿真功能更强大。

（19）Additional Math & Discrete 模块库（附加的数学与离散函数库）：提供附加的数学和离散模块，如 Fixed-Point State Space 修正点状态空间模块。

（20）Quick Insert 模块库（快速插入函数库）：提供快速插入的库函数，如离散库、逻辑库等。

双击上述模块库中的任何一个图标就可以打开相应的子模块函数库。

9.2.1 Commonly Used Blocks 模块库（常用模块库）

单击 Simulink 标准库的 Commonly Used Blocks 模块库，在窗口右侧可以看到常用模块库的种类如图 9-9 所示。

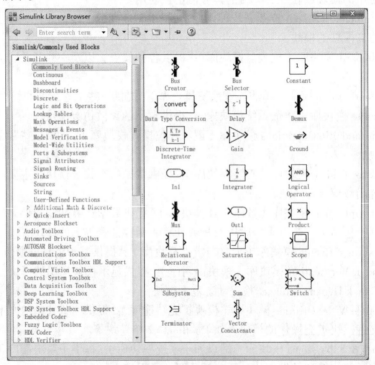

图 9-9　常用模块库

图 9-9 所示的模块不仅存在于 Commonly Used Blocks 子库中，也分别存在于各自所属的类别库中，它们被集中在 Commonly Used Blocks 子库中是为了方便用户使用，建模时可以免去从各个分类库繁多的模块中搜寻这些常用模块的烦琐。表 9-2 中简要介绍了主要常用模块的功能。

表 9-2　常用模块及其功能

名　　称	功　　能
Bus Creator （总线创建模块）	将输入的一系列信号合并为一个总线
Bus Selector （总线选择模块）	可从总线中选择出一个或一组成员，该总线信号可来自于 Bus Creator、Bus Selector 或其他输出 Bus Object 的模块
Constant （常数模块）	在仿真过程中通常输出恒定的数值，不仅支持 scalar 数据作为参数输入，也支持向量、矩阵等多维数据
Data Type Conversion （数据类型转换模块）	Simulink 支持多种数据类型，包括浮点数、固定点数及枚举型数据等，当前一个模块的输出信号与后面的模块的输入端口支持的数据类型不一致时，Simulink 将会报错；这时使用数据类型转换模块 Data Type Conversion 进行数据转换以使模型能够顺利通过仿真并生成代码
Delay （延迟模块）	将输入信号延迟一个采样周期输出
Demux （信号分解模块）	能将多维信号分解为单维或维数较少的多维信号
Discrete-Time Integrator （离散积分模块）	执行信号离散时间的积分或累积
Gain （增益模块）	支持标量、向量或矩阵形式的增益
Ground （接地模块）	没有具体参数，用于避免仿真时某些模块出现输入端口未连接的警告
In1 （输入模块）	当其存在于子系统模型中时，将为子系统模型增加一个输入端口，是连接上层模型与当前层次模型的接口，将父层模型的信号传递到当前层次模型中，子系统模块框图将按照 In 模块的编号生成端口
Integrator （积分模块）	基本型连续积分器，输出其输入信号相对于时间的积分值
Logical Operator （逻辑运算模块）	提供了与（AND）、或（OR）、非（NAND）、或非（NOR）、异或（XOR）、异或非（NXOR）、非（NOT）等 7 种逻辑运算
Mux （信号合成模块）	本质上是一个虚拟模块，虽然视觉上将多个信号合并为一个信号，但是实际上并没有改变其内部数据结构，只是视觉上看起来简洁并且可以统一管理；在仿真模型中，往往可以使用 Mux 模块将多个信号汇聚后显示到同一个 Scope 的同一个坐标系中，这样 Scope 就无须提供多个输入 / 输出端口
Out1 （输出模块）	当其存在于子系统模型中时，为子系统增加一个输出端口，是连接上层模型与当前层次模型的桥梁，将当前层次模型的信号传递到父层模型中去
Product （乘法模块）	模块的 Multiplication 提供了两种乘法，Element-wise 表示点乘，Matrix 表示矩阵乘法
Relational Operator （关系运算模块）	提供了 ==、~=、<、<=、>、>=、isInf、isNaN、isFinite 等 9 种关系运算
Saturation （半波整流模块）	对输入信号进行半波整流
Scope （波形显示模块）	能够显示模型中的信号波形，可以连接任何类型的实数信号线，不支持复数
Subsystem （子系统模块）	子系统就是将一些基本模块及其信号连线组合成一个大的模块，屏蔽其内部结构，仅仅将输入 / 输出个数表现在外的层次性划分；利用子系统具有诸多优点，如可以减少模型窗口中显示的模块数目，使模型外观结构更清晰，增强了模型的可读性；在简化模型外观结构图的基础上，保持了各模块之间的函数关系，使得特定功能的模块可以拥有一些独立的属性；可以建立层次方框图

续表

名　称	功　能
Sum （求和模块）	将输入信号进行求和运算，当 Sum 模块的输入都是同一个时刻的输入时，推荐采用矩形图标；当输入有来自输出的延时反馈时，推荐采用圆形图标。
Switch （开关选择模块）	可根据判断条件选择多个输入端口中的某个进行输出，若由第二个端口决定的判断条件为真，则输出口输出第一个端口的信号；否则输出第三个端口的信号
Terminator （终止模块）	用来接收未使用的输出信号
Vector Concatenate （向量连接模块）	相同的数据类型的输入信号连接到创建连续的输出信号，其元素驻留在内存连续位置

9.2.2　Continuous 模块库（连续系统模块库）

单击 Simulink 标准库的 Continuous 模块库，在窗口右侧可以看到 Continuous 模块库的种类如图 9-10 所示。MATLAB R2019b 版本 Continuous 模块库的功能模块及其功能如表 9-3 所示。

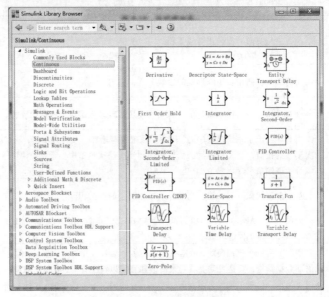

图 9-10　连续模块库

表 9-3　连续模块及其功能

名　称	功　能
Derivative （微分器）	输出为输入信号的微分，计算输入信号对时间的变化率
Descriptor State-Space （描述状态空间系统模型）	一个内置的支持稀疏参数的块
Entity Transport Delay （实体传输延迟模块）	在事件仿真消息的传播中引入延迟
First Order Hold （一阶采样和保持模块）	实现一阶采样和保持，工作在指定的时间间隔
Integrator （积分器）	计算输入信号从起始时间到当前时刻对时间的积分
Integrator, Second-Order （二阶积分模块）	对输入信号执行二次积分

续表

名　　称	功　　能
Integrator, Second-Order Limited （二阶定积分模块）	对输入信号执行二次定积分，除了默认情况下基于指定的上限和下限值来限制状态外，它与 Second-Order Integrator 模块完全相同
Integrator Limited （定积分）	计算输入信号的定积分，需注意的是 Simulink 不允许初始条件值为 inf 或 NaN
PID Controller （比例积分微分控制器）	模拟连续或离散时间的 PID 控制器，输出是输入的加权总和的信号
PID Controller(2DOF) （比例积分微分控制器-2DOF）	连续或离散时间模拟双自由度 PID 控制器，参考信号和测量系统的输出之间的差异的基础上产生一个输出信号
State-Space （状态空间系统模型）	主要应用于现代控制理论中多输入多输出系统的仿真；状态空间可以起到与传递函数模块相同的作用，但不同的是状态空间可以设置初始条件和共享内部变量，亦适用于多输入多输出系统
Transfer Fcn （传递函数模型）	实现线性传递系统，双击可设置分子和分母多项式的系数；适用于线性定常单输入/单输出系统的仿真，不适用于需要调用内部变量、设定初始条件的情况
Transport Delay （固定延时模块）	通过模块内部参数设定固定的延迟时间
Variable Time Delay （可变延时模块）	将输入信号以可变的时间进行延迟
variable Transport Delay （可变传输延时）	仿真的是一个变化的时间延时；这个模块需要两个输入：一个是输入信号，一个是时间延时；最大延时是指输入信号中的延时可达到的最大值；当超过设定的最大值时，这个模块将自动剪除；最大延时应该为非负数；如果时间延时为负，此模块将自动将其设为 0 并给出一个警告信息；设置"Select Delay Type"为"Variable Time Delay"时，则该模块功能与 Variable Time Delay 模块相同
Zero-Pole （零极点模型）	实现一个用零极点标明的传递函数，双击模块可设置零点、极点、增益等参数

9.2.3　Dashboard 模块库（仪表盘模块库）

Dashboard 将多个仪表、图表、报表等组件内容整合在一个面板上进行综合显示的功能模块，提供灵活的组件及面板定义，并且提供大量预设置的组件模板，方便用户灵活选择，提高工作效率。可以使分析结果更具有良好的直观性、可理解性，快速掌握运营动态，为做出决策提供更有利的数据支持。单击 Simulink 标准库的 Dashboard 模块库，在窗口右侧可以看到 Dashboard 模块库的种类，如图 9-11 所示，其中各模块功能如表 9-4 所示。

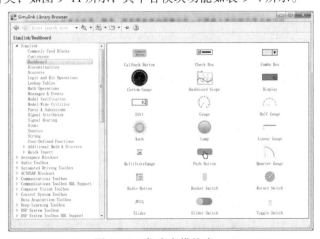

图 9-11　仪表盘模块库

表 9-4 仪表盘模块及其功能

名　称	功　能
Callback Button （回调按钮模块）	回调按钮根据用户的输入执行 MATLAB 代码，对用户的单击和按下做出反应，可以为每个操作指定要执行的单独代码
Check Box （复选框模块）	复选框允许通过选中或清除该框来设置模拟过程中参数或变量的值。可将复选框与其他仪表板块一起使用，为模型创建交互式仪表板
Combo Box （组合框模块）	组合框允许将参数的值设置为多个值之一，可通过组合框块参数定义每个可选值及其标签。可将组合框与其他仪表板块一起使用，为模型构建控件和指示器的交互式仪表板
Custom Gauge （自定义仪表模块）	自定义仪表在仪表面上显示连接信号的值，可以对其进行自定义，使其看起来像真实系统中的仪表，其在整个模拟过程中提供连接信号的瞬时值指示，可修改自定义模块上的范围和刻度值，以适合数据；可将自定义仪表板块与其他仪表板块一起使用，为模型构建控件和指示器的交互式仪表板
Dashboard Scope （仪表盘模块）	在波形视图上显示仿真过程中的连接信号，可将该模块与其他 Dashboard 模块结合使用，为模型构建包含各种控件和指示器的交互式控制板；提供仿真过程中信号行为的完整画面，使用该模块显示 Simulink 支持的任何数据类型（包括枚举数据类型）的信号；最多可以显示来自矩阵或总线的 8 个信号
Display （显示模块）	连接到模型中的信号，并在仿真期间显示信号值，可配置该模块的外观和格式，使其显示的值具有直观意义，亦可在仿真过程中编辑 Display 模块的参数；可将该模块与其他 Dashboard 模块结合使用，为用户的模型构建包含各种控件和指示器的交互式控制板
Edit （编辑模块）	编辑块允许在模拟过程中为块参数输入新值；可将编辑块与其他面板块一起使用，为模型构建控件和指示器的交互式仪表板
Gauge （圆形仪表模块）	在模拟过程中以圆形比例显示连接的信号，可将仪表板与其他仪表板块一起使用，为模型构建控件和指示器的交互式仪表板，并在整个模拟过程中提供连接信号的瞬时值指示；可修改模块的范围以适合数据，亦可更改表盘的外观，以提供有关信号的更多信息，如可在规格范围内和超出规格范围内使用颜色代码
Half Gauge （半圆仪表模块）	在模拟过程中以半圆形刻度显示连接的信号，可将其与其他仪表板块一起使用，为模型构建控件和指示器的交互式仪表板，该模块在整个模拟过程中提供连接信号的瞬时值指示；可修改该模块的范围以适合数据，亦可自定义半圆仪表的外观，以提供有关信号的更多信息，如可在规格范围内和超出规格范围内使用颜色代码
Knob （旋钮模块）	在模拟过程中，旋钮模块可调整其所连接模块的参数，如可以将旋钮模块连接到模型中的增益块，并在模拟过程中调整其值；可以修改旋钮模块的刻度范围以适合数据，将旋钮模块与其他仪表板块一起使用，以创建交互式仪表板来控制模型
Lamp （指示灯模块）	指示灯模块显示指示输入信号值的颜色，可将 Lamp 模块与其他 Dashboard 模块结合使用，为用户的模型构建包含各种控件和指示器的交互式控制板，亦可指定输入值和颜色对组以提供仿真期间所需的信息
Linear Gauge （线性仪表模块）	在模拟过程中，线性仪表模块在直线比例上显示连接的信号；可将线性仪表模块与其他仪表板块一起使用，为模型构建控件和指示器的交互式仪表板，在整个模拟过程中提供连接信号的瞬时值指示；可修改线性仪表模块的范围以适合的数据，亦可自定义线性仪表模块的外观，以提供有关信号的更多信息，如可在规格范围内和超出规格范围内使用颜色代码
MultiStateImage （多态图像模块）	多态图像模块以图片形式显示输入信号的值，可将多分段图像模块与其他面板块一起使用，为模型构建控件和指示器的交互式仪表板；可指定输入值和图像对，以在模拟过程中提供所需的信息
Push Button （按键模块）	在仿真期间按下 Push Button 模块时，其所连接的模块参数的值将更改为指定的值；可将其与其他 Dashboard 模块结合使用，创建交互式控制板来控制用户的模型
Quarter Gauge （1/4 圆形仪表模块）	1/4 圆形仪表模块在模拟过程中以象限比例显示连接的信号；可将其与其他仪表板块一起使用，为模型构建控件和指示器的交互式仪表板；在整个模拟过程中提供连接信号的瞬时值指示，可修改其范围以适合用户的数据，亦可自定义该模块的外观，以提供有关信号的更多信息，如可在规格范围内和超出规格范围内使用颜色代码

续表

名　　称	功　　能
Radio Button （单选按钮模块）	单选按钮模块允许在模拟过程中更改连接参数的值，可指定值和标签的列表，然后从该列表中选择参数的值；可将单选按钮块与其他仪表板块一起使用，为模型构建控件和指示器的交互式仪表板
Rocker Switch （摇杆开关模块）	在模拟过程中，摇杆开关模块在两个值之间切换连接块参数的值，如可将该模块连接到模型中的开关模块，并在模拟过程中更改其状态，将其与其他仪表板块一起使用，为模型创建交互式仪表板
Rotary Switch （旋钮开关模块）	在模拟过程中，旋转开关将连接块参数的值更改为多个指定值，如可将旋转开关连接到模型中输入信号的振幅或频率，并在模拟过程中更改其特性；可将旋转开关模块与其他仪表板块一起使用，以创建交互式仪表板来控制模型
Slider （滑动条模块）	在仿真过程中，Slider 模块调整连接的模块参数的值，如可将 Slider 模块连接到模型中的 Gain 模块，并在仿真过程中调整其值，可修改 Slider 模块的刻度范围以适合的数据；可将 Slider 模块与其他 Dashboard 模块结合使用，可以创建交互式控制板来控制用户的模型
Slider Switch （滑动开关模块）	在模拟过程中，滑块开关模块在两个值之间切换"已连接块"参数的值，如可将滑块开关块连接到模型中的开关模块，并在模拟过程中更改其状态；可将滑块开关模块与其他仪表模块一起使用，为模型创建交互式仪表板
Toggle Switch （拨动开关模块）	在仿真过程中，拨动开关模块将连接的模块参数的值在两个值之间切换，如可将该模块连接到模型中的 Switch 模块，并在仿真期间更改其状态；可将拨动开关模块与其他 Dashboard 模块结合使用，可以为模型创建交互式控制板

9.2.4　Discontinuities 模块库（非连续系统模块库）

单击 Simulink 标准库的 Discontinuities 模块库，在窗口右侧可以看到 Discontinuities 模块库的种类，如图 9-12 所示。MATLAB R2019b 版本 Discontinuities 模块库共有 12 个功能模块，其功能如表 9-5 所示。

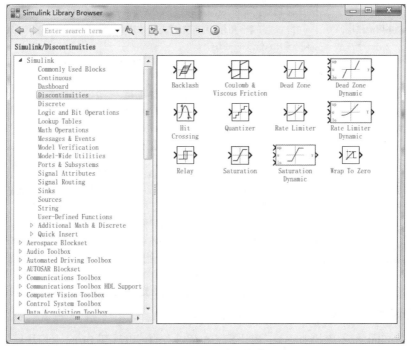

图 9-12　非连续系统模块库

表 9-5　非连续系统模块库及其功能

名　　称	功　　能
Backlash （间隙非线性模块）	实现这样一个系统：其中输入信号的改变使得输出信号产生相同的改变量，输入改变方向时除外；当输入信号方向改变时，输入信号的初始变化不会影响输出；系统的侧隙称为死区，死区位于输出信号的中心。例如，可以使用 Backlash 模块对两个齿轮的啮合进行建模，输入和输出是两个轴（一端带有齿轮），输入轴驱动输出轴，轮齿之间的额外空间产生间隙，此间隙的宽度就是 Deadband width 参数；如果系统最初不啮合，则 Initial output 参数定义输出
Coulomb & Viscous Friction （库伦和黏度摩擦非线性模块）	用于对库仑（静态）摩擦和黏性（动态）摩擦进行建模，此模块可以对值为零时的不连续性以及非零时的线性增益进行建模
Dead Zone （死区非线性模块）	在指定的区域内生成零值输出，此区域称为死区，可以通过 Start of dead zone 和 End of dead zone 参数指定死区的下限和上限，模块输出取决于输入以及上限和下限的值
Dead Zone Dynamic （动态死区非线性模块）	死区动态模块基于指定上限和下限的动态输入信号生成零输出区域，其输出取决于输入 u，以及输入信号 up 和 lo 的值
Hit Crossing （冲击非线性模块）	Hit Crossing 模块检测输入何时在由 Hit crossing direction 属性指定的方向上到达 Hit Crossing Offset 参数值
Quantizer （量化非线性模块）	Quantizer 模块使用量化算法离散化输入信号，该模块使用舍入到最接近整数方法将信号值映射到由 Quantization interval 定义的输出端的量化值，平滑的输入信号在量化后可能会呈现阶梯形状
Rate Limiter （信号变化率限制模块）	Rate Limiter 模块可以限制通过它传递的信号的一阶导数，输出的变化速率不快于指定的限制
Rate Limiter Dynamic （信号变化率动态限制模块）	Rate Limiter Dynamic 模块限制信号的上升和下降速率，up 设置信号上升沿速率的上限，lo 设置信号下降沿速率的下限；使用 Rate Limiter Dynamic 模块时，需遵循以下指导原则： （1）确保 up 和 lo 的数据类型与输入信号 u 的数据类型相同； （2）如果下限使用有符号类型，而输入信号使用无符号类型，则输出信号将一直增加，而不管输入信号和限制； （3）使用固定步长求解器仿真包含此模块的模型，因为 Rate Limiter Dynamic 模块仅支持离散采样时间
Relay （滞环比较器模块）	Relay 模块的输出在两个指定值之间切换；打开中继时，它会一直保持开，直到输入低于 Switch off point 参数的值为止；关闭中继时，它会一直保持关闭，直到输入高于 Switch on point 参数的值为止；此模块接收一个输入并生成一个输出；如果初始输入介于 Switch on point 与 Switch off point 值之间，则初始输出是中继关闭时的值
Saturation （饱和输出模块）	Saturation 模块产生输出信号，该信号是在饱和上界和下界值之间的输入信号值，上界和下界由参数 Upper limit 和 Lower limit 指定；若 Lower limit≤输入值≤Upper limit，则结果是输入值；若输入值<Lower limit，则结果是 Lower limit；若输入值>Upper limit，则结果是 Upper limit
Saturation Dynamic （动态饱和输出模块）	Saturation Dynamic 模块产生输出信号，该信号是以来自输入端口 up 和 lo 的饱和值为界的输入信号的值；若 lo ≤输入值≤hi，则结果是输入值；若输入值< lo，则结果是 Lower limit；若输入值> hi，则结果是 hi
Warp To Zero （阈值过限清零模块）	如果输入大于阈值，将输出设置为零。当输入大于 Threshold 值时，Wrap To Zero 模块将输出设置为零；当输入小于或等于 Threshold 时，输出等于输入

9.2.5　Discrete 模块库（离散系统模块库）

　　单击 Simulink 标准库的 Discrete 模块库，在窗口右侧可以看到 Discrete 模块库的种类，如图 9-13 所示。MATLAB R2019b 版本 Discrete 模块库共有 21 个功能模块，其功能如表 9-6 所示。

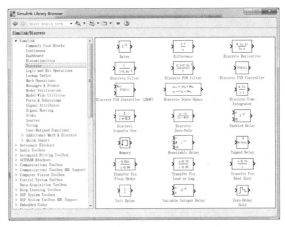

图 9-13　离散系统模块库

表 9-6　离散系统模块库及其功能

名　称	功　能
Delay （延时模块）	将输入信号延迟一个采样周期输出
Difference （差分环节模块）	Difference 模块输出当前输入值减去上一输入值的差值
Discrete Derivative （离散微分环节模块）	计算有选择性缩放的离散时间导数，但勿在具有非周期性触发器的子系统（如非周期函数调用子系统）中使用此模块，此配置会产生不准确的结果
Discrete Filter （离散滤波器模块）	构建无限脉冲响应（IIR）滤波器模型，使用指定的数字 IIR 滤波器单独对输入信号的每个通道进行滤波，该模块实现了具有固定系数的静态滤波器，可调整这些静态滤波器的系数，随时间的推移单独对输入信号的每个通道进行滤波
Discrete FIR Filter （离散 FIR 滤波器模块）	构建 FIR 滤波器模型，使用指定的数字 FIR 滤波器单独对输入信号的每个通道进行滤波；该模块可以实现系数固定的静态滤波器以及系数随时间变化的时变滤波器，可在仿真期间调整静态滤波器的系数，随时间的推移单独对输入信号的每个通道进行滤波
Discrete PID Controller （离散 PID 控制器模块）	实现一个 PID 控制器（PID、PI、PD、仅 P 或仅 I），该模块与 PID Controller 模块相同，只是 Time domain 参数设置为 Discrete-time；此模块的输出是输入信号、输入信号积分和输入信号导数的加权和，权重为比例、积分和导数增益参数
Discrete PID Controller(2DOF) （离散时间双自由度 PID 控制器）	实现一个双自由度 PID 控制器，其与 Time domain 参数设置为 Discrete-time 的 PID Controller (2DOF) 模块相同；该模块基于参考信号与测得的系统输出之间的差异来生成输出信号，根据指定的设定点权重计算比例和导数动作的加权差异信号，其输出等于对各差异信号进行的比例、积分和导数动作的总和，其中的每个动作根据增益参数 P、I 和 D 进行加权，导数动作通过一阶极点进行滤波
Discrete State-Space （离散状态空间模块）	实现离散状态空间系统
Discrete -Time Integrator （离散时间积分器模块）	使用该模块代 Integrator 模块来创建纯离散模型，可实现以下主要功能： （1）在模块对话框上定义初始条件，或作为模块的输入； （2）定义输入增益（K）值； （3）输出模块状态； （4）定义积分的上限和下限； （5）使用其他重置输入重置状态
Discrete Transfer Fcn （离散传递函数模块）	实现 z 变换传递函数，并将 z 变换传递函数应用于输入的每个独立通道

续表

名　　称	功　　能
Discrete Zero-Pole（零极点形式的离散传递函数模块）	对由 z 域传递函数的零点、极点和增益定义的离散系统建模
Memory（存储模块）	将其输入保持并延迟一个主积分时间步，当放置于迭代子系统中时，该模块将其输入保持并延迟一个迭代，可接受连续和离散信号
Resettable Delay（可重置延迟模块）	该模块是延迟模块的变体，在默认情况下初始条件源设置为输入端口，外部重置算法设置为上升
Tapped Delay（抽头延迟模块）	将输入延迟指定数量的采样时间，并为每个延迟提供一个输出信号。例如，当为 Number of delays 指定 4 且 Order output starting with 为 Oldest 时，该模块提供 4 个输出：第一个输出延迟四个采样期间、第二个输出延迟三个采样期间，依此类推；使用该模块可以适时离散化信号，或以不同的速率对信号进行重采样
Transfer Fcn First Order（离散一阶传递函数）	传递 Fcn 一阶块实现输入的离散时间一阶传递函数，传递函数具有单位直流增益
Transfer Fcn Lead Or Lag（离散传递函数）	实现输入的离散时间前导或滞后补偿器，补偿器的即时增益为 1，DC 增益等于 $(1-z)/(1-p)$，其中 z 是零，p 是补偿器的极点；该模块在 $0<z<p<1$ 时实现前导补偿器，在 $0<p<z<1$ 时实现滞后补偿器
Transfer Fcn Real Zero（离散零点传递函数）	传递 Fcn 实零块实现了一个离散时间传递函数，该函数具有实零且有效无极点
Unit Delay（单位采样周期的延时模块）	按指定的采样期间保持和延迟输入；当放置于迭代子系统中时，该模块将其输入保持并延迟一个迭代，该模块相当于 z^{-1} 离散时间运算符，接收一个输入并生成一个输出。每个信号可以是标量，也可以是向量；如果输入为向量，模块会按相同的采样期间保持和延迟向量中的所有元素
Variable Integer Delay（可变采样期延迟模块）	按可变采样期延迟输入信号，该模块是 Delay 模块的变体，在默认情况下，后者具有延迟长度设置为 Input port 的信源
Zero-Order Hold（零阶保持模块）	该模块在指定的采样期间内保持其输入不变；如果输入为向量，模块会按相同的采样期间保持向量中的所有元素

9.2.6　Logic and Bit Operations 模块库（逻辑和位操作模块库）

单击 Simulink 标准库的 Logic and Bit Operations 模块库，在窗口右侧可以看到 Logic and Bit Operations 模块库的种类，如图 9-14 所示。MATLAB R2019b 版本 Logic and Bit Operations 模块库共有 19 个功能模块，其功能如表 9-7 所示。

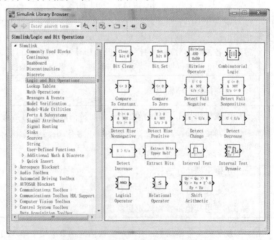

图 9-14　逻辑和位操作模块库

表 9-7　逻辑和位操作模块库及其功能

名　称	功　能
Bit Clear （位清零模块）	将存储数据指定的位清零
Bit Set （置位模块）	将存储数据指定的位设置为 1
Bitwise Operator （逐位操作模块）	对输入信号进行位操作
Combinatorial Logic （组合逻辑模块）	根据指定的真值表对输入信号进行组合逻辑运算
Compare To Constant （与常量比较模块）	将输入信号与设定的常数进行比较运算
Compare To Zero （与零比较模块）	将输入信号与零进行比较运算
Detect Fall Negative （检测负下降沿模块）	当信号值降到严格的负值时，检测下降沿，其先前值为非负
Detect Fall Nonnegative （检测非负下降沿模块）	确定输入是否小于或等于零，以及其先前的值是否大于零
Detect Rise Nonnegative （检测非负上升沿模块）	当信号值增大到非负值时检测上升沿，且其先前值严格为负值，用于确定输入是否大于或等于零，其先前的值是否小于零
Detect Rise Positive （检测正上升沿模块）	当信号值从上一个严格意义上的负值变为非负值时检测上升沿，当输入信号大于零且上一个值小于或等于零时，输出为 true，当输入信号为负或为零时，或者当输入信号为正、上一个值也为正时，输出为 false
Detect Change （检测突变模块）	检测信号值的变化，确定输入信号是否不等于其上一个值
Detect Decrease （检测递减模块）	检测信号值的递减，确定输入信号是否严格小于上一个值
Detect Increase （检测递增模块）	检测信号值的增长，确定输入信号是否严格大于上一个值
Extract Bits （提取位模块）	从输入信号的存储整数值中输出选择的连续位
Interval Test （检测开区间模块）	确定信号是否在指定区间中，若输入介于 Lower limit 和 Upper limit 指定的值之间，则输出 true；若输入在此范围之外，则输出 false
Interval Test Dynamic （动态检测开区间模块）	确定信号是否在规定的时间间隔内，如果输入介于外部信号 up 和 lo 之间，间隔测试动态块输出 true，否则输出 false
Logical Operator （逻辑运算符模块）	对输入信号进行逻辑运算
Relational Operator （关系运算符模块）	对输入信号进行关系运算
Shift Arithmetic （移位运算模块）	对输入信号进行移位运算

9.2.7　Lookup Tables 模块库（查表模块库）

单击 Simulink 标准库的 Lookup Tables 模块库，在窗口右侧可以看到 Lookup Tables 模块库的种类，如图 9-15 所示。MATLAB 2019b 版本 Lookup Tables 模块库共有 9 个功能模块，其功能如表 9-8 所示。

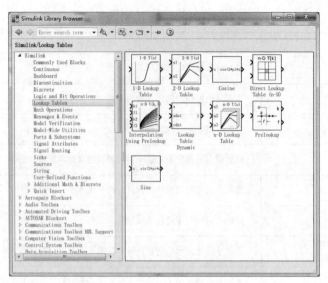

图 9-15　Lookup Tables 模块库

表 9-8　Lookup Tables 模块及其功能

名　　称	功　　能
1-D Lookup Table （一维信号查询表模块）	基于输入值在一维表中查找或估计表值来形成输出
2-D Lookup Table （二维信号查询表模块）	基于输入值在二维表中查找或估计表值来形成输出
Cosine （余弦函数查询模块）	通过利用象限波对称性的查找表方法实现定点正弦波，通过利用象限波对称性的查找表方法来实现定点正弦波
Direct Lookup Table(n-D) （n 个输入信号的查询表模块）	为 n 维表进行索引，以检索元素、向量或二维矩阵，第一个选择索引对应于顶部（或左侧）输入端口；可以择提供表数据作为模块的输入，或者在模块对话框中定义表数据，输入端口的数量和输出的大小取决于表维度的数量和所选择的输出切片
Interpolation Using PreLookup （n 个输入信号的预插值模块）	使用预先计算的索引和区间比值快速逼近 n 维函数，当与 Prelookup 模块结合使用时，Interpolation Using Prelookup 模块的效率最高；Prelookup 模块计算索引和区间比，这些数据说明输入值 u 与断点数据集的相对关系；将生成的索引和区间比值馈送给 Interpolation Using Prelookup 模块，以便对 n 维表进行插值
Lookup Table Dynamic （动态查询表模块）	使用动态表逼近一维函数，使用 xdat 和 ydat 向量计算函数 $y = f(x)$ 的近似值；查找方法可以使用内插、外插或原始输入值
PreLookup （预查询索引搜索模块）	计算索引和区间比，这些数据说明输入值 u 与断点数据集的相对关系；Prelookup 模块最适合与 Interpolation Using Prelookup 模块结合使用，将生成的索引和区间比值馈送给 Interpolation Using Prelookup 模块，以便对 n 维表进行插值
Sine （正弦函数查询表模块）	通过利用象限波对称性的查找表方法实现定点余弦波，通过利用象限波对称性的查找表方法来实现定点余弦波
n-D Lookup Table （n 维信号输入查询表模块）	基于输入值在 n 维表中查找或估计表值来形成输出，1-D Lookup Table、2-D Lookup Table、n-D Lookup Table 3 个模块的功能是一样的，区别在于默认的表数据维度不同

9.2.8　Math Operation 模块库（数学运算模块库）

单击 Simulink 标准库的 Math Operation 模块库，在窗口右侧可以看到 Math Operation 模块库的种类，如图 9-16 所示。MATLAB R2019b 版本 Math Operation 模块库共有 37 个功能模块，其功能如表 9-9 所示。

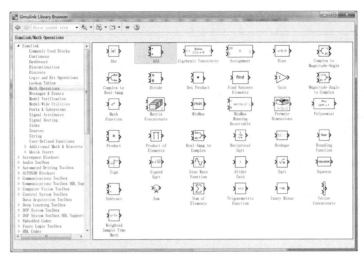

图 9-16　Math Operation 模块库

表 9-9　Math Operation 模块及其功能

名　称	功　能
Abs （绝对值模块）	输出输入信号的绝对值
Add （加法模块）	输入信号的加减运算
Algebraic Constraint （代数约束模块）	限制输入信号
Assignment （赋值模块）	为指定的信号元素赋值
Bias （偏重模块）	为输入添加偏差
Complex to Magnitude-Angle （将复数转换为幅值和相角模块）	计算复信号的幅值和/或相位角
Complex to Real-Imag （将复数转换为实部和虚部模块）	输出复数输入信号的实部和虚部
Divide （除法模块）	一个输入除以另一个输入
Dot Product （点乘模块）	生成两个向量的点积
Find Nonzero Elements （查找非零元素模块）	查找数组中的非零元素
Gain （增益模块）	将输入乘以常量
Magnitude-Angle to Complex （幅值-相角转换为复数模块）	将幅值和/或相位角信号转换为复信号
Math Function （常用数学函数模块）	执行数学函数
MinMax （最值模块）	输出最小或最大输入值
MinMax Running Resettable （最值运算模块）	确定信号随时间而改变的最小值或最大值
Permute Dimensions （重塑数组维数模块）	重新排列多维数组维度的维度
Polynomial （多项式模块）	对输入值执行多项式系数计算

续表

名　　称	功　　能
Product （乘法模块）	标量和非标量的乘除运算或者矩阵的乘法和逆运算
Product of Elements （元素乘法运算模块）	复制或求一个标量输入的倒数，或者缩减一个非标量输入
Real−Imag to Complex （实部−虚部转换为复数模块）	将实和/或虚输入转换为复信号
Reshape （改变维数模块）	更改信号的维度
Rounding Function （舍入模块）	对信号应用舍入函数
Sign （符号函数模块）	指示输入的符号
Sine Wave Function （正弦波函数模块）	使用外部信号作为时间源来生成正弦波
Slider Gain （滑动增益模块）	使用滑块更改标量增益
Sqrt （平方根运算模块）	计算平方根、带符号的平方根或平方根的倒数
Squeeze （挤出模块）	从多维信号中删除单一维度，若多维数组中某一维元素只有一个，则移出该维
Trigonometric Function （三角函数模块）	指定应用于输入信号的三角函数
Unary Minus （一元减法模块）	对输入求反
Vector Concatenate/Matrix Concatenate （向量/矩阵连接模块）	串联相同数据类型的输入信号以生成连续输出信号
Weighted Sample Time Math （权重采样时间计算模块）	支持涉及采样时间的计算

9.2.9　Messages & Events 模块库（消息与事件模块库）

　　单击 Simulink 标准库的 Messages & Events 模块库，在窗口右侧可以看到 Messages & Events 模块库的种类，如图 9-17 所示。MATLAB R2019b 版本 Messages & Events 模块库共有 6 个功能模块，其功能如表 9-10 所示。

图 9-17　Messages & Events 模块库

表 9-10　Messages & Events 模块及其功能

名　　称	功　　能
Hit Crossing （检测穿越点模块）	检测输入何时在由 Hit crossing direction 属性指定的方向上到达 Hit crossing offset 参数值
Queue （消息和实体排队模块）	根据到达顺序或优先级将实体或消息存储在队列中，当下游块准备接收队列时，队列头上的每个元素都会离开；队列块和实体队列块是相同的块，具有不同的默认值，用于"如果队列已满，则覆盖最早的元素"复选框
Receive （消息接收模块）	从收到的消息中提取数据；发送块从接收到的消息中提取数据并将其写入输出信号端口，如果块执行时没有新消息，则在 queue 为空值时使用值源
Send （消息发送模块）	创建和发送消息，其读取输入信号的值，并发送携带该值的消息
Sequence Viewer （序列查看器模块）	序列查看器模块显示模拟期间特定模块之间的消息、事件、状态、转换和函数；可以显示的模块称为生命线模块，包括： （1）子系统； （2）参考模型； （3）包含消息的模块，如 Stateflow 图表； （4）调用函数或生成事件的模块，如函数调用者、函数调用生成器和 MATLAB 函数模块； （5）包含函数的模块，如函数调用子系统和 Simulink 函数模块。 要查看引用模型中生命线块的状态、转换和事件，必须在引用模型中有一个序列查看器块，如果引用模型中没有序列查看器块，则只能看到引用模型中生命线块的消息和函数

9.2.10　Model Verification 模块库（模块声明库）

单击 Simulink 标准库的 Model Verification 模块库，在窗口右侧可以看到 Model Verification 模块库的种类，如图 9-18 所示。MATLAB R2019b 版本 Model Verification 模块库共有 11 个功能模块，其功能如表 9-11 所示。

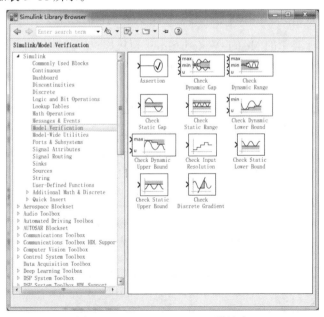

图 9-18　Model Verification 模块库

表 9-11　Model Verification 模块及其功能

名　称	功　能
Assertion （确定操作模块）	检查信号是否为零
Check Dynamic Gap （检测动态偏差模块）	检查信号振幅范围内是否存在宽度可能变化的间隙
Check Dynamic Range （检测动态范围模块）	检查信号是否落在随时间步长变化的振幅范围内
Check Static Gap （检测静态偏差模块）	检查信号振幅范围内是否存在间隙
Check Static Range （检测静态范围模块）	检查信号是否在固定的振幅范围内
Check Discrete Gradient （检测离散梯度模块）	检查离散信号连续采样之间的差值绝对值是否小于上限
Check Dynamic Lower Bound （检测动态下限模块）	检查一个信号是否总是小于另一个信号
Check Dynamic Upper Bound （检测动态上限模块）	检查一个信号是否总是大于另一个信号
Check Input Resolution （检测输入精度模块）	检查输入信号是否具有规定的分辨率
Check Static Lower Bound （检测静态下限模块）	检查信号是否大于（或可选地等于）静态下限
Check Static Upper Bound （检测静态上限模块）	检查信号是否小于（或可选地等于）静态上限

9.2.11　Model-Wide Utilities 模块库（模块扩充功能库）

单击 Simulink 标准库的 Model-Wide Utilities 模块库，在窗口右侧可以看到其种类，如图 9-19 所示。MATLAB R2019b 版本 Model-Wide Utilities 模块库共有 5 个功能模块，其功能如表 9-12 所示。

表 9-12　Model-Wide Utilities 模块及其功能

名　称	功　能
Block Support Table （模块支持表模块）	Simulink 模块的视图数据类型支持
DocBlock （文档模块）	创建用以说明模型的文本并随模型保存文本
Model Info （模型信息模块）	显示模型属性和模型中的文本
Timed-Based Linearization （基于时间的线性分析模块）	在特定时间在基础工作空间中生成线性模型
Trigger-Based Linearization （触发线性分析模块）	触发时在基本工作空间中生成线性模型

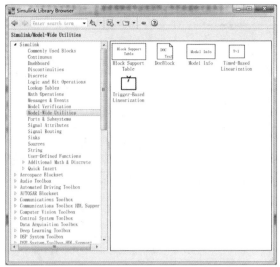

图 9-19　Model-Wide Utilities 模块库

9.2.12　Ports & Subsystems 模块库（端口和子系统模块库）

单击 Simulink 标准库的 Ports & Subsystems 模块库，在窗口右侧可以看到 Ports & Subsystems 模块库的种类，如图 9-20 所示。MATLAB R2019b 版本 Ports & Subsystems 模块库共有 31 个功能模块，其功能如表 9-13 所示。

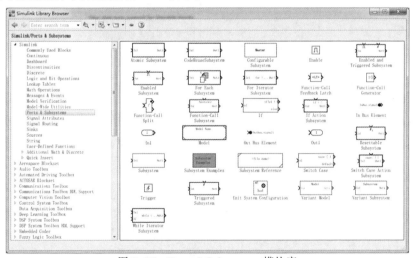

图 9-20　Ports & Subsystems 模块库

表 9-13　Ports & Subsystems 模块及其功能

名　　称	功　　能
Subsystem （子系统模块） Atomic subsystem （单元子系统模块） CodeReuseSubsystem （代码复用子系统模块）	对各模块进行分组以创建模型层次结构；原子子系统是选择了 Treat as atomic unit 模块参数的 Subsystem 模块；代码重用子系统是选择了 Treat as atomic unit 参数且 Function packaging 参数设置为 Reusable function（用于指定子系统的函数代码生成格式）的 Subsystem 模块

续表

名　　称	功　　能
Configurable Subsystem （结构子系统模块）	表示从用户指定的模块库中选择的任何模块
Enable （使能模块）	将使能端口添加到子系统或模型
Enabled Subsystem （使能子系统模块）	由外部输入使能执行的子系统
Enabled and Triggered Subsystem （使能和触发子系统模块）	由外部输入使能和触发执行的子系统
For Each Subsystem （操作每个子系统模块）	对输入信号的每个元素或子数组都执行一遍运算，再将运算结果串联起来的子系统
For Iterator Subsystem （重复操作子系统模块）	在仿真时间步期间重复执行的子系统
Function–Call Feedback Latch （函数响应反馈锁存器）	中断函数调用块之间涉及数据信号的反馈回路
Function–Call Generator （函数响应生成器模块）	提供函数调用事件来控制子系统或模型的执行
Function–Call Split （函数响应分离模块）	提供连接点以用于拆分函数调用信号线
Function–Call Subsystem （函数响应子系统）	其执行由外部函数调用输入控制的子系统
If （条件操作模块）	使用类似于 if–else 语句的逻辑选择子系统执行
If Action Subsystem （条件操作子系统模块）	其执行由 if 模块使能的子系统
In Bus Element （总线组件输入模块）	选择连接到输入端口的信号
In1 （输入端口）	为子系统或外部输入创建输入端口
Model （模型）	引用另一个模型来创建模型层次结构
Out Bus Element （总线组件输出端口）	指定连接到输出端口的信号
Out1 （输出端口）	为子系统或外部输出创建输出端口
Resettable Subsystem （可替换子系统）	模块状态用外部触发器重置的子系统
Switch Case （转化事件模块）	使用类似于 switch 语句的逻辑选择子系统执行
Switch Case Action Subsystem （转化事件子系统）	由 Switch Case 模块启用其执行的子系统
Trigger （触发操作模块）	向子系统或模型添加触发器或函数端口
Triggered Subsystem （触发子系统）	由外部输入触发执行的子系统
Unit System Configuration （单元系统配置模块）	将单位限制为指定的允许单位制
Variant Model （变体模型） Variant Subsystem （可变子系统）	包含 Subsystem 模块或 Model 模块作为变体选择项的模板子系统
While Iterator Subsystem While 迭代子系统	在仿真时间步期间重复执行的子系统

9.2.13　Signal Attributes 模块库（信号属性模块库）

单击 Simulink 标准库的 Signal Attributes 模块库，在窗口右侧可以看到 Signal Attributes 模块库的种类，如图 9-21 所示。MATLAB R2019b 版本 Signal Attributes 模块库共有 15 个功能模块，其功能如表 9-14 所示。

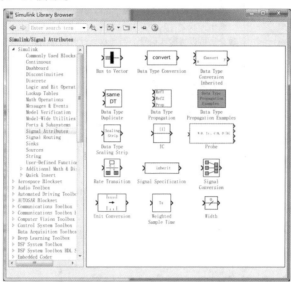

图 9-21　Signal Attributes 模块库

表 9-14　Signal Attributes 模块及其功能

名　　称	功　　能
Bus to Vector （多路信号转换向量模块）	将虚拟总线转换为向量
Data Type Conversion （数据类型转换模块）	将输入信号转换为指定的数据类型
Data Type Conversion Inherited （继承数据类型转换模块）	使用继承的数据类型和定标将一种数据类型转换为另一种
Data Type Duplicate （数据类型复制模块）	强制所有输入为同一数据类型
Data Type Propagation （数据类型继承模块）	根据参考信号的信息设置传播信号的数据类型和缩放比例
Data Type Propagation Examples （数据类型继承样例）	包含数据类型传播的实例
Data Type Scaling Strip （数据类型缩放模块）	从固定点信号中剥离缩放，其将输入数据类型映射到最小的内置数据类型，该类型具有足够的数据位来保存输入；输入的存储整数值就是输出的值，输出始终具有标称缩放比例（斜率=1.0 和偏移=0.0），因此输出不区分实际值和存储的整数值
IC （信号输入属性模块）	设置信号的初始值
Probe （信号探针）	输出信号属性，包括宽度、维数、采样时间和复信号标志
Rate Transition （比率变换模块）	处理以不同速率运行的模块之间的数据传输
Signal Conversion （信号转换模块）	将信号转换为新类型，而不改变信号值

续表

名　称	功　能
Signal Specification （信号说明模块）	指定信号所需的维度、采样时间、数据类型、数值类型和其他属性
Unit Conversion （组件转换模块）	将输入信号的单位转换为输出信号；如果单位由比例因子或偏移量分隔，或者是反单位，则块可以执行转换，支持正常、加速和快速加速模式以及快速重新启动
Weighted Sample Time （权重采样时间模块）	输出加权采样时间或加权采样率，由于该模块是加权采样时间数学的一种实现，还可以将输入信号 u 与加权采样时间 Ts 相加、相减、相乘或相除。如果输入信号是连续的，则 Ts 是 Simulink 模型的采样时间；否则，Ts 是离散输入信号的采样时间；如果输入信号是恒定的，Simulink 会根据块的连通性和上下文为块分配有限的采样时间
Width （信号宽度）	生成其输入向量的宽度作为输出，可以使用总线阵列作为宽度块的输入信号

9.2.14　Signal Routing 模块库（信号数据流模块库）

单击 Simulink 标准库的 Signal Routing 模块库，在窗口右侧可以看到 Signal Routing 模块库的种类，如图 9–22 所示。MATLAB R2019b 版本 Signal Routing 模块库共有 28 个功能模块，其功能如表 9–15 所示。

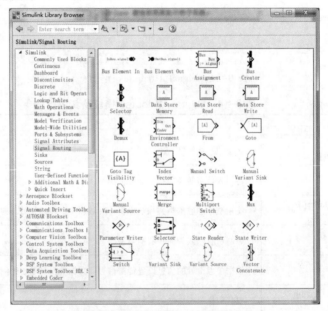

图 9–22　Signal Routing 模块库

表 9-15　Signal Routing 模块及其功能

名　称	功　能
Bus element in （总线组件进入模块）	结合了输入块和总线选择器块的功能，使用同一端口的所有总线元素块共享"块参数"对话框，可以使用该模块选择与端口关联的虚拟总线元素、虚拟总线或非总线信号，因此当需要从总线中选择多个信号时可使用该模块
Bus element out （总线组件退出模块）	结合了输出块和总线创建器块的功能，所有使用同一端口的 Out 总线元素块共享一个对话框，输出总线元素的输出是一个虚拟总线，与连接到它的信号的数量和类型无关，须将输出总线元素块连接到希望总线包含的每个信号

续表

名　　称	功　　能
Bus Assignment （总线替换模块）	将信号的值赋给总线元素，使用该模块可以更改总线元素值，而无须添加 Bus Selector 和 Bus Creator 模块来选择总线元素并将它们重新组合为总线；使用 Block Parameters 对话框指定要替换的总线元素，模块为每个这样的元素显示一个 Assignment 输入端口
Bus Creator （总线生成模块）	根据输入信号创建总线，可将一组输入信号合并成一条总线，亦可将任何信号类型连接到输入端口，包括其他总线
Bus Selector （总线选择模块）	从传入总线中选择信号，输出其输入总线元素的指定子集，该模块可以将指定的元素输出为单独的信号或新的总线；默认情况下，Simulink 将非总线信号隐式转换为总线信号，以支持将该信号连接到 Bus Selector 模块，要防止 Simulink 执行该转换，需将 Non-bus signals treated as bus signals 诊断设置为 warning 或 error；当模块输出多个元素时，它会自上而下地从模块的各个端口输出每个元素
Data Store Memory （数据存储模块）	定义并初始化一个命名的共享数据存储，即一个内存区域，供指定相同数据存储名称的 Data Store Read 和 Data Store Write 模块使用；要从数据存储获取正确的结果，必须确保数据存储按照预期的顺序进行读取和写入
Data Store Read （数据存储读取模块）	从数据存储中读取数据，将指定数据存储中的数据复制到其输出中，多个 Data Store Read 模块可从同一个数据存储读取数据；用来读取数据的源数据存储由 Data Store Memory 模块或定义数据存储的信号对象的位置决定。要从数据存储获取正确的结果，必须确保数据存储按照预期的顺序进行读取和写入
Data Store Write （数据存储写入模块）	向数据存储中写入数据，将其输入端口的值复制到指定的数据存储中，该模块执行的每个写入操作将覆盖数据存储，取代以前的内容；该模块写入的数据存储由定义数据存储的 Data Store Memory 模块或信号对象的位置决定；数据存储的大小由定义并初始化数据存储的信号对象或 Data Store Memory 模块决定。写入数据存储的每个 Data Store Write 模块写入数据量必须相同，多个 Data Store Write 模块可以写入同一个数据存储，如果两个 Data Store Write 模块尝试在同一个仿真步中写入同一个数据存储，将发生不可预知的结果；要从数据存储获取正确的结果，必须确保数据存储按照预期的顺序进行读取和写入
Demux （分路器模块）	提取并输出虚拟向量信号的元素，将复合信号分解为多路单一信号
Environment Controller （环境控制器模块）	创建模块结构图分支，用于仿真或代码生成
From （信号来源模块）	接收来自 Goto 模块的输入，该模块从对应的 Goto 模块接收信号，然后将其作为输出传递出去，输出的数据类型与来自 Goto 模块的输入的数据类型相同；From 和 Goto 模块允许将信号从一个模块传递到另一个模块，而无须实际连接它们，要将 Goto 模块与 From 模块关联，需在 Goto Tag 参数中输入 Goto 模块的标记；一个 From 模块只能接收来自一个 Goto 模块的信号，尽管 Goto 模块可以将其信号传递给多个 From 模块
Goto （信号去向模块）	将模块输入传递 From 模块，该模块将其输入传递给其对应的 From 模块，输入可以是任何数据类型的实数值或复数值信号或向量；利用 From 和 Goto 模块，可将信号从一个模块传递给另一个模块，而无须真正将它们连接起来；一个 Goto 模块可将其输入信号传递到多个 From 模块，尽管一个 From 模块只能接收来自一个 Goto 模块的信号；Goto 模块的输入传递到与它关联的 From 模块，就像两个模块进行了物理连接一样，Goto 模块和 From 模块通过使用 Goto 标记进行匹配
Goto Tag Visibility （标签可视化模块）	定义 Goto 模块标记的作用域，该模块定义具有 scoped 可见性的 Goto 模块标记的可访问性，为 Goto tag 模块参数指定的值可由包含 Goto Tag Visibility 模块的同一子系统中及其下层的子系统中的 From 模块进行访问；对于 Tag Visibility 参数值为 scoped 的 Goto 模块，Goto Tag Visibility 模块是必需的，如果标记可见性为 local 或 global，则不需要 Goto Tag Visibility 模块，模块显示的标记名称括在花括号({}) 内；封装系统中的 "scoped" Goto 模块仅在该子系统以及它包含的非虚拟子系统中是可见的，如果运行或更新模块图，而有一个 Goto Tag Visibility 模块在模块图中的级别低于封装子系统中对应的 "scoped" Goto 模块，Simulink 将生成错误

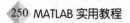

续表

名　称	功　能
Index Vector （索引向量模块）	基于第一个输入的值在不同输入之间切换输出，该模块是特殊配置的 Multiport Switch 模块，需要指定一个数据输入，控制输入从 0 开始；模块输出是其索引与控制输入匹配的输入向量的元素，例如，输入向量为 [18 15 17 10]，控制输入为 3，则与索引 3（从 0 开始）匹配的元素 10 输出；要将 Multiport Switch 模块配置为 Index Vector 模块，需将 Number of data ports 设置为 1 且 Data port order 设置为 Zero-based contiguous
Manual Switch （手动选择开关模块）	在两个输入之间切换，可以在仿真开始之前设置开关，或者在执行仿真的过程中更改开关，从而控制信号流，当保存模型时，Manual Switch 模块将保留其当前状态
Manual Variant Sink （输出端变体选择项切换模块）	在输出端的多个变体选择项之间切换，该模块是拨动开关，可激活输出端的变体选择项之一以传递输入
Manual Variant Source （手动变体源模块）	该模块是一个切换开关，它激活输入端的一个变量选择，从而传递到输出端，其可有两个或多个输入端口和一个输出端口；每个输入端口都与变量控制相关联，要更改输入端口的数量，右击块并选择 Mask Parameters 命令，然后在 Number of choices 文本框中输入值
Merge （信号合并模块）	将多个信号合并为一个信号，Merge 模块可将多个输入合并为单个输出，输出值始终等于其驱动模块最近计算的输出；通过设置 Number of inputs 参数指定输入的数量；需将 Merge 模块用于将在不同时间更新的输入信号交叉成一个合并信号，交叉值在合并信号中保留其各自的身份和时间，要将同时更新的信号合并成数组或矩阵信号，则要使用 Concatenate 模块；使用 Merge 模块时，须遵循以下原则： （1）始终使用条件执行子系统来驱动 Merge 模块； （2）确保在任何时间步都最多只有一个驱动条件执行子系统在执行中； （3）确保所有输入信号具有相同的采样时间； （4）如果为 Model Configuration Parameters > Diagnostics > Underspecified initialization detection 参数使用默认设置 Classic，则不要为 Merge 模块的输入信号创建分支； （5）对于驱动 Merge 模块的所有条件执行子系统 Outport 模块，请将 Output when disabled 参数设置为 held； （6）如果 Model 模块的输出来自 MATLAB Function 模块或 Stateflow 图，不要将该输出端口连接到 Merge 模块的输入端口。 对于 Merge 模块的每个输入，位于最顶层的非原子和非虚拟源必须为条件执行子系统，而且不能是迭代子系统
Multiport Switch （多端口开关模块）	基于控制信号选择输出信号，由第一个输入控制端控制在多个输入之间切换
Mux（混路器模块）	将相同数据类型和数值类型的输入信号合并为虚拟向量，实现多路单一信号合并为复合信号
Parameter Writer （参数编写模块）	通过写入属于引用模型的模型块的实例参数来更改参照模型中的块参数值，使用参数编写器模块和初始化功能块和重置功能块来响应事件。例如，事件可以是从硬件传感器读取值，然后根据传感器值更新模型参数
Selector （选路器模块）	从向量、矩阵或多维信号中选择输入元素，基于用户为 Number of input dimensions 参数输入的值，将显示一个索引设置表，表中的每一行对应于 Number of input dimensions 中的一个输入维度，对于每个维度，用户可以定义要使用的信号元素；可将向量信号指定为一维信号，将矩阵信号指定为二维信号。当配置 Selector 模块进行多维信号操作时，模块图标将发生变化
State Reader （状态读取器模块）	读取当前模块的状态

续表

名　　称	功　　能
State Writer （状态写入模块）	设置受支持的状态所有者模块的状态
Switch （开关模块）	由第二个输入信号选择在第一路和第三路之间切换，第一个和第三个输入是数据输入，第二个输入是控制输入
Variant Sink （可变接收器模块）	该模块有一个输入端口和一个或多个输出端口，使用变量在多个输出之间路由，可将变量选项定义为连接到输出端口的模块，以便最多有一个选项处于活动状态；每个输出端口都与变量控制相关联，在模拟过程中 Simulink 将活动选项直接连接到变量接收器块的输入端口，并忽略非活动选项
Variant Source （可变信源模块）	可变源块有一个或多个输入端口和一个输出端口，使用变量在多个输入之间路由，可将变量选项定义为连接到输入端口的块，以便最多有一个选项处于活动状态，每个输入端口都与变量控制相关联
Vector Concatenate/Matrix Concatenate （向量/矩阵连接）	串联相同数据类型的输入信号以生成连续输出信号

9.2.15　Sinks 模块库（接收器模块库）

单击 Simulink 标准库的 Sinks 模块库，在窗口右侧可以看到 Sinks 模块库的种类，如图 9-23 所示。MATLAB R2019b 版本 Sinks 模块库共有 10 个功能模块，其功能如表 9-16 所示。

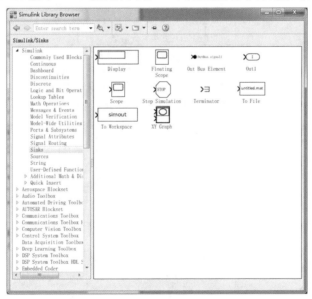

图 9-23　Sinks 模块库

表 9-16　Sinks 模块及其功能

名　　称	功　　能
Display （数字显示模块）	显示输入的值，可指定显示的频率；对于数值输入数据，还可以指定显示的格式；如果模块输入是数组，则可以纵向或横向调整模块大小以显示更多元素，而不是只显示第一个元素；如果模块输入是向量，则模块从左到右、从上到下依次添加显示字段；模块会显示尽可能多的值，实心三角形表示模块并未显示所有的输入数组元素；Display 模块显示向量信号的前 200 个元素，显示矩阵信号的前 20 行和前 10 列

续表

名　　称	功　　能
Floating Scope （浮动观察器）	基于仿真时间显示时域信号，显示仿真过程中生成的信号
Out Bus Element （总线组件输出端口）	组合了 Outport 块和 Bus Creator 块的功能，所有使用同一端口的 Out 总线元素块共享一个对话框；输出总线元素的输出是一个虚拟总线，与连接到它的信号的数量和类型无关；必须将 Out 总线元素模块连接到希望总线包含的每个信号
Out1 （输出端口）	为子系统或外部输出创建输出端口，将信号从系统内链接到系统外部的目标，可以连接从子系统流动到模型其他部分的信号，还可以在模型层次结构的顶层提供外部输出
Scope （示波器）	显示仿真过程中生成的信号，如果采样率高或仿真时间长，可能会遇到内存或系统性能问题，因为示波器在内部保存数据
Stop Simulation （仿真停止）	当输入为非零值时使仿真停止，当输入为非零值时，Stop Simulation 模块将使仿真停止，在停止之前，仿真会完成当前时间步；如果模块的输入为向量，则任何非零的向量元素都会导致仿真停止；如果在 For Iterator 子系统中使用 Stop Simulation 模块，停止操作将在执行完子系统在一个时间步中的所有迭代之后发生；在下一个时间步开始之前，停止操作不会中断仿真，不能使用 Stop Simulation 模块暂停仿真
Terminator （信号终结端）	终止未连接的输出端口，如果运行的仿真中有一些模块的输出端口未连接任何模块，Simulink 将发出警告消息，使用 Terminator 模块终止这些模块，可以防止出现此类警告消息
To File （数据写入文件模块）	将数据写入到文件，将输入信号数据写入 MAT 文件，该模块以增量方式写入到输出文件中，在仿真期间的内存开销极少；如果仿真开始时已经存在输出文件，模块将覆盖该文件；暂停仿真或仿真完成时，文件会自动关闭；如果仿真异常终止，To File 模块将保存它在异常终止时间点之前记录的数据；To File 模块图标会显示输出文件的名称
To Workspace （数据写入工作区模块）	将数据写入工作区，在仿真期间，模块将数据写入到内部缓冲区，暂停仿真或仿真完成后，该数据将写入工作区；在仿真暂停或停止之前，数据不可用；To Workspace 模块通常将数据写入 MATLAB 基础工作区；对于 MATLAB 函数中的 sim 命令，To Workspace 模块将数据发送到调用函数的工作区，而不是 MATLAB 基础工作区，要将记录的数据发送给基础工作区，可在函数中使用 assignin 命令
XY Graph （二维绘图模块）	使用 MATLAB 图窗窗口显示信号的 X-Y 图，该模块有两个标量输入，模块绘制第一个输入（x 方向）中的数据对第二个输入（y 方向）中的数据的图；该模块对检查极限环和其他双态数据非常有用，超出指定范围的数据将不会显示；仿真开始时，模型中会为每个 XY Graph 模块显示一个图窗窗口，XY Graph 模块不支持在仿真中向后步进

9.2.16　Sources 模块库（信号源模块库）

单击 Simulink 标准库的 Sources 模块库，在窗口右侧可以看到 Sources 模块库的种类，如图 9-24 所示。MATLAB R2019b 版本 Sources 模块库共有 27 个功能模块，其功能如表 9-17 所示。

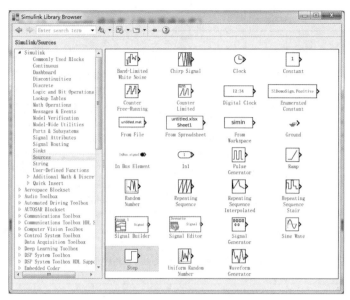

图 9-24　Sources 模块库

表 9-17　Sources 模块及其功能

名　称	功　能
Band-Limited White Noise（限带白噪声）	在连续系统中引入白噪声，该模块可生成适合在连续系统或混合系统中使用的正态分布随机数
Chirp Signal（频率递增正弦波）	生成频率不断增加的正弦波，生成频率随时间按线性速率增加的正弦波，可以使用此模块对非线性系统进行频谱分析，模块生成标量或向量输出；仿真的开始时间必须为 0，若在使能子系统中使用 Chirp Signal 模块，每当启用该子系统时，模块输出将与仿真过程中启用该子系统时出现的输出相匹配
Clock（时钟信号）	显示并提供仿真时间，在每个仿真时间步输出当前仿真时间，其对需要仿真时间的其他模块非常有用
Constant（常数信号）	生成常量值，生成实数或复数常量值信号，该模块是生成标量、向量还是混合输出要取决于 Constant value 参数的维度、Interpret vector parameters as 1-D 参数的设置，该模块的输出与 Constant value 参数具有相同的维度和元素；如果为此参数指定向量，即期望该模块将其解析为向量，需选中 Interpret vector parameters as 1-D 复选框，否则，如果为 Constant value 参数指定了向量，模块会将该向量视为一个矩阵；要输出常量枚举值，需用 Enumerated Constant 模块，Constant 模块可提供不适用于枚举类型的模块参数，例如 Output minimum 和 Output maximum
Counter Free-Running（无限计数器）	进行累加计数并在达到指定位数的最大值后溢出归零，该模块进行累加计数，直到达到最大值 $2^{Nbits}-1$，其中 Nbits 是位数，然后，该计数器将溢出归零并重新开始进行累加计数，溢出之后该计数器始终初始化为零；但若选择全局双精度值覆盖，Counter Free-Running 模块不会绕回到零；仿真时该模块不会报告溢出绕回警告
Counter Limited（有限计数器）	进行累加计数，并在输出达到指定的上限后绕回到 0，并重新启动累加计数，该计数器始终初始化为零，仿真时该模块不会报告溢出绕回警告
Digital Clock（数字时钟模块）	以指定的采样间隔输出仿真时间，模块仅以指定的采样间隔输出仿真时间；在其他时间，该模块保留输出的上一个值，要控制该模块的精度，需使用模块对话框中的 Sample time 参数来设置；当需要离散系统中的当前仿真时间时，需使用该模块，而不是 Clock 模块（它输出连续时间）
Enumerated Constant（枚举常量模块）	生成枚举常量值，该模块输出枚举值的标量、数组或矩阵；也可以使用 Constant 模块输出枚举值，但它提供不适用于枚举类型的模块参数，如 Output minimum 和 Output maximum；当需要只输出常量枚举值的模块时，需使用 Enumerated Constant 而不是 Constant

续表

名　　称	功　　能
From File （读数据文件模块）	从 MAT 文件加载数据，将数据从 MAT 文件加载到模型并将数据输出为一个信号，数据为一系列样本，每个样本均包含时间戳和相关联的数据值，数据可以是数组格式或 MATLAB timeseries 格式；From File 模块图标显示向模块提供数据的 MAT 文件的名称，可以有多个 From File 模块从同一 MAT 文件加载数据
From Spreadsheet （读电子表格模块）	从电子表格读取数据，可以从 Microsoft Excel（所有平台）或 CSV（仅限安装了 Microsoft Office 的 Microsoft Windows 平台）电子表格读取数据并将数据输出为信号；From Spreadsheet 模块不支持 Microsoft Excel 电子表格图；From Spreadsheet 图标显示在模块的 File name 和 Sheet name 参数中指定的电子表格文件名和工作表名称
From Workspace （读工作区模块）	从工作区加载信号数据，从工作区读取信号数据并将数据输出为一个信号；该模块显示在 Data 参数中指定的表达式；可以指定如何加载数据，包括采样时间、如何处理缺失数据点的数据，以及是否使用过零检测；在 Environment Controller 中列出的条件下，当连接到 Sim 端口时，Simulink Coder 软件不会为此模块生成代码
Ground （接地模块）	将未连接的输入端口接地，如果使用具有未连接的输入端口的模块运行仿真，Simulink 会发出警告，使用 Ground 模块将那些未连接的模块接地可以防止出现这些警告
In Bus Element （总线组件输入端口）	选择连接到输入端口的信号，该模块结合了输入块和总线选择器块的功能，其为输入块类型，使用同一端口的所有总线元素块共享"块参数"对话框；可以使用总线内元素块选择与端口关联的虚拟总线元素、虚拟总线或非总线信号，要从总线中选择多个信号，需使用多个该模块
In1 （输入信号模块）	为子系统或外部输入创建输入端口，将信号从系统外部链接到系统内；Simulink 软件根据以下规则分配 Inport 模块端口号： （1）按顺序自动为顶级系统或子系统内的输入模块编号，从 1 开始； （2）如果添加输入模块，标签将是下一个可用的编号； （3）如果删除输入模块，其他端口号将会自动重新编号，以确保输入模块按顺序排列并且没有跳过任何编号； （4）如果将输入模块复制到系统中，其端口号不会重新编号，除非当前编号与系统中已存在的输入模块发生冲突；如果复制的输入模块端口号不符合顺序，则会对该模块重新进行编号；否则，当运行仿真或更新模块图时，将出现一条错误消息。 对于包含总线信号的模型，如果总线信号中包含很多总线元素，则可以考虑使用 In Bus Element 和 Out Bus Element 模块，这些模块可以： （1）减少模块图中信号线的复杂度和杂乱无章； （2）使增量更改接口更容易； （3）允许访问更靠近使用点的总线元素，避免使用 Bus Selector 和 Goto 模块配置
Pulse Generator （脉冲发生器）	按固定间隔生成方波脉冲，该模块的波形参数 Amplitude、Pulse Width、Period 和 Phase delay 确定了输出波形的形状
Ramp （斜坡信号）	生成持续上升或下降的信号，可生成从指定时间和值开始并以指定的速率发生变化的信号，该模块的 Slope、Start time 和 Initial output 参数确定了输出信号的特征；进行标量扩展后，所有这些参数必须具有相同的维度
Random Number （正态分布随机数模块）	生成正态分布的随机数，可以使用任何 Random Number 模块，利用相同的非负种子和参数生成可重复的序列，每次开始仿真时，种子都会重置为指定的值；默认情况下，该模块会生成一个均值为 0、方差为 1 的序列，要生成具有相同均值和方差的随机数向量，将 Seed 参数指定为向量；应避免对随机信号求积分，因为求解器积分针对的只能为相对平滑的信号，这种情况请改用 Band-Limited White Noise 模块，该模块的数值参数在标量扩展后必须具有相同的维度，如果选中了 Interpret vector parameters as 1-D 复选框，而数值参数在标量扩展后是行或列向量，则模块将输出一维信号，如果清除 Interpret vector parameters as 1-D 复选框，模块将输出与参数具有相同维度的信号；要生成均匀分布的随机数，需使用 Uniform Random Number 模块

续表

名　称	功　能
Repeating Sequence （任意周期序列模块）	生成任意形状的周期信号，可以输出波形由 Time values 和 Output values 参数指定的周期性标量信号；Time values 参数指定输出时间向量，Output values 参数指定输出时间对应的信号幅值向量，这两个参数结合使用指定输出波形的重复间隔（信号周期）的各测量点确定的采样；默认情况下，这两个参数都是[0 2]，这些默认设置指定了从仿真开始每 2 s 重复一次，最大幅值为 2 的锯齿波形
Repeating Sequence Interpola ted （重复序列内插值模块）	输出离散时间序列并重复，从而在数据点之间插值，该模块根据 Vector of time values 和 Vector of output values 参数中的值输出周期性离散时序；在数据点之间，该模块根据 Lookup Method 参数指定的方法来确定输出
Repeating Sequence Stair （重复阶梯序列模块）	输出并重复离散时间序列，模块输出并重复用户使用 Vector of output values 参数指定的阶梯序列；例如，用户可以将向量指定为 [3 1 2 4 1]'，在每个时间间隔输出 Vector of output values 中的值，然后重复该序列
Signal Builder （信号创建器）	创建和生成可交替的具有分段线性波形的信号组，该模块允许用户创建可交替的分段线性信号源组，并在模型中使用，用户可以快速将信号组切换入模型或切换出模型，以便于测试
Signal Editor （信号编辑器）	显示、创建、编辑和切换可互换方案，信号编辑器块支持包含一个或多个标量的 MAT 文件，可以使用 signalBuilderToSignalEditor 函数将 Signal Builder 模块配置移植到 Signal Editor 模块
Signal Generator （信号发生器）	生成各种波形，可以产生正弦波、方波、锯齿波和随机波等 4 种不同波形，可以使用 hertz 或 rad/sec 为单位表示信号参数；Amplitude 和 Frequency 参数确定输出信号的幅值和频率
Sine Wave （正弦信号模块）	使用仿真时间作为时间源以生成正弦波，可在基于时间或基于采样的模式下运行；该模块相当于 Math Operations 模块库中的 Sine Wave Function 模块，如果在模块对话框中为 Time 参数选择了 Use external signal，将获得 Sine Wave Function 模块
Step （阶跃信号模块）	生成阶跃函数，可提供指定时间的两个可定义级别之间的阶跃；如果仿真时间小于 Step time 参数值，模块输出将为 Initial value 参数值；如果仿真时间大于或等于 Step time，输出则为 Final value 参数值；在标量扩展后，数值模块参数必须具有相同的维度，如果 Interpret vector parameters as 1-D 选项设置为 off，该模块将输出与参数具有相同维度和维数的信号；如果 Interpret vector parameters as 1-D 选项设置为 on 且数值参数为行或列向量（即单行或单列二维数组），该模块将输出向量（一维数组）信号，否则，模块将输出与参数具有相同维度和维数的信号
Uniform Random Number （均匀分布随机数模块）	生成均匀分布的随机数，在指定的间隔内生成均匀分布的随机数；可以使用任何 Uniform Random Number 模块，利用相同的非负种子和参数生成可重复的序列，每次开始仿真时，种子都会重置为指定的值；应避免对随机信号求积分，因为求解器积分针对的只能为相对平滑的信号，这种情况请改用 Band-Limited White Noise 模块；该模块的数值参数在标量扩展后必须具有相同的维度，如果选中了 Interpret vector parameters as 1-D 复选框，而数值参数在标量扩展后是行或列向量，则模块将输出 1 维信号；如果清除 Interpret vector parameters as 1-D 复选框，模块将输出与参数具有相同维数的信号；要生成正态分布的随机数，需使用 Random Number 模块
Waveform Generator （波形发生器）	使用信号符号输出波形，该模块根据用户在 Waveform Definition 表中输入的信号符号输出波形

9.2.17　String 模块库（字符串函数库）

单击 Simulink 标准库的 String 模块库，在窗口右侧可以看到 String 模块库的种类，如图 9-25 所示。MATLAB R2019b 版本 String 模块库共有 14 个功能模块，其功能如表 9-18 所示。

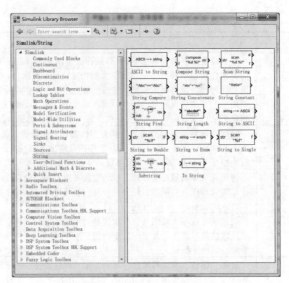

图 9-25　String 模块库

表 9-18　String 模块及其功能

名　　称	功　　能
ASCII to String （ASCII 码转字符串模块）	将 uint8 向量转换为字符串信号，在转换过程中，块将输入向量中的每个元素视为 ASCII 值。例如，该模块将输入向量[72 101 108 108 111]转换为字符串"Hello"
Compose String （组合字符串模块）	根据 Format 参数和输入信号组成输出字符串信号，该模块根据 format 参数中列出的格式说明符组成输出字符串信号；Format 参数决定输入信号的数量，如果有多个输入，模块通过按顺序组合这些输入来构造字符串，并应用关联的格式说明符，每个输入一个格式说明符；每个格式说明符以百分号%开头，后跟转换字符，例如，%f 将输入格式化为浮点输出；为了补充字符串输出，还可以在格式规范中添加字符，使用该模块可组合来自多个输入的输出字符串信号并设置其格式，例如，如果 Format 参数包含 "%s is%f"，则需要两个输入：字符串信号和单或双信号，如果第一个输入是字符串 "Pi"，第二个输入是一个双精度值 3.14，则输出为 "Pi is 3.14"
Scan String （扫描字符串模块）	扫描输入字符串并将其转换为符合 Format 参数指定格式的信号，该模块将值转换为十进制（以 10 为基数）表示，并将结果输出为数字或字符串信号，当需要把一个字符串（例如一个句子）分解成它的各个组成部分时，可以使用这个模块。例如，如果 Format 参数设置为 "%s is%f."，则将输出两部分：字符串信号和单个信号
String Compare （字符串比较模块）	比较两个输入字符串，要查看两个字符串是否相同，可使用此模块；可以指定匹配是否区分大小写以及要比较其中多少字符
String Concatenate （字符串连接模块）	串联各个输入字符串以形成一个输出字符串
String Constant （字符串常量模块）	输出由 String 参数指定的字符串，如果需要类型为 string 的常量，可使用该模块
String Find （字符串查找模块）	返回模式字符串第一次出现的索引，返回文本字符串 str 中首次出现的模式字符串 sub 的索引
String Length （字符串长度模块）	输出输入字符串的字符数
String to ASCII （字符串转 ASCII 模块）	将字符串信号转换为 uint8 向量，可将字符串中的每个字符转换为相应的 ASCII 值。例如，块将输入字符串"Hello"转换为[72 101 108 108 111]

续表

名　称	功　能
String to Double （字符串转双精度信号模块）	将字符串信号转换为双精度信号，扫描输入字符串并将其转换为符合 Format 参数指定格式的信号；该模块将值转换为其十进制（以 10 为基数）表示，并将结果作为数值或字符串信号输出，例如，如果 Format 参数设置为 "%s is %f."，则模块输出两个部分，即一个字符串信号和一个单精度信号；Scan String、String to Double 和 String to Single 模块是相同的模块，为 String to Double 配置时，模块将输入字符串信号转换为双精度数值输出，为 String to Single 配置时，模块将输入字符串信号转换为单精度数值输出
String to Enum （字符串转枚举信号模块）	将输入字符串转换为枚举信号，要使用该模块，需在当前文件夹中创建枚举类，并在"输出数据类型"参数中使用该类名称
String to Single （字符串转单信号模块）	将字符串信号转换为单个信号，可将值转换为十进制（以 10 为基数）表示，并将结果输出为数字或字符串信号；Scan String、String to Double、String to Single 等模块功能相同，当配置为 String to Double 时，块将输入字符串信号转换为双数值输出，当配置为 String to Single 时，块将输入字符串信号转换为单个数字输出
Substring （子串模块）	从字符串信号中提取子字符串，提取从与 idx 对应的字母开始的子字符串，并包含从 idx 开始的 len 个字符，例如，如果输入字符串为"hello123"，输入 idx 为 1，输入 len 为 5，则输出为"hello"；即提取从 1 开始的子字符串，然后提取 4 个字符，总共 5 个字符（hello）
To String （转换为字符串模块）	将输入信号转换为字符串信号，例如，假设使用此信号将逻辑值 1 或 0 转换为其字符串等效值"true"或"false"

9.2.18   User-Defined Functions 模块库（用户自定义函数库）

单击 Simulink 标准库的 User-Defined Functions 模块库，在窗口右侧可以看到 User-Defined Functions 模块库的种类，如图 9-26 所示。MATLAB R2019b 版本 User-Defined Functions 模块库共有 14 个功能模块，其功能如表 9-19 所示。

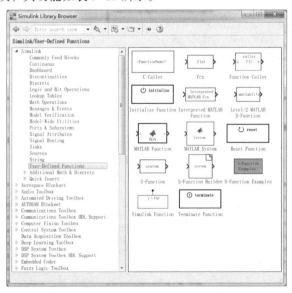

图 9-26   User-Defined Functions 模块库

表 9-19　User-Defined Functions 模块及其功能

名　称	功　能
C Caller （C 代码调用模块）	在 Simulink 中集成 C 代码，将外部 C 代码集成到 Simulink 中，导入和列出外部 C 代码中的函数，并允许用户选择要集成到 Simulink 模型中的已解析 C 函数；独立的 C 调用程序模块支持代码生成，对于更复杂的模型，代码生成取决于 Simulink 模型的功能
C Function （C 函数模块）	从 Simulink 模型集成并调用外部 C 代码，使用该模块定义外部代码，并通过预处理或后处理数据自定义代码的集成；此外，用户可以指定用于模拟和 C 代码生成的自定义代码，可以有条件地调用代码中定义的函数，也可以在一个块中调用多个函数；使用该模块可以初始化块的持久数据并将其传递给外部函数，支持初始化持久数据和从块对话框调用外部函数；该模块只支持初始化和终止持久性数据，不支持在模拟过程中更新数据，要对具有连续状态的动态系统进行建模，需使用 S 功能块
Fcn （用户自定义函数）	（不推荐）将指定的表达式应用于输入，该模块将指定的数学表达式应用于其输入，不建议使用 Fcn 模块，对于更复杂的表达式，可使用 MATLAB 函数块；对于不太复杂的表达式，可考虑替换为建模相同行为的模块
Function Caller （函数调用模块）	调用 Simulink 或导出的 Stateflow()函数，该模块调用并执行使用 Simulink Function 模块定义的函数或导出的 Stateflow()函数；使用 Function Caller 模块，用户可以从模型或图形层次结构中的任意位置调用函数
Initialize Function （初始化函数模块）	在发生模型初始化事件时执行内容，模块是预配置的子系统模块，它在发生模型初始化事件时执行；默认情况下，Initialize Function 模块包括一个 Event Listener 模块（其 Event 设置为 Initialize）、一个 Constant 模块（其 Constant value 设置为 0）和一个 State Writer 模块
Interpreted　MATLAB Function （嵌入 MATLAB 函数）	将 MATLAB 函数或表达式应用于输入，该模块用于将指定的 MATLAB 函数或表达式应用于输入，函数的输出必须与模块的输出维度相匹配；该模块很慢，因为它在每个积分步中都会调用 MATLAB 解析器；请考虑改用内置模块（如 Math Function 模块）；或者，可以编写 MATLAB S-Function 或 MEX 文件 S-Function 形式的函数，然后使用 S-Function 模块访问该函数
Level-2　MATLAB S-Function （M 文件的 S 函数）	在模型中使用 Level-2 MATLAB S-Function，该模块允许用户在模型中使用 Level-2 MATLAB S-Function，为此，请在模型中创建此模块的实例，然后，在模块参数对话框的 S-function name 字段中输入 Level-2 MATLAB S-Function 的名称。注意：使用 S-Function 模块在模块中包含 Level-1 MATLAB S-Function
MATLAB Function （MATLAB 现有函数）	将 MATLAB 代码包含在生成可嵌入式 C 代码的模型中，使用 MATLAB Function 模块可以编写用于 Simulink 模型的 MATLAB 函数；用户创建的 MATLAB 函数针对仿真执行，并生成以 Simulink Coder 为目标的代码
MATLAB System （MATLAB 系统模块）	在模型中包含 System object，MATLAB System 模块将现有的 System object（基于 matlab.System）添加到 Simulink 中，它还允许用户使用 System object API 为 Simulink 开发新模块；对于解释执行，模型使用 MATLAB 执行引擎进行模块仿真；对于代码生成，模型使用代码生成进行模块仿真（使用代码生成支持的 MATLAB 代码子集），MATLAB System 模块仅支持 MATLAB 中的部分可用函数；要使用 MATLAB System 模块，用户必须先创建新的 System object 或者使用现有的 System object
Reset Function （重启功能模块）	对模型重置事件执行内容，该模块是一个预先配置的子系统块，在模型复位事件中执行，默认情况下 Reset 功能模块包括 Event 设置为 Reset 的事件侦听器块、常量值设置为 0 的常量模块和 State Writer 模块
S-Function （调用 S 函数）	在模型中包含 S-Function，通过 S-Function 模块，可以从模块图中访问 S-Function；由 S-function name 参数指定的 S-Function 可以是 Level-2 MATLAB S-Function，也可以是 Level-1 或 Level-2 C MEX S-Function
S-Function Builder （建立 S 函数）	集成 C 或 C++代码以创建 S-Function，该模块集成新的或现有 C 或 C++代码，并根据用户提供的设定创建 C MEX S-Function；该模块不支持封装，但是用户可以封装包含 S-Function Builder 模块的 Subsystem 模块
Simulink Function （Simulink 函数模块）	使用 Simulink 模块定义的函数，该模块是一个预先配置的 Subsystem 模块，可以用它作为一个起点来使用 Simulink 模块以图形方式定义函数；该模块为函数调用方提供了文本接口，用户可以从 Function Caller 模块、MATLAB Function 模块或 Stateflow Chart 调用 Simulink Function 模块

续表

名　　称	功　　能
Terminate Function （终止功能模块）	对模型终止事件执行内容，该模块是一个预先配置的子系统块，在模型终止事件上执行； 默认情况下，Terminate 功能块包括事件侦听器块、终止器块和状态读取器块

由于学习领域、方向选择和篇幅限制，本节对 Simulink 模块库的功能进行了简要介绍，在深入学习和科研时，可以查阅 MATLAB 帮助文档；想了解函数库中的某个功能模块，可右击相应模块调出 MATLAB 的说明文档，其中有对被选中的功能模块的详细说明。

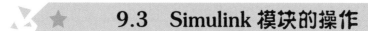

9.3　Simulink 模块的操作

Simulink 进行仿真的本质就是用模块构成模型，因此模块操作是 Simulink 仿真中十分重要的一个环节，本节主要对各个模块的详细操作进行简单介绍。

9.3.1　添加和选取模块

1．添加模块

当要把一个模块添加到模型中时，首先在 Simulink 模块库中找到它，然后在模块库中单击该模块，不要释放鼠标，将这个模块拖动到模型窗口中即可。

2．选取模块

当模块已经位于模型窗口中时，只要用鼠标在这个模块上单击就可以选中该模块，这时模块上出现一个白色的小方块，这些小方块就是该模块的关键点，拖动这些白色的小方块可以改变模块的大小。

如果要选中多个模块，可以在这些模块所在区域的一角按下鼠标左键不放，拖向该区域的对角，在此过程中会出现虚框，当虚框覆盖要选中的所有模块后，释放鼠标左键，这时在所有被选中的模块的角上及连线上都会出现淡蓝色小方块，表示模块被选中。

9.3.2　模块的复制和删除

1．复制模块

在模型制作的过程中，可能某一个模块可能要多次使用，总是从 Simulink 模块库中添加无疑是很麻烦。其实只要添加一个，其余的用这个模块复制即可。

在同一个模型窗口中复制模块时，首先按住【Ctrl】键不放，按下鼠标左键不放，拖动该模块，在拖动过程中，会显示该模块的虚框和一个加号，最后将模块放到合适的位置，释放鼠标和【Ctrl】键即可。

也可以使用 Edit 菜单下的 Copy 和 Paste 命令来进行复制和粘贴。注意在进行粘贴之前，可以用鼠标在模型的窗口中的适当位置单击，选择模块粘贴的位置，然后单击粘贴模块的左上角。

在不同窗口之间也可以复制模块，最简单的方法是直接将模块拖到目标窗口（不用按住【Ctrl】键），也可以通过复制→粘贴方式进行。

2．删除模块

选定模块，选择 Edit→Cut 命令，将模块剪切到剪切板；在右击弹出的快捷菜单中选择 Clear 命令将模块彻底删除，也可以使用【Delete】键进行彻底删除。右击模块，在弹出的快捷菜单中也有相应命令选项。

9.3.3　模块属性和参数的设置

1．模块参数的设置

仿真参数的设置可以对仿真的环境进行调整，使仿真过程更快，仿真结果更准确。选中要设置参数的模块，选择 Simulation→Blank Model→MODELING→Model Settings 命令，打开仿真环境参数对话框，如图 9-27 所示。

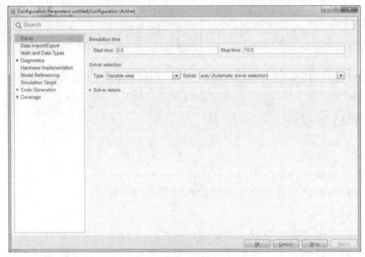

图 9-27　仿真环境参数对话框

可以看到左边树状列表框内包括一些选项，分别是 Solver、Data Import/Export、Math and Data Types、Diagnostics、Hardware Implementation、Model Referencing、Simulation Target、Code Generation、Coverage。在仿真中常用的是前面两个。

（1）Solver：Solver 的参数设置要根据仿真的具体内容而定，以便 Simulink 能够得到最好的结果。Solver 对话框如图 9-27 所示，其中参数设置主要包括 Simulation time 和 Solver Selection。

① Simulation time 栏：用来设置仿真的起始时间和终止时间。

② Solver Selection 栏：Type 下拉列表框给出仿真过程中的两种算法，即变步长算法（Variable-step）和固定步长算法（Fixed-step）。变步长能够在仿真的过程中自动调整步长大小以满足容许误差的设置和零跨越的需要，固定步长则不能。其他几个选项都是针对这两种类型而设置的具体的参数限定。

（2）Data Import/Export：Data Import/Export 对话框如图 9-28 所示，分为 Load from workspace、Save to workspace or file、Simulink Data Inspector、Additional parameters 4 栏。这个对话框的主要任务是设置参数来处理数据的输入和输出。

① Load from workspace 栏：Input 复选框说明了从工作区得到的输入数据，默认情况是两个列向量：一个是时间；另一个是和时间对应的数据值。Initial state 复选框说明输入数据的初始状态。

② Save to workspace or file 栏：说明了保存到工作区或文件的数据的参数，有 8 个复选框，分别是 Time、States、Output、Final states、Signal logging、Data stores、Log dataset to file、Single simulink output。

（3）后面 7 个子对话框的基本功能如下：

① Math and Data Types：设置非正态数的模拟行为和默认数据类型。

② Diagnostics：在调试仿真程序时，如果仿真程序中有错误则警告和提示出错。

③ Hardware Implementation：对系统硬件类型、常用数值和字符占用的字节进行设置。

④ Model Referencing：设置参考模型。

⑤ Simulation Targe：模拟目标。

⑥ Code Generation：代码生成。

⑦ Coverage：覆盖分析。

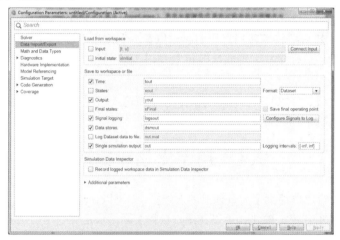

图 9-28　"Data Import/Export"对话框

2．模块属性的设置

与参数设置对话框不同，所有模块的属性（Properties）设置对话框都是一样的。选定要设置属性的模块，右击模块并在弹出的快捷菜单中选择 Properties 命令，打开图 9-29 所示的模块属性设置对话框。

模块属性设置对话框 General 选项卡中各项属性的意义：

（1）Description（说明）文本框：对该模块在模型中的用法进行说明。

（2）Priority（优先级）文本框：规定该模块在模型中相对于其他模块执行的优先顺序，优先级的数值必须是整数（可以是负数），该值越小优先级越高。

（3）Tag（标记）文本框：用户为模块添加的文字格式的标记。

图 9-29　模块属性设置对话框

9.3.4　模块间连线

1．连接两个模块

连接两个模块是最基本的情况，从一个模块的输出端连接到另一个模块的输入端。方法是先移动鼠标到输出端，鼠标箭头会变成十字光标，这时按住鼠标左键不放，拖动鼠标到另一个模块的输入端，当十字形光标出现"重影"时，释放鼠标即可完成连接。

如果两个模块不在同一个水平线上，连线是一条折线。若要用斜线表示，需要在连接时按住【Shift】键，也可以单击折线处，选中，拖动即可修复成直线。

2．模块间连线的调整

单击连线选中该连线，这时会看到线上的浅色背景，说明该线被选中。在关键点按住鼠标左键不放，拖动鼠标即可改变连线的走向。

3．连线的分支

用户经常会碰到需要把信号输送到不同接收端的情况，这时就需要分支结构的连线。可以先连好一条线，然后把鼠标移到直线的起点位置，先按住【Ctrl】键，然后按住鼠标左键不放，将连线拖动到目标模块，释放鼠标和【Ctrl】键即可。

4．标注连线

双击某一条连线，可以打开一个文本框，在里面输入标注文字，按【Esc】键确定。用户还可以将这个文本框拖动到合适的位置。

9.4　自定义功能模块

Simulink 不仅给用户提供了大量现成的功能模块，可以让用户方便地实现各种仿真功能，同时还给用户提供了自定义模块，可以让用户根据实际需求定义专用的功能模块。

9.4.1　自定义功能模块的生成

自定义功能模块就是根据需要自己"加工"所需要的功能模块。主要有两种方法：

（1）在设计好一个具有某种功能的 Simulink 程序时，把程序中的所有功能模块都选中，然后右击，在弹出的快捷菜单中选择 Create Subsystem from selection 命令，则产生一个自定义的功能模块。

（2）选中模块库中的 Ports & Subsystems 模块，在打开的菜单中把 Subsystem 模块复制到设计区，双击设计区的 Subsystem 模块就会出现 Subsystem 的设计区域。在此设计区域进行设计，并把 in 和 out 两个模块放在输入端和输出端，返回上一层设计区域，于是产生一个自定义的功能模块。

需要注意的有以下几点：

① 从子设计区域返回上一层设计区域，可以选择设计区顶端的 Navigate Up To Parent 按钮。

② 在打开模块库的 Ports & Subsystem 时，可以看到许多可以自定义功能模块的模块，Subsystem 只是其中的一个。这些模块分别有自己的适用范围，不同的情况下选用不同的模块。

③ 可以改变自定义功能模块的图标以及给自定义功能模块添加说明文档，设置自定义模块的初始选项卡。这些将在后面的范例中进行说明。

下面通过一个具体实例说明如何生成自定义功能模块：通过自定义功能模块产生函数 $\sin(x)\mathrm{e}^{-x}$ 的波形。

（1）程序设计步骤如下：

① 新建一个设计区，在设计区里放置图 9-30 所示的功能函数模块。其中，模块 Clock 和 Sine Wave 在 Sources 子模块库中，Fcn 模块在 User-Defined Functions 子模块库中，Dot Product

模块在 Math Operations 子模块库中，Out1 模块在 Sinks 子模块中。然后给各功能模块之间连线，这样组合前的设计窗口如图 9-30 所示，各模块的属性设置在下一步中说明。

② 双击 Sine Wave 打开一个对话框，把频率调整为 5 Hz。双击 Fcn 模块，在打开的属性对话框中把运算公式设置为 exp(- u)。

③ 把图 9-30 中的所有模块和连线选中，右击 Out 模块，在弹出的快捷菜单中选择 create subsystem from selection 命令，或单击选区右下角展开快捷功能按钮 Create subsystem，生成一个自定义的功能模块，结果如图 9-31 中的 subsystem，然后再添加 Scope 模块。

（2）运行结果：用示波器功能模块测试一下，在图 9-31 中选择 Simulation→Run 命令，然后双击 Scope，输出结果如图 9-32 所示。

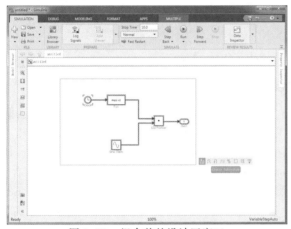

图 9-30　组合前的设计区窗口

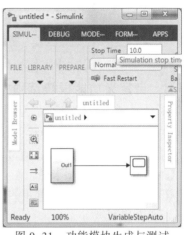

图 9-31　功能模块生成与测试

在示波器中看到的图形不是很平滑，可以通过调整传真环境参数优化输出结果，如图 9-33 所示。具体的操作方法：在设计区域 SIMULINK 选项卡中把参数 Stop time 改为 5；选择 Simulation→Blank Model→MODELING→Model Settings 命令，打开仿真环境参数对话框，单击 Additional parameters 展开设置选项，把参数 Refine factor 改为 4，如图 9-34 所示，重新开始仿真即可得到图 9-33 所示的输出结果。

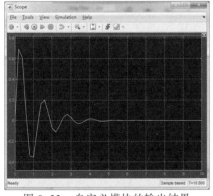

图 9-32　自定义模块的输出结果

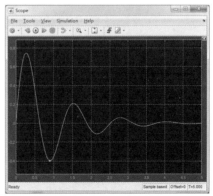

图 9-33　调整仿真环境参数后的波形

说明：Fcn 是一个数学函数运算模块，可以编辑模块所具有的数学函数运算功能。定义好一个子模块后，如果还想修改，可以把子模块调出来，双击后即可以修改。

图 9-34　Refine factor 设置

9.4.2　自定义功能模块选项卡的设置

封装是一种自定义模块用户界面,它可隐藏模块内容,使用自己的图标和参数对话框将内容以原子块的形式向用户显示,Mask Editor 对话框可帮助用户创建和自定义模块封装。当用户创建或编辑封装时,可以通过以下任一方式打开 Mask Editor 对话框:

①在 Modeling 选项卡中,在 Component 下,单击 Create Model Mask。

②选择模块,右击并在弹出的快捷菜单中选择 Mask→Create Mask 命令打开 Mask Editor 窗口,如图 9-35 所示。

Mask Editor 窗口包含一系列选项卡窗格,其中每个窗格允许用户定义一项封装功能。这些选项卡功能如下:

①Icon & Ports 选项卡:创建模块封装图标。

②Parameters & Dialog 选项卡:设计封装对话框。

③Initialization 选项卡:使用 MATLAB 代码初始化封装模块。

④Documentation 选项卡:添加有关模块封装的说明和帮助。

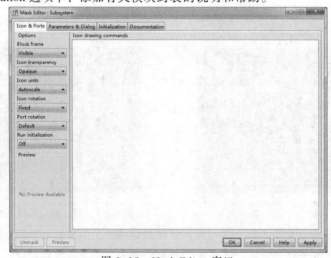

图 9-35　Mask Editor 窗口

9.5　Simulink 仿真的应用

Simulink 仿真的应用领域非常广泛，如数字电路、数字信号处理、通信仿真、电力系统仿真、宇航仿真等。本节通过一个实例来说明 Simulink 仿真的强大功能。

脉冲和数字技术广泛应用于电视、雷达、计算机、自动化、通信等各个方面。由于数字系统中高低电平分别用 0 和 1 表示，因此数字电路问题往往可以转化为一个数字上的逻辑问题。MATLAB 提供了逻辑运算模块和各种触发器模块，可以方便地进行数字电路设计和仿真。下面用 Simulink 来设计一个加法器。

在学习计算机基础的时候知道，两个二进制数之间的算术运算无论是加减乘除，最后都是化为若干步相加运算进行的。因此，加法器是算术运算器的基本单元。在计算机的 CPU 内，最基本的计算单元是加法器。

在本例中，将设计一个 16 位串行二进制加法器（即可用于计算两个 16 位二进制数加法的电路），最后得到的电路图如图 9-36 所示。

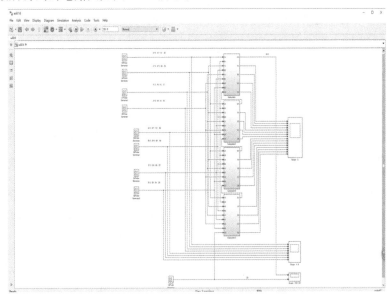

图 9-36　16 位全加器电路图

为了设计这个 16 位二进制加法器，先从最基础、最简单的情况说起。

1. 1 位全加器的设计

首先设计 1 位的不带进位的加法器，有时也称为半加器。如果用 A、B 表示两个输入的加数，S 表示相加的和（注意，由于不带进位，所以这里 S 也是一位的二进制数），这个半加器的逻辑表达式如下：

$$S = A\bar{B} + \bar{A}B = A \oplus B$$

很明显，半加器就是一个异或运算，当输入的两个加数相同时，输出 0；当输入的两个加数不相同时，输出 1。但是，如果要进行 4 位二进制的运算，就必须考虑进位问题。

下面就来考虑 1 位的二进制的全加器。所谓全加器，就是带进位输入和进位输出的加法器。1 位全加器有 3 个输入，分别是加数 A、B 和来自低位的进位 C；还有 2 个输出端，分别是和数 S 以及向高位进位 D。1 位全加器的输入／输出逻辑表达式如下：

$$\begin{cases} S = \overline{A}\overline{B}C + \overline{A}B\overline{C} + A\overline{B}\overline{C} + ABC \\ D = AB + BC + CA \end{cases}$$

有了逻辑表达式，就可以用 Simulink 来实现这个 1 位全加器。从逻辑表达式中可以看出，和数 S 的逻辑形式相当复杂，如果用基本的逻辑门（与门、或门、非门）来实现，需要 4 个与门，3 个或门，还有 6 个非门。但是如果将 S 进行一次变形，会发现 S 的表达式原来如此简单：

$$S = \overline{A}\overline{B}C + \overline{A}B\overline{C} + A\overline{B}\overline{C} + ABC$$
$$S = \overline{A}(\overline{B}C + B\overline{C}) + A(\overline{B}\overline{C} + BC)$$
$$S = \overline{A}(B \oplus C) + A(\overline{B \oplus C})$$
$$S = A \oplus B \oplus C$$

可以看到，可以仅用一个或非门实现 S 的电路。这个例子告诉我们，在得到逻辑表达式后，不要立即动手设计电路，而是考虑能否用更简单的电路来实现，以大量减少工作量。

基于 Simulink 的 1 位全加器仿真设计与实现的步骤如下：

（1）启动 MATLAB 程序，在 MATLAB 的命令窗口中输入 Simulink 后按【Enter】键，或者单击"主页"窗口中的图标，打开 Simulink 的功能模块函数库窗口。

（2）在功能模块函数库窗口中，选择 File→New→Model 命令，或者通过按【Ctrl+N】组合键打开一个空白设计窗口。

（3）由上面的逻辑表达式可知，实现 1 位全加器电路只需 5 个基本的逻辑运算模块。首先选择 Simulink 下面的 Commonly Used Blocks，然后选择 Logical Operator 模块，将逻辑运算模块用鼠标拖动到空白设计区，并复制为 5 个。

（4）设置 5 个逻辑运算模块的参数，依次双击逻辑运算模块图标，在打开的对话框中修改 Operator 和 Number of input ports 项，其中 3 个逻辑运算模块设为 2 输入与门（AND），另一个设置为 3 输入或门（OR），最后一个设置为 3 输入异或门（XOR）。

（5）将整个模型连接起来。Simulink 为用户提供了非常方便的连线方法，当将鼠标置于某模块的输出或者输入端口附近时，鼠标显示为十字形，单击鼠标并将其拖动至待连接的另一个模块的端口即可。若连线后对连线的走向不满意，可以选中该线，然后拖动它的关键点移动，直到满意为止。

（6）设置输入端、输出端以及运算模块的标志字符。

通过以上操作即可完成 1 位全加器的 Simulink 仿真设计，基于 Simulink 的 1 位全加器仿真设计如图 9-37 所示。

实现了 1 位全加器后，就可以很轻松地实现 4 位全加器。只要将 4 个 1 位全加器级联起来，前一个的高位进位端 D 送入后一个的低位进位端 C，就可以实现 4 位数的相加了。这其实就是利用了进位端，将 4 个 1 位全加器分别用于个位、十位、百位、千位上的运算。

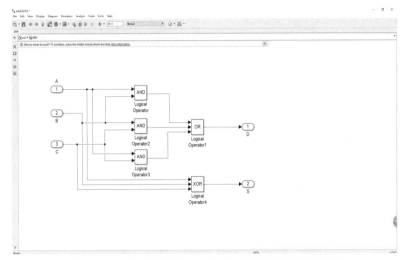

图 9-37　1 位全加器的 Simulink 仿真设计模块连接图

2. 用 Simulink 实现 4 位全加器

（1）添加模块。首先从 MATLAB 命令窗口运行 Simulink，然后新建一个电路模型。在这个电路中，由于要用到 4 个全加器，所以可以引入子系统来简化电路。从上面推得的逻辑表达式可以知道，这个电路中只需要逻辑运算（Simulink→Commonly Used Blocks→Logical Operator）、离散脉冲源（Simulink→Sources→Pulse Generator）、示波器（Simulink→Sinks→Scope）以及子系统（Simulink→Commonly Used Blocks→Subsystem）。

在这个例子中，采用了直接生成子系统的方法，所以不必将子系统模块拖入模型中。只将另外 3 种模块放入新建模型中即可。

（2）修改模块参数。首先要完成逻辑部分的电路。将逻辑运算模块复制为 5 个，其中 3 个设为 2 输入与门（AND），另一个设置为 3 输入或门（OR），最后一个设置为 3 输入异或门（XOR）。

然后用鼠标将这部分逻辑电路，选中右击，在弹出的快捷菜单中选择 Create Subsystem 命令，将自动生成一个子系统。将各个输入、输出端口命名为 A、B、C、SUM 和 D。然后在顶层图中将这个子系统模块命名为 ADD0，并复制为 4 个。

随后完成仿真部分的电路。将脉冲源复制为 8 个，用来产生 4 个 4 位的加数，分别命名为 A0～A3 和 B0～B3。参数设置如表 9-20 所示。

表 9-20　全加器脉冲源参数设置

参　　数	A0	A1	A2	A3	B0	B1	B2	B3
幅度	1	1	1	1	1	1	1	1
周期	4	4	4	4	4	4	4	4
脉宽	1	1	1	1	3	3	3	3
相位延迟	0	1	2	3	0	1	2	3
采样时间	5	5	5	5	5	5	5	5

最后将示波器复制为 3 个，2 个改为 4 输入，用来监视 2 个加数的波形，另一个改为 5 输入，用来监视和数以及进位。这样就完成了所有参数的设置，现在模型窗口中应该只看到 4 个子系统、8 个脉冲源和 3 个示波器。

（3）连线及仿真：参照图 9-38 连线，并在相应的连线上标注。

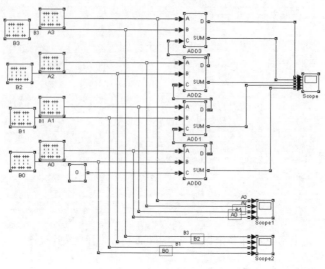

图 9-38　4 位全加器

选择 Simulation→Configuration Parameters 命令，将仿真时间设置为 0～20 s，其余采用默认值，然后将这个模型保存到 MATLAB 的 work 目录下。

最后，单击模型窗口中的运行图标进行仿真，双击打开示波器 Scope1，它监视的第 1 个加数对应的 4 个输入信号如图 9-39 所示；双击打开示波器 Scope2，它监视的第 2 个加数对应的 4 个输入信号如图 9-40 所示。

从这个波形图上可以读出加数的值，从而可以进行计算，看看理论上的结果应该是怎么样的，再与电路输出的波形进行比较。理论计算结果如下：

0～5 s：　　A3 A2 A1 A0=0001　　B3 B2 B1 B0=0001　　D S3 S2 S1S0=00010

5～10 s：　　A3 A2 A1 A0=0010　　B3 B2 B1 B0=0011　　D S3 S2 S1S0=00101

10～15 s：　A3 A2 A1 A0=0100　　B3 B2 B1 B0=0111　　D S3 S2 S1S0=01011

15～20 s：　A3 A2 A1 A0=1000　　B3 B2 B1 B0=1110　　D S3 S2 S1S0=10110

双击示波器 Scope 打开输出波形，如图 9-41 所示，可以看到实际的输出和计算的结果一致。

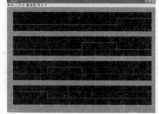

图 9-39　第一个加数的波形　　　图 9-40　第二个加数的波形　　　图 9-41　4 位加法器的输出结果

3. 用 Simulink 实现 16 位全加器

设计完成 1 位全加器后，用 Simulink 子系统概念先设计一个 4 位串行二进制加法器（即可用于计算两个 4 位二进制数加法的电路），再实现 16 位全加器的逻辑运算的电路设计。设计步骤如下：

（1）用鼠标将 1 位全加器部分逻辑电路沿着对角线方向拖动，全部选中模块后右击，在弹出的快捷菜单中选择 Create Subsystem From Selection 命令，或者按【Ctrl+G】组合键。自动生成一个 1 位全加器子系统。将各个输入、输出端口命名为 A、B、C、SUM 和 D。然后在顶层图中将这个子系统模块命名为 ADD，并复制到 4 个，系统自动将模块依次命名为 ADD0、ADD1、ADD2、ADD3。将输入端口自上而下、从高位到低位依次排序 1~9，端口名称依次命名为 A3~A0、B3~B0、C0，将输出端口自上而下、从高位到低位依次排序 1~5，端口名称依次命名为 D3、S3~S0；将低位进位输出端与高位进位输入端依次连接，完成 4 位串行二进制加法器仿真部分的电路。

（2）用鼠标将 4 位全加器部分逻辑电路选中右击，方法同（1），自动生成一个 4 位全加器子系统。复制 4 个 4 位全加器子系统，将输入端口自上而下端口名称依次命名为 A15~A0、B15~B0、C0，将输出端口自上而下端口名称依次命名为 D15、S15~S0，将低位进位输出端与高位进位输入端依次连接，完成 16 位串行二进制加法器仿真部分的电路。

（3）添加离散脉冲源和示波器模块。分别执行操作 Simulink→Sources→Pulse Generator 和 Simulink→Sinks→Scope，将离散脉冲源 Pulse Generator 和示波器 Scope 模块拖动到设计区。将脉冲源复制到 9 个，8 个分别用来产生 4 个 4 位的加数以及被加数的脉冲高低电平信号，1 个用来对最低位进位 C0 脉冲电平信号置 0。最后将示波器复制为 3 个，1 个输入端口设置为 8 个，用来监视 2 个加数的波形；1 个输入端口设置为 16 个，用来监视和数的波形；1 个输入端口设置为 2 个，用来监视最高位进位输出结果以及最低位置 0 的波形。

（4）参照图 9-36 连线，并在相应的连线上做标注，完成 16 位全加器的虚拟仿真逻辑电路设计。

4. 16 位全加器的虚拟仿真实验结果及分析

要实现全加器的虚拟仿真，首先对 16 位全加器加数 A、B 脉冲源参数进行设置，脉冲源的幅度、周期、脉宽、相位延迟等参数设置分别如表 9-21 和表 9-22 所示。最低位置 0 脉冲源参数的幅度、周期、脉宽、相位延迟分别设置为 4、4、1、20。这样就完成了所有脉冲源参数的设置。

表 9-21　16 位全加器 A 脉冲源参数设置表

参数	A0	A1	A2	A3	A4	A5	A6	A7	A8	A9	A10	A11	A12	A13	A14	A15
幅度	4	4	4	4	4	4	4	4	4	4	4	4	4	4	4	4
周期	4	4	4	4	4	4	4	4	4	4	4	4	4	4	4	4
脉宽	1	1	1	1	1	1	1	1	1	1	1	1	1	1	1	1
相位延迟	0	1	2	3	0	1	2	3	0	1	0	1	2	3	0	3

表 9-22　16 位全加器 B 脉冲源参数设置表

参数	B0	B1	B2	B3	B4	B5	B6	B7	B8	B9	B10	B11	B12	B13	B14	B15
幅度	4	4	4	4	4	4	4	4	4	4	4	4	4	4	4	4
周期	4	4	4	4	4	4	4	4	4	4	4	4	4	4	4	4
脉宽	1	1	1	1	1	1	1	1	1	1	1	1	1	1	1	1
相位延迟	3	1	0	3	3	1	0	3	1	0	3	3	1	0	3	3

选择 Simulation→Configuration Parameters 命令，将仿真时间设置为 0~20 s，其余采用默认值，然后将这个模型文件保存到用户目录 add16 下。

单击模型窗口中的运行图标 RUN 进行仿真。双击打开示波器 Scope AB，它监视的加数 A、B 对应的 16 个输入信号，如图 9-42 所示。双击示波器 Scope D C0 打开输出波形，用来监视最高位进位以及最低位置 0 的波形，如图 9-43 所示。双击打开示波器 Scope S，它监视和数对应的 16 个输出信号，如图 9-44 所示。

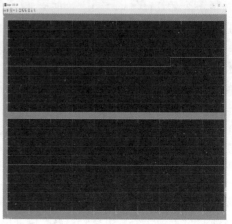

图 9-42　被加数、加数 A、B 波形图　　　　图 9-43　最高位进位与最低位置 0 的波形图

从图 9-42~图 9-44 波形图上可以读出加数、进位数、和数、进位数的逻辑值，将波形图读数进行二进制运算：

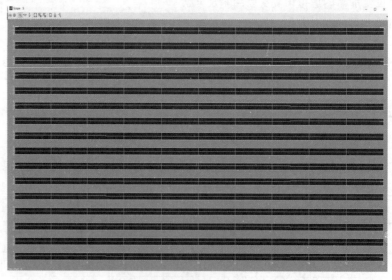

图 9-44　16 位全加器的 Simulink 仿真和数 S 波形图

在 0~5 s、5~10 s、10~15 s 和 15~20 s 示波器对应的显示结果如下：

①0~5 s A、B 对应的高低电平组和分别为：

A15 A14 A13 A12 A11 A10 A9 A8 A7 A6 A5 A4 A3 A2 A1 A0 依次对应 0001000100010001

B15 B14 B13 B12 B11 B10 B9 B8 B7 B6 B5 B4 B3 B2 B1 B0 依次对应 0100010001000100

0～5 s S 对应的高低电平组为：0101010101010101

②5～10 s A、B 对应的高低电平组和分别为：

A15 A14 A13 A12 A11 A10 A9 A8 A7 A6 A5 A4 A3 A2 A1 A0 依次对应 0010001000100010

B15 B14 B13 B12 B11 B10 B9 B8 B7 B6 B5 B4 B3 B2 B1 B0 依次对应 0010001000100010

5～10 s S 对应的高低电平组为：0100010001000100

③10～15 s A、B 对应的高低电平组和分别为：

A15 A14 A13 A12 A11 A10 A9 A8 A7 A6 A5 A4 A3 A2 A1 A0 依次对应 0100010001000100

B15 B14 B13 B12 B11 B10 B9 B8 B7 B6 B5 B4 B3 B2 B1 B0 依次对应 0000000000000000

10～15 s S 对应的高低电平组为：0100010001000100

④15～20 s A、B 对应的高低电平组和分别为：

A15 A14 A13 A12 A11 A10 A9 A8 A7 A6 A5 A4 A3 A2 A1 A0 依次对应 1000100010001000

B15 B14 B13 B12 B11 B10 B9 B8 B7 B6 B5 B4 B3 B2 B1 B0 依次对应 1001100110011001

15～20 s S 对应的高低电平组和为：0010001000100001

由二进制运算法则可以验证观察到的示波器输出结果和逻辑运算结果是完全一致的，把理论计算结果与电路输出的波形显示结果进行比较，二者结果一致，验证了虚拟仿真结果的正确性。

★ 小　结 ★

通过本章的学习，用户了解了系统仿真的基本思路和方法，同时也介绍了仿真在某些领域中的应用。MATLAB 的 Simulink 工具箱的功能非常强大，从人们开发的各个领域的仿真子工具箱就可以看出来，它涉及许多科学前沿的研究工作。为了对 Simulink 强大的功能有个了解，可以打开 MATLAB 的演示 Demo，其中有关 Simulink 的演示示例非常多。这些 Demo 虽然看起来令人眼花缭乱，事实上都是根据本章所讲的方法建立起来的，只不过是功能模块更多，步骤更繁复罢了。

Simulink 可以运用仿真技术解决科研和工程中的实际问题。限于篇幅和 Simulink 本身内容的丰富，本章所介绍的仅仅是 MATLAB 和 Simulink 的部分入门知识。当前有大量的 MATLAB 和 Simulink 的书籍，所以感兴趣的读者可以参考这些资料。

如果需要对 MATLAB 进一步学习，可以参考 MATLAB 的帮助文档，其中对每一个功能模块的说明非常详细。另外，还可以参考 MATLAB 提供的 Demo，来编写自己的类似仿真程序。

★ 习　题 ★

1. 设计 $f(x)=\sin x$ 和 $g(x)=\sin 2x$ 正弦波相加的仿真程序。

2. 对正弦波进行取绝对值运算的仿真。

3. 通过仿真实现动态画圆。

4. 设计一个 8 线–3 线编码器。

5. 求解微分方程 $\begin{cases} \dot{x}_1 = x_1^2 + x_2^2 - 4 \\ \dot{x}_2 = 2x_1 - x_2 \end{cases}$。

6. 仿真实现弹跳的皮球。

7. 单摆系统的摆杆长 L 且忽略质量，小实心铁球的质量为 m，阻滞阻尼比为 b，其运动的数学模型可表示为 $-mg\sin\theta - bL\theta' = mL\theta''$，取 $b=0.03$、$g=9.8$、$m=0.3$，试基于 Simulink 仿真求解。

8. 求解食饵-捕食者模型：设食饵数量为 $x(t)$，捕食者数量为 $y(t)$，食饵-捕食者数学模型可描述为：

$$\begin{cases} x' = x(r - ay) \\ y' = y(-d + bx) \end{cases} \text{ 或 } \begin{pmatrix} x' \\ y' \end{pmatrix} = \begin{pmatrix} r - ay & 0 \\ 0 & -d + bx \end{pmatrix}\begin{pmatrix} x \\ y \end{pmatrix}$$

取 $r=1$、$d=0.5$、$a=0.1$、$b=0.02$、$x(0)=25$、$y(0)=2$，基于 Simulink 对数学模型进行求解并绘制 $x(t)$、$y(t)$ 以及 $y(x)$ 对应的图形。

9. 设计一个简易的二进制乘法器，要求输入两个二进制数据 A 和 B，则计算出二者相乘的结果。

第 10 章
MATLAB 应用实例

本章要点

◎ 了解 MATLAB 在图像处理、绘制曲线图，信号分析等方面的应用；
◎ 学会利用 MATLAB 求解实际问题。

通过本章应用实例的学习，使读者更加深刻地了解 MATLAB 强大的应用功能。

★ 10.1 曲线图的绘制 ★

【例 10.1】利用 MATLAB 进行卫星（月球）绕地球运行系统模拟。

程序设计如下：

```
clc;
clear all;
close all;
%地球的半径设为 100
R0=100;
a=12*R0;
b=9*R0;
%轨道周期设为 T0
T0=2*pi;
T=5*T0;
dt=pi/100;
t=[0:dt:T]';
%地球与另一焦点的距离
f=sqrt(a^2-b^2);
%卫星轨道与 xoy 面的倾角
th=12.5*pi/180;
E=exp(-t/20);
x=E.*(a*cos(t)-f);
y=E.*(b*cos(th)*sin(t));
z=E.*(b*sin(th)*sin(t));
figure;
box on;
hold on;
axis off
plot3(x,y,z,'k');
[X,Y,Z]=sphere(30);
X=R0*X;
```

```
Y=R0*Y;
Z=Z*R0;
surf(X,Y,Z);
colormap('hot');
shading interp;
%确定坐标范围
axis([-18 6 -12 12 -6 6]*R0)
view([117 37]);
h=plot3(x(1), y(1), z(1), 'ro', 'MarkerFaceColor', 'g');
set(gcf, 'Color', 'w');
title('月球绕地球模拟', 'FontWeight',
...'Bold', 'Color', 'r');
for i=1 : length(x)
set(h, 'xdata',x(i), 'ydata',y(i),
...'zdata', z(i));
pause(0.01);
end
```

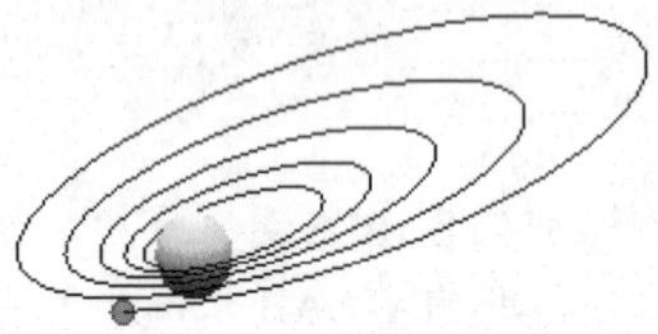

图 10-1　卫星绕地球运行系统程序的运行结果

程序运行结果如图 10-1 所示。

★ 10.2　MATLAB 信号的基本操作实例

【例 10.2】试用 MATLAB 生成一个幅度为 1、以 $t = 2T$ 为对称中心的矩形脉冲信号 $y(t)$。

矩形脉冲信号在 MATLAB 中用 rectpuls() 函数表示，其调用方式如下：

```
y=rectpulse(t,width)
```

用以产生一个幅度为 1、宽度为 width 以 $t = 0$ 为对称中心的矩形脉冲波。Width 的默认值为 1。

```
t=0:0.001:4;
T=1;
yt=rectpuls(t-2*T,2*T);
plot(t,yt)
axis([0,4,0,1.2]);
```

运行结果如图 10-2 所示。

【例 10.3】使用 MATLAB 绘制信号 $y(t)= \frac{\sin[\pi(t-2)]}{\pi(t-2)}$ 的波形。

信号 $y(t) = \sin c(t-2)$，可以使用 sinc() 函数表示。

```
t=-4:0.001:8
t1=t-2;
y=sinc(t1);
plot(t,y);
xlabel('t');
ylabel('y(t)');
axis([-4,8,-0.4,1.0])
grid on
t=-4:0.001:8
t1=t-2;
y=sinc(t1);
plot(t,y);
xlabel('t');
ylabel('y(t)');
axis([-4,8,-0.4,1.0])
grid on
```

运行结果如图 10-3 所示。

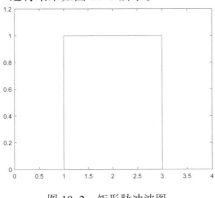

图 10-2　矩形脉冲波图

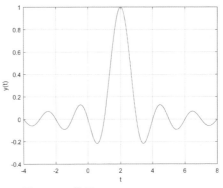

图 10-3　信号($y(t)= \frac{\sin[\pi(t-2)]}{\pi(t-2)}$)波形图

10.3　简易计算器

利用 MATLAB R2019b 设计一个图形用户界面的简易计算器，实现对十进制数的加、减、乘、除计算。

程序如下所示：

```
%实例10-3: 简易计算器
clc
clear all
figure('Name','简易运算器',…
    'NumberTitle','off',…
    'position',[800 500 400 240]);
h1=uicontrol(gcf,'style','text','string','x',…
    'value',1,'position',[40 180 40 20] );
h2=uicontrol(gcf,'style','text','string','y',…
    'position',[40 130 40 20]);
h3=uicontrol(gcf,'style','text','string','value',…
    'position',[40 80 40 20]);
e1=uicontrol(gcf,'style','edit',…
    'position',[100 180 80 30]);
e2=uicontrol(gcf,'style','edit',…
    'position',[100 130 80 30]);
e3=uicontrol(gcf,'style','edit',…
    'position',[100 80 80 30]);
b1=uicontrol(gcf,'style','pushbutton',…
    'string','+',…
    'position',[230 180 80 30],…
    'callback',[…
    'x=str2num(get(e1,''string''));,',…
    'y=str2num(get(e2,''string''));,',…
    'z=x+y;,',…
    'set(e3,''string'',num2str(z))']);
b2=uicontrol(gcf,'style','pushbutton',…
```

```
     'string','-',…
     'position',[230 130 80 30],…
     'callback',[…
     'x=str2num(get(e1,''string''));,',…
     'y=str2num(get(e2,''string''));,',…
     'z=x-y;,',…
     'set(e3,''string'',num2str(z))']);
b3=uicontrol(gcf,'style','pushbutton',…
     'string','*',…
     'position',[230 80 80 30],…
     'callback',[…
     'x=str2num(get(e1,''string''));,',…
     'y=str2num(get(e2,''string''));,',…
     'z=x*y;,',…
     'set(e3,''string'',num2str(z))']);
b4=uicontrol(gcf,'style','pushbutton',…
     'string','/','position',[230 30 80 30],…
     'callback',[…
     'x=str2num(get(e1,''string''));,',…
     'y=str2num(get(e2,''string''));,','z=x/y;,',…
     'set(e3,''string'',num2str(z))']);
b5=uicontrol(gcf,'style','pushbutton',…
     'string','退出',…
     'position',[100 30 80 30],'callback','close');
```

代码存为 ex10_3.m，运行结果如图 10-4 所示，在 x、y 文本框中输入数据，单击"+、-、*、/"运算按钮便可在 valve 文本框中显示对应的计算结果。

图 10-4   简易运算器

10.4   万年历日期查询

计算万年历例子是给出具体的年月日可以输出到该日期对应是星期几和其是本年度第几周，具体程序代码如下：

```
%实例10-4: 万年历日期查询
clc
clear all
h0=figure('toolbar','none',…
```

```
    'position',[800 500 408 210],…
    'name','日期查询',…
    'NumberTitle','off');
h1=axes('parent',h0,…
    'position',[0.15 0.5 0.7 0.5],…
    'visible','off');
huidiao=[ 'yearnum=str2num(get(edit1,''string''));,',…
    'monthnum=str2num(get(edit2,''string''));,',…
    'daynum=str2num(get(edit3,''string''));,',…
    'monthday=[0 31 28 31 30 31 30 31 31 30 31 30 31];,',…
    'dyear=yearnum-2000;,',…
    'beishu=fix(dyear/4);,',…
    'yushu=rem(yearnum,4);,',…
    'if yushu==0,',…
    'monthday(3)=29;,',…
    'end,',…
    'mday=0;,',…
    'for i=1:monthnum,',…
    'mday=monthday(i)+mday;,',…
    'end,',…
    'yearday=mday+daynum-1;,',…
    'noweek=ceil(yearday/7);,',…
    'set(edit5,''string'',[''第'',num2str(noweek+1),''周'']);,',…
    'if dyear>0,',…
    'if yushu==0,',…
    'beishu=beishu-1;,',…
    'end,',…
    'dday=yearday+365*dyear+beishu+1;,',…
        'end,',…
    'if dyear<=0,',…
    'dday=365*dyear+yearday+beishu;,',…
    'end,',…
    'mweek=rem(dday,7)+7;,',…
    'if mweek==8,',…
    'set(edit4,''string'',''Sunday'');,',…
    'end,',…
    'if mweek==9,',…
    'set(edit4,''string'',''Monday'');,',…
    'end,',…
    'if mweek==10,',…
    'set(edit4,''string'',''Tuesday'');,',…
    'end,',…
    'if mweek==11,',…
    'set(edit4,''string'',''Wednesday'');,',…
    'end,',…
    'if mweek==12,',…
    'set(edit4,''string'',''Thursday'');,',…
    'end,',…
    'if mweek==13,',…
    'set(edit4,''string'',''Friday'');,',…
    'end,',…
    'if mweek==7,',…
    'set(edit4,''string'',''Saturday'');,',…
```

```
    'end,',…
    'if mweek==6,',…
    'set(edit4,''string'',''Friday'');,',…
    'end,',…
    'if mweek==5,',…
    'set(edit4,''string'',''Thursday'');,',…
    'end,',…
    'if mweek==4,',…
    'set(edit4,''string'',''Wednesday'');,',…
    'end,',…
    'if mweek==3,',…
    'set(edit4,''string'',''Tuesday'');,',…
    'end,',…
    'if mweek==2,',…
    'set(edit4,''string'',''Monday'');,',…
    'end,',…
    'if mweek==1,',…
    'set(edit4,''string'',''Sunday'');,',…
    'end'];
edit1=uicontrol('parent',h0,…
    'style','edit',…
    'horizontalalignment','center',…
    'fontsize',10,…
    'position',[40 160 80 30]);
text1=uicontrol('parent',h0,…
    'style','text',…
    'string','年',…
    'horizontalalignment','left',…
    'fontsize',10,…
    'position',[120 155 50 30]);
edit2=uicontrol('parent',h0,…
    'style','edit',…
    'horizontalalignment','center',…
    'fontsize',10,…
    'position',[180 160 50 30]);
text2=uicontrol('parent',h0,…
    'style','text',…
    'string','月',…
    'fontsize',10,…
    'horizontalalignment','left',…
    'position',[230 155 50 30]);
edit3=uicontrol('parent',h0,…
    'style','edit',…
    'horizontalalignment','center',…
    'fontsize',10,…
    'position',[280 160 50 30]);
text3=uicontrol('parent',h0,…
    'style','text',…
    'string','日',…
    'horizontalalignment','left',…
    'fontsize',10,…
    'position',[330 155 50 30]);
edit4=uicontrol('parent',h0,…
    'style','edit',…
```

```
            'horizontalalignment','left',…
                'fontsize',10,…
            'position',[210 110 120 30]);
text4=uicontrol('parent',h0,…
        'style','text',…
        'string','日期对应星期: ',…
        'horizontalalignment','right',…
        'fontsize',10,…
        'position',[102 105 100 30]);
edit5=uicontrol('parent',h0,…
        'style','edit',…
        'horizontalalignment','left',…
            'fontsize',10,…
        'position',[210 70 120 30]);
text5=uicontrol('parent',h0,…
        'style','text',…
        'string','该日期为本年度: ',…
            'fontsize',10,…
        'horizontalalignment','left',…
        'position',[95 65 110 30]);
button1=uicontrol('parent',h0,…
        'style','pushbutton',…
        'position',[80 20 80 30],…
        'string','开始',…
        'callback',huidiao);
button2=uicontrol('parent',h0,…
        'style','pushbutton',…
        'position',[220 20 80 30],…
        'string','关闭',…
        'callback','close');
```

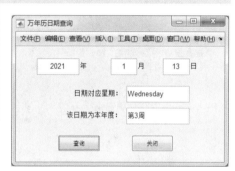

图 10-5　日期查询结果

将代码存为 ex10_4.m 并运行程序，运行结果如图 10-5 所示，在运行界面上分别输入年月日数据，单击查询按钮即可将查询结果分别显示在下方的两个文本框中。

10.5　弹簧振动系统模型

实时动画制作——弹簧振动系统模型。

（1）建模：设质量为 M 的物体连接在弹性系数为 K 的弹簧上，弹簧振幅为 A，t 时刻弹性振动时伸长长度为 x。若物体在光滑表面上水平位移（忽略物体与平面的摩擦力），其将做相对平衡位置的理想简谐运动，则物体振动的速度为 $\dfrac{\mathrm{d}x}{\mathrm{d}t}$、加速度为 $\dfrac{\mathrm{d}^2 x}{\mathrm{d}t^2}$，根据胡克定律和牛顿第二定律，可用下式描述弹簧振动模型：

$$M\frac{\mathrm{d}^2 x}{\mathrm{d}t^2} + Kx = 0$$

其解为 $x = A\cos\sqrt{\dfrac{K}{M}}\,t$，为便于仿真计算，取 $K=M$，$A=5$。

（2）MATLAB 程序（ex10_5.m）如下：

```
clc
clear
offset=4;       %滑块的大小
%创建和初始化图形窗口
figure('Name','onecart Animation','NumberTitle','off');
onecart=findobj('Type','figure','Name','onecart Animation');
axis([-10 20 -7 7]);
hold on;
xySpr1=[0    0;   0.4    0;   0.8    0.65;    1.6   -0.65;…
        2.4   0.65;  3.2   -0.65;   3.6    0;    4.0    0];  %弹簧的横纵坐标
xyBx11=[0    1.2;   0   -1.2;   0    0];                     %滑块的数据
xyBx21=[0    1.2;   2    1.2;   2   -1.2;…
        0   -1.2;   0    1.2];                               %滑块的数据
xBx11=xyBx11(:,1);
yBx11=xyBx11(:,2);
xBx21=xyBx21(:,1);
yBx21=xyBx21(:,2);
xSpr1=xySpr1(:,1);
ySpr1=xySpr1(:,2);
x=[xBx11;xSpr1;xBx21(:,1)+offset];
y=[yBx11;ySpr1;yBx21];
%画出滑动物体下的水平面
plot([-10 20],[-1.4 -1.4],'blue',…
    [-10:19;-9:20],[-2 -1.4],'blue','LineWidth',2);
hold on;
%画出弹簧和滑块
    hndl= plot(x,y,'linewidth',2,'color','blue');
%设置绘图区颜色
    set(gca,'color','yellow')
%设置图形窗口颜色
    set(gcf,'color','yellow');
    t=0;
    dt=0.1;
    u0=5;
    while t<30         %画动态图
        t=t+dt;
        u=u0+5*cos(t);
        u=u+offset;
        distance=u;
        x=[xBx11;
    %改变滑块坐标
            xSpr1/4*distance;
            xBx21+distance];
        set(hndl,'xdata',x);
    %更新图形
        drawnow update;
        pause(0.1);
end
```

（3）程序运行结果。

程序的运行结果如图 10-6 和图 10-7 所示。

说明：因新版本 MATLAB 不再支持 erasemode 属性，不能使用该属性实现动态画图；本例中设置了运行时间，大约为 30 s，本程序的运行时间和具体的计算机配置有关，用户可以根据具体情况通过修改时间 t 和渐进 dt 来改变运行的时间。

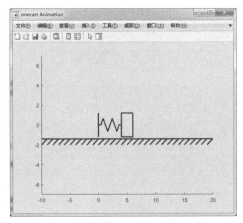

图 10-6　弹簧被压缩时的图形

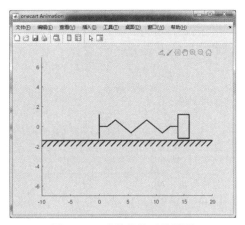

图 10-7　弹簧拉伸时的图形

10.6　图像加密与解密

图像加密是将肉眼可识别的图像信息重构成一张类噪声的图像，加密后的图像不包含原始图像的任何有用信息。因此，图像加密所要做的就是对图像矩阵进行处理，以达到最终的加密之目的。

图像加密常见的两种操作是混淆和扩散。混淆的意思是指打乱二维矩阵中像素值原来所在的位置；而扩散的意思是指原始图像中一个像素值的微小改变，会导致整幅图像中像素值的巨大变化。

常用的混淆方法有排序、循环移位、Arnold 变换、幻方变换等，通过使用不同的原理来达到改变像素位置的目的。扩散常用的方法是异或运算，即将图像变成一个一维数组，按照从左至右的顺序，依次对数组中的像素值进行异或操作。

1.行列像素点置乱法加密与解密

该方法将原图中的像素信息进行了重新排布——置乱，通过一一对应的关系可以恢复原来的图像，此时的密钥即为行列变换的映射向量 Mchange 和 Nchange。

程序如下：

```
clc
clear all
close all
Lena=imread('Lena.bmp');
figure;imshow(Lena)
title('原图')
[M,N]=size(Lena);
Rm=randsample(M,M)';
Mchange=[1:1:M;Rm];
Rn=randsample(N,N)';
Nchange=[1:1:N;Rn];
%打乱行顺序
Lena(Mchange(1,:),:)=Lena (Mchange(2,:),:);
figure;
imshow(Lena);
title('行加密后图像');
```

```
%打乱列顺序
Lena(:,Nchange(1,:))…
=Lena(:,Nchange(2,:));
figure;
imshow(Lena);
title('列加密后图像');
%列变换还原
Lena(:,Nchange(2,:))…
  =Lena(:,Nchange(1,:));
figure;
imshow(Lena);
title('列解密后图像')
%行变换还原
Lena(Mchange(2,:),:)…
  =Lena(Mchange(1,:),:);
figure;
imshow(Lena);
title('解密后图像')
```

将代码存为 ex10_6_1.m 并运行程序，运行结果如图 10-8 和图 10-9 所示。

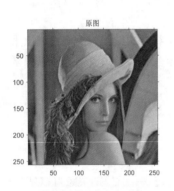

图 10-8　待加密原图

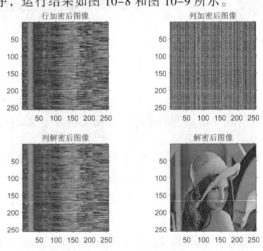

图 10-9　像素点置乱法加密与解密

2. 基于混沌序列图像加密与解密

对于 $M \times N$ 大小的图像（picture），需要产生一个同样大小的矩阵来对其进行加密。基于 Logistic 混沌时间序列，将混沌序列归一化和调制到图像灰度值区间以一个构建 $M \times N$ 的二维矩阵，并以其和原图矩阵进行异或运行，并可得到加密图像 Rod。该加密方法改变了图像像素的灰度但没有改变像素位置，解密时利用二维混沌矩阵与加密图像 Rod 进行异或运算可"还原"出原图。

程序如下：

```
clc
clear
close all
picture=imread('lena.bmp');
picture=imresize(picture,[256 256]);
picture=im2bw(picture);            %图像变为二值图
subplot(131)
```

```
imshow(picture) ;
title('原图');
%加密
[M,N]=size(picture);
x=0.1;
u=4;
%迭代 500 次，达到充分混沌状态
for i=1:500
    x=u*x*(1-x);
end
%picture 是水印，D 是水印对应的矩阵，
%Imgn 是混沌矩阵，Rod 是水印与混沌异或结果
%h 是还原出来的水印
A=zeros(1,M*N);
A(1)=x;
%产生一维混沌加密序列
for i=1:M*N-1
    A(i+1)=u*A(i)*(1-A(i));
end
%归一化序列
B=uint8(255*A);
%转化为二维混沌加密序列
Imgn=reshape(B,M,N);

C=zeros(M,N);
for y=1:M
    for x=1:N
        C(y,x)=picture(y,x);
    end
end
imshow(C);
D=uint8(255*C);
Rod=bitxor(D,Imgn);              %异或操作加密 Rod;
subplot(132)
imshow(Rod);
title('加密图');
%解密
h=bitxor(Rod,Imgn);
subplot(133)
imshow(h);
title('解密图')
```

将代码存为 ex10_6_2.m 并运行程序，运行结果如图 10-10 所示。

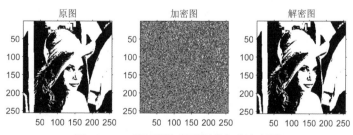

图 10-10　基于混沌序列图像加密与解密

★ 10.7　线性随机迭代 ★

迭代函数系统（Iterated Function System，IFS）属于一种分形构形系统，是分形几何学的重要分支，借助计算机强大的迭代计算能力，将分形理论的精髓——自相似性、层次多重性和不同层次的规则统一性应用于计算机图形领域，可以产生许多具有无穷细节、精致纹理的图形。迭代函数系统绘制分形图形有两种方法：确定性迭代算法和随机性迭代算法。

确定性迭代算法是通过仿射变换得到的。其基本原理就是找一个初始集，对集上的每一个点，根据给定的仿射变换公式进行数据变换，便可得到新的点集。这样通过多次迭代，便可绘制所需的图形，并且每个图形的局部和整体相似。只要其仿射变换系数相同，即 IFS 码相同；当迭代次数足够大时，最终生成的图形是相同的。

随机性迭代算法引入了概率，其基本原理就是利用一个给定的 IFS 码 $\{w_j, p_j | j = 1, 2, \cdots, N\}$（每个仿射变换 w_j 对应于一个概率 p_j），从任选的一个初始点 (x_0, y_0) 出发，依据其概率分布 $\{p_1, p_2, \cdots, p_N\}$，从 $\{w_j, p_j | j = 1, 2, \cdots, N\}$ 中选择相应的 w_j 进行仿射变换，得到新点 (x_1, y_1)；随后，再由概率 p_j 选择相应的 w_j 进行变换，又可得到新点 (x_2, y_2)，依此类推，便可得到点集 $\{(x_0, y_0), (x_1, y_1), (x_2, y_2), \cdots\}$，将这些点绘制出来便可得到一个完整的分形图形。

线性迭代函数系统随机迭代算法如下：

（1）设定一个初始点 (x_0, y_0) 及迭代步数。

（2）以概率 $p_j | j = 1, 2, \cdots, N$ 选取仿射变换 w_j，w_j 变换形式为：

$$\begin{pmatrix} x_1 \\ y_1 \end{pmatrix} = \begin{pmatrix} a & b \\ c & d \end{pmatrix} \begin{pmatrix} x_0 \\ y_0 \end{pmatrix} + \begin{pmatrix} e \\ f \end{pmatrix}$$

（3）以 w_j 作用点 (x_0, y_0) 得到新点 (x_1, y_1)。

（4）令 $x_0 = x_1$，$y_0 = y_1$。

（5）在画布上绘制 (x_0, y_0)。

（6）返回到步骤（2），进行下一次迭代，直至迭代次数大于设定的迭代步数为止。

程序如下：

```
%% 线性随机IFS迭代
clc;
clear all;
a1=[0    0    0    0.16   0      0      0.01;%树叶
    0.85    0.01   -0.04   0.85    0      1.6    0.85
    0.2    -0.26   0.23    0.22    0.01   1.6    0.07
   -0.15    0.28    0.26    0.24    0      0.44   0.07];
a2=[0.08   -0.031   0.084   0.0306   5.17    7.97    0.03        %山脉
    0.0801  0.0212  -0.08    0.0212   6.62    9.4     0.025
    0.75    0        0       0.53    -0.357   1.106   0.22
    0.943   0        0       0.474   -1.98   -0.65    0.245
   -0.402   0        0       0.402   15.513   4.588   0.21
    0.217  -0.052    0.075   0.15     3       5.74    0.07
    0.262  -0.105    0.114   0.241   -0.473   3.045   0.1
    0.22    0        0       0.43    14.6     4.286   0.1];
a3=[0.05   0        0       0.6      0       0       0.1         %松树
    0.05   0        0      -0.5      0       1       0.1
```

```
        0.46     0.32   -0.386   0.383      0      0.6      0.2
        0.47    -0.154   0.171   0.423      0      1        0.2
        0.43     0.275   -0.26    0.476      0      1        0.2
        0.421   -0.357   0.354   0.307      0      0.7      0.2];
%a=a1;  %绘制树叶系数矩阵
%a=a2;  %绘制山脉系数矩阵
a=a3;   %绘制松树系数矩阵
N=5000;
x0=1;
y0=1;
[m,n]=size(a)
b=[0 a(:,n)'];
for i=1:N
    r=rand;
    for j=1:m
        if r>sum(b(1:j))&r<=sum(b(1:j+1))
            k=j;
        end
    end
    X=[a(k,1),a(k,2);a(k,3),a(k,4)]*[x0;y0]+[a(k,5);a(k,6)];
    x1=X(1);
    y1=X(2);
    x0=x1;
    y0=y1;
    plot(x1,y1,'k.');
    hold on
    if isequal(a,a1)
            pause(eps);
            title([num2str(i),'点树叶']);
    else if isequal(a,a2)
            pause(eps);
            title([num2str(i),'点山脉']);
        else
            pause(eps);
            title([num2str(i),'点松树']);
        end
    end
end
```

将代码存为 ex10_7.m，a 取不同的系数矩阵（a1、a2、a3）分别运行程序，结果如图 10-11～
图 10-13 所示。

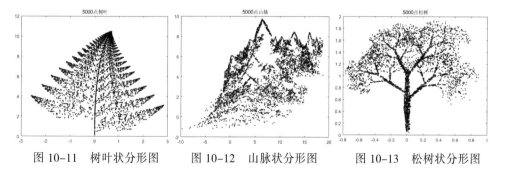

图 10-11　树叶状分形图　　图 10-12　山脉状分形图　　图 10-13　松树状分形图

★ 小 结 ★

本章通过 7 个具体的应用实例来介绍如何运用 MATLAB 设计具体的应用程序，介绍了如何分析、建立模型、写出合适的代码，并解决实际问题。

★ 习 题 ★

1. 编写一个程序，能将用户输入的数值进行单位换算，实现对长度、面积、体积、重量的单位换算。

2. 动态模拟球体表面切片穿过矩形的过程。

3. 设目标相对于射点的高度为 yf，给定初速，试计算物体在真空中飞行的时间、距离以及最高点。最后动态描述出小球的运动轨迹。

4. 利用气体分子运动的麦克斯韦速度分布规律，求 27 ℃下氧气分子运动的速度分布曲线，并求速度在 $400 \sim 600$ m/s 范围内的分子所占的比例，讨论温度 T 及分子量度速度分布曲线的影响。

5. 单色光通过两个窄缝射向屏幕，相当于位置不同的两个同频同相光源向屏幕照射的叠合，由于到达屏幕各点的距离（光程）不同引起相位差，如图 10-14 所示。叠合的结果是在有的点加强，在有的点抵消，造成干涉现象。考虑纯粹的单色光不易获得，通常都有一定的光谱宽度，这种光的非单色性对光的干涉会产生何种效应，要求用 MATLAB 计算并仿真这一问题。

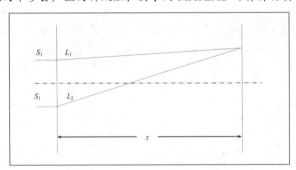

图 10-14　双缝干涉的示意图

附录

部分习题参考答案

第 1 章习题参考答案

略。

第 2 章习题参考答案

1. 参考代码：

```
>> clear
>> A=eye(3)
>> clear
>> B=magic(3)
```

2. 参考代码：

```
>> clear
>> A=[1 2 1;4 2 6;7 6 9];
>> B=[2 3 4;4 5 7;1 2 3];
>> C=A+B
>> A-B
>> A*B
>> A/B
>> A^2
```

3. 参考代码：

```
>> clear
>> Y=[3 1 0;2 -1 0;4 2 2]
>> [V,D]=eig(Y)
```

4. 参考代码：

```
>> clear
>> A=[6 0 0;0 3 2;0 2 4]
>> B=orth(A)
>> Q=B'*B
```

5. 参考代码：

```
>> clear
>> A=[0 3 1;3 0 1;1 1 0];
>> [P,D]=eig(A)
>> syms y1 y2 y3
>> y=[y1;y2;y3]
>> f=[y1 y2 y3 ]*D*y
```

6. 参考代码：

```
>> clear
>> A=[1 2 2 2;-2 4 -1 3;-1 2 0 3]
>> k=rank(A)
k=3
```

所以线性无关。

7. 参考代码：

```
>> clear
>> A=[1 3 2;1 1 1]
>> B=[1 3 2;1 1 1]'
>> C=pinv(A)
```

8. 参考代码：

```
>> clear
>> A=rand(3)
>> det(A)
```

9. 参考代码：

```
>> clear
>> A=[1 1 3 3;1 2 1 3;2 2 4 1;1 3 2 2]
>> [L,U]=lu(A)
>> [Q,R]=qr(A)
```

10. 参考代码：

```
>> clear
>> S=sparse(2:5,2:5,3:6)
>> spy(S)
```

11. 参考代码：

```
>> clear
>> A=[1 1 1;3 3 3;1 2 1]
>> B=rref(A)
```

12. 参考代码：

```
>> clear
>> A=1:6
>> B=[7 2 2 9 10 11]
>> A+B
>> A-B
>> A.*B
>> A/B
>> A./B
>> A.^2
```

13. 参考代码：

```
>> A=[1 1 3 3;1 2 1 3;2 2 4 1;1 3 2 2]
>> x=diag(A)'
>> L=tril(A)
>> U=triu(A)
```

14. 参考代码：

```
>> A=[1 1 3 3;1 2 1 3;2 2 4 1;1 3 2 2]
>> reshape(A,2,8)
```

15. 参考代码：

```
>> A=randperm(25)
>> B=reshape(A,5,5)
>> C=diag(1:5)
>> X=C*B
```

16. 参考代码：

```
>> A=[1 2 3;4 5 6;7 2 2]
>> B=[7 2 2;9 10 11;4 5 6]
>> C=intersect(A,B)
>> [C,i,j]=intersect(A,B)
>> C=setdiff(A,B)
>> C=setxor(A,B)
>> C=union(A,B)
```

17. 参考代码：

```
>> clear
>> a=[1 2 2];
>> b=[1 0 1];
>> c=dot(a,b)
c=4
```

所以不正交。

第 3 章习题参考答案

1. 参考代码：

```
>> clear
>> p=[1 0 -2 0 1];
>> roots(p)
```

2. 参考代码：

```
>> A=[1 -1 2 -1;1 1 -5 2;4 -1 1 0;1 1 2 -1]
>> [l,u]=lu(A)
>> b=[ 3 0 3 0]'
>> x=inv(u)*(inv(l)*b)
```

3. 参考代码：

```
>> clear
>> syms x
>> solve(x-log(x)+cos(x)==1)
```

说明：在新版本 MATLAB 使用 solve()函数上述求解时，会发出警告提示信息；根据警告信息，改为下列求解方法。

```
>> clear
>> syms x
>> vpasolve(x-log(x)+cos(x)==1)
```

若使用旧版本 MATLAB，则沿用字符串表达方程的方式。

```
>> clear
>> solve('x-ln(x)+cos(x)=1')
```

4. 参考代码：

```
>> clear
>> p=[2 3 1 1]
>> q=[3 0 3 1]
>> d=p+q
>> c=conv(p,q)
```

5. 参考代码：

```
>> clear
>> f=[3 3 0 1];
>> df=polyder(f)
```

6. 参考代码：

```
>> clear
>> A=[1 1 3;1 1 1;2 1 2];
>> mean(A)
>> median(A)
>> max(A,[],2)
>> min(A,[],2)
>> max(A)
>> min(A)
>> max(max(A))
>> min(min(A))
```

7. 参考代码：

```
>> clear
>> A=[0 1 3;1 0 1;1 1 1]
>> std(A)
>> sort(A)
>> -sort(-A,2)
>> [a,b]=sort(A,1)
>> [a,b]=sort(A,2)
```

8. 参考代码：

```
>> a=100:10:200;
>> b=[123,222,256,300,278,221,129,523,214,232,122];
>> p156=interp1(a,b,156)
p156=
    165.8000
>> x=100:2:200;
>> y=interp1(a,b,x,'pchip');
>> plot(a,b,'o',x,y)
```

9. 参考代码：

```
>> clc
>> clear
>> [x,y]=meshgrid(-3:.6:3,-2:.4:2);
>> z=sin(x^3+y^3);
>> [x1,y1]=meshgrid(-3:.2:3,-2:.2:2);
>> z1=interp2(x,y,z,x1,y1);
>> surf(x1,y1,z1)
>> axis([-3,3,-2,2,-0.7,1.5])
```

10. 参考代码：

```
>> clear
>> fminbnd('x^3+x-2',-3,3)
>> fminbnd('-(x^3+x-2)',-3,3)
>> [x,fval]= fminbnd('x^3+x-2',-3,3)
>> [x,fval]= fminbnd('-(x^3+x-2)',-3,3)
```

11. 参考代码：

```
>> clc
>> clear
>> x=-4:0.01:4;
>> f=x.^3+cos(x)-1;
>> y=diff(f);
>> plot(f,'r')
>> title('f(x)数值导函数')
```

12. 先建立一个函数文件 ex31.m：

```
function ex=ex31(x)
    ex=exp(cos(x));          %注意应用点运算
 return
```

然后，在 MATLAB 命令窗口中输入：

```
>> clear
>> quad('ex31',0,1,1e-6)       %注意函数名应加字符引号
ans=
    2.3416
```

13. 先建立一个函数文件 ex32.m：

```
function ex32=ex32(x,y)
```

```
    ex32=(x.^3+y);
```

然后，在 MATLAB 命令窗口输入命令：

```
>> clear
x=[0:0.1:20];
y=[0:0.1:20];
[xi,yi]=meshgrid(x,y);
zi= ex32(xi,yi);
mesh(xi,yi,zi)
>> zi= ex32(xi,yi);
>> mesh(xi,yi,zi)
>> g=inline('(x.^3+y)');
>> dblquad(g,0,1,1,2)
ans=
    1.7500
```

14．参考代码：

```
>> f=[2;3;5];
>> a=[ -1 -4 -2;-3 -2 0];
>> b=[-8,-6];
>> [x,y]=linprog(f,a,b,[],[],zeros(3,1))
```

15．针对目标函数 $f(x)$ 建立一个函数文件 myobj.m：

```
function F=myobj(x)
    F=x(1)^2+x(2)^2+5;
end
```

针对约束条件建立一个函数文件 mycon.m：

```
function [G,Heq]=mycon(x)
    G=-x(1)^2+x(2);
    Heq=-x(1)-x(2)^2+2;
end
```

在 MATLAB 命令窗口输入命令：

```
>> clc
>> clear
>> close all
>> x0=rand(2,1);
>> A=[];
>> B=[];
>> Aeq=[];
>> Beq=[];
>> LB=[0,0];
>> UB=[];
>>
[x,fval,exitflag]=fmincon(@(x)myobj(x),x0,A,B,Aeq,Beq,LB,UB,@(x)mycon(x))
```

运行结果：

```
x=
    1.0000
    1.0000
fval=
    7.0000
exitflag=
    1
```

16. 使用 MATLAB 求解高阶微分方程数值解时，须将高阶微分方程等价变换成一阶微分方程组，故令 $y_1=x, y_2=y_1'$，则原高阶微分方程可变换为如下的一阶微分方程组：

$$\begin{cases} y_1' = y_2 \\ y_2' = 1000(1 - y_1^2)y_2 - y_1 \\ y_1(0) = 2, \ y_2(0) = 0 \end{cases}$$

建立一个函数文件 vdp1000.m：

```
function  dy = vdp1000(t,y)
    dy=zeros(2,1);
    dy(1)=y(2);
    dy(2)=1000*(1-y(1)^2)*y(2)-y(1);
```

取 $t_0=0$、$t_1=3000$，在命令窗口输入如下命令：

```
>> [T,Y]=ode15s('vdp1000',[0 3000],[2 0]);
>> plot(T,Y(:,1),'-')
```

17. 建立一个函数文件 myfuns.m：

```
function dy=myfuns(t,y)
    dy=zeros(3,1);
    dy(1)=y(2)*y(3);
    dy(2)=-y(1)*y(3);
    dy(3)=-0.51*y(2)*y(2);
```

取 $t_0=0$、$t_1=12$，在命令窗口输入如下命令：

```
>> [T,Y]=ode45('myfuns',[0 12],[0 1 1]);
>> plot(T,Y(:,1),'ro-', T,Y(:,2),'m*', T,Y(:,3),'b+')
>> title('微分方程组数值解')
```

18.（1）执行 FFT 点数与原信号长度相等（100 点）：

```
%构建原信号
>> N=100;                        %信号长度（变量）
>> Fs=1;                         %采样频率
>> dt=1/Fs;                      %采样间隔
>> t=[0:N-1]*dt;                 %时间序列
>> xn=cos(2*pi*0.24*[0:99])+cos(2*pi*0.26*[0:99]);
>> xn=[xn,zeros(1,N-100)];       %原始信号的值序列
>> subplot(3,2,1)                %变量
>> plot(t,xn)                    %绘出原始信号
>> xlabel('时间/s'),
>> title('原始信号(向量长度为100)')
%FFT 分析
>> NN=N;                         %执行 100 点 FFT
>> XN=fft(xn,NN)/NN;             %共轭复数，具有对称性
>> f0=1/(dt*NN);                 %基频
>> f=[0:ceil((NN-1)/2)]*f0;      %频率序列
>> A=abs(XN);                    %幅值序列
>> subplot(3,2,2)
>> stem(f,2*A(1:ceil((NN-1)/2)+1))
>> xlabel('频率/Hz')             %绘制频谱（变量）
>> axis([0 0.5 0 1.2])           %调整坐标范围
>> title('执行点数等于信号长度(单边谱100执行点)');
```

（2）执行 FFT 点数大于原信号长度：

```
%构建原信号
>> N=100;                          %信号长度（变量）
>> Fs=1;                           %采样频率
>> dt=1/Fs;                        %采样间隔
>> t=[0:N-1]*dt;                   % 时间序列
>> xn=cos(2*pi*0.24*[0:99])+cos(2*pi*0.26*[0:99]);
>> xn=[xn,zeros(1,N-100)];         %原始信号的值序列
>> subplot(3,2,3)                  %变量
>> plot(t,xn)                      %绘出原始信号
>> xlabel('时间/s')
>> title('原始信号(向量长度为100)')  %变量
%FFT 分析
>> NN=120;                         %执行120点 FFT（变量）
>> XN=fft(xn,NN)/NN;               %共轭复数，具有对称性
>> f0=1/(dt*NN);                   %基频
>> f=[0:ceil((NN-1)/2)]*f0;        %频率序列
>> A=abs(XN);                      %幅值序列
>> subplot(3,2,4)
>> stem(f,2*A(1:ceil((NN-1)/2)+1))
>> xlabel('频率/Hz')               %绘制频谱（变量）
>> axis([0 0.5 0 1.2])             %调整坐标范围
>> title('执行点数大于信号长度(单边谱120执行点)');
```

（3）执行 FFT 点数与原信号长度相等（120 点）：

```
%构建原信号
>> N=120;                          %信号长度（变量）
>> Fs=1;                           %采样频率
>> dt=1/Fs;                        %采样间隔
>> t=[0:N-1]*dt;                   %时间序列
>> xn=cos(2*pi*0.24*[0:99])+cos(2*pi*0.26*[0:99]);
>> xn=[xn,zeros(1,N-100)];         %原始信号的值序列
>> subplot(3,2,5)                  %变量
>> plot(t,xn)                      %绘出原始信号
>> xlabel('时间/s')
>> title('原始信号(向量长度为120)')  %变量
%FFT 分析
>> NN=120;                         %执行120点 FFT（变量）
>> XN=fft(xn,NN)/NN;               %共轭复数，具有对称性
>> f0=1/(dt*NN);                   %基频
>> f=[0:ceil((NN-1)/2)]*f0;        %频率序列
>> A=abs(XN);                      %幅值序列
>> subplot(3,2,6)
>> stem(f,2*A(1:ceil((NN-1)/2)+1))
>> xlabel('频率/Hz')               %绘制频谱（变量）
>> axis([0 0.5 0 1.2])             %调整坐标范围
>> title('执行点数等于信号长度(单边谱120执行点)');
```

19. 参考代码：

```
>> tp=0:2048;                      %时域数据点数 N
>> yt=sin(0.08*pi*tp).*exp(-tp/80); %生成正弦衰减函数
>> plot(tp,yt),axis([0,400,-1,1]), %绘正弦衰减曲线
>> title('正弦衰减曲线')
>> t=0:800/2048:800;               %频域点数 Nf
>> f=0:1.25:1000;
>> yf=fft(yt);                     %快速傅里叶变换
```

```
>> ya=abs(yf(1:801));              %幅值
>> yp=angle(yf(1:801))*180/pi;     %相位
>> yr=real(yf(1:801));             %实部
>> figure
>> subplot(2,2,1)
>> plot(f,ya),axis([0,200,0,60])   %绘制幅值曲线
>> title('幅值曲线')
>> subplot(2,2,2)
>> plot(f,yp),axis([0,200,-200,10]) %绘制相位曲线
>> title('相位曲线')
>> subplot(2,2,3)
>> plot(f,yr),axis([0,200,-40,40])  %绘制实部曲线
>> title('实部曲线')
>> subplot(2,2,4)
>> plot(f,yi),axis([0,200,-60,10])  %绘制虚部曲线
>> title('虚部曲线')
```

第 4 章习题参考答案

1. 参考代码:

```
>> clear
>> A=str2sym('[a1,a2,a3;b1,b2,b3;c1,c2,c3]')
A=
    [ a1,a2,a3]
    [ b1,b2,b3]
    [ c1,c2,c3]
>> syms a1 a2 a3 b1 b2 b3 c1 c2 c3
>> B=[[a1,a2,a3];[b1,b2,b3];[c1,c2,c3 ]]
B=
    [ a1,a2,a3]
    [ b1,b2,b3]
    [ c1,c2,c3]
```

2. 参考代码:

```
>> clear
A=rand(4)
A=
    0.8147    0.6324    0.9575    0.9572
    0.9058    0.0975    0.9649    0.4854
    0.1270    0.2785    0.1576    0.8003
    0.9134    0.5469    0.9706    0.1419
>> sym(A)
```

3. 参考代码:

```
>> clear
>> f=str2sym('x^2+2*x+cos(x)');
f=
    2*x+cos(x)+x^2
>> g=str2sym('sin(x)+2*x+1');
g=
    sin(x)+2*x+1
```

4. 参考代码:

```
>> clear
>> syms a b c d e f g h
>> x=[a,b;c,d];
```

```
>> y=[e,f;g,h];
>> x+y;
>> x-y;
>> x*y
ans=
    [a*e+b*g, f*a+b*h]
    [c*e+d*g, c*f+d*h]
>> x/y
ans=
    [(-b*g+a*h)/(e*h-f*g),  (-f*a+b*e)/(e*h-f*g)]
    [-(d*g-c*h)/(e*h-f*g),   (e*d-c*f)/(e*h-f*g)]
>> x.^y
ans=
    [a^e, b^f]
    [c^g, d^h]
>> x^2
ans=
    [a^2+b*c, a*b+b*d]
    [c*a+d*c, b*c+d^2]
```

5. 参考代码：

```
>> clear
>> syms x
>> f=(x^3+x^2+x+1)/(x^2+2*x+1);
>> f1=simplify(f)
f1=
    (x^2+1)/(x+1)
```

说明：新版本 MATLAB 化简表达式只能用 simplify()函数，simple()函数已被删除。

6.（1）参考代码：

```
>> clear
>> syms x
>> A=(1-cos(x))/x^2
>> B=limit(A);
```

（2）参考代码：

```
>> clear
>> syms x
>> A=(1-cos(2*x))/(x*sin(x));
>> B=limit(A);
```

7. 参考代码：

```
>> clear
>> syms x
>> y=x^2+x-2;
>> f=diff(y);
>> g=f-2;
>> solve(g);
```

8. 参考代码：

```
>> clear
>> syms x
>> y=(x+1)^(1/3)+(sin(x))^3;
>> f=diff(y);
```

9. 参考代码：

```
>> clear
>> syms b x t
>> y=sin(a*x);
>> ft=fourier(y,x,t);
>> fx=ifourier(ft,t,x);
>> simplify(fx);
ans=
    sin(a*x)
```

10. 参考代码：

```
>> clear
>> syms x t
>> f=x^2;
>> ft=laplace(f,x,t);
>> fx=ilaplace(ft,t,x)
```

11. （1）参考代码：

```
>> clear
>> syms y(x)  x
>> eq=diff(y,x)==x-y;      %构造微分方程
>> y=dsolve(eq,x);
```

（2）参考代码：

```
>> clear
>> syms y(x)  x
>> eq=diff(y,x)==-x*sin(x)/cos(y);
>> cond=y(2)==1;
>> y=dsolve(eq,cond,x);
```

12. 参考代码：

```
>> clear
>>  y=str2sym('x^2+2*sin(x)')
y=
    x^2+2*sin(x)
>> ezplot(y);
```

13. 参考代码：

```
>> clear
>> syms n;
>> f=1/(n*(2*n-1));
>> I=symsum(f,n,1,inf)
I=
    2/3*log(2)
```

14. 参考代码：

```
>> clear
syms x n
>> f=x^4;
>> a0=int(f,x,0,2*pi)/pi
a0=
    (32*pi^4)/5
>> an=int(f*cos(n*x),x,0,2*pi)/pi;
>> bn=int(f*sin(n*x),x,0,2*pi)/pi;
```

第 5 章习题参考答案

1. 参考代码：

```
>> syms x
>> ezplot(sin(x))
>> hold on
>> ezplot(cos(x))
>> ezplot(tan(x))
>> ezplot(cot(x))
>> grid on
```

2. 参考代码：

```
>> x=0:0.1:1;
>> y=x.*exp(-x);
>> plot(x,y)
```

3. 参考代码：

```
>> t=-2*pi:0.1*pi:2*pi;
>> y=sin(t).*sin(9*t);
>> plot(t,y)
```

4. 参考代码：

```
>> n=0:12;
>> y=(abs(n-6)).^(-1);
>> stem(n,y)
```

5. 参考代码：

```
>> x=-5:5;
>> [x,y]=meshgrid(x);
>> z=x.^2+y.^2;
>> surf(x,y,z);
>> hold on
>> stem3(x,y,z);
```

6. 参考代码：

```
>> x=0:0.2:5;
>> y=x.*exp(sin(x));
>> plot(x,y,'rp')
```

7. 参考代码：

```
>> x=-1:0.1:2;
>> y=(x.^3-x.^2-x+1).^0.5;
>> scatter(x,y)
>> hold
```
%已锁定最新绘图
```
>> plot(x,y)
```

8. 参考代码：

```
>> x=-4:0.1:4;
>> [x,y]=meshgrid(x);
>> z=(x.^2+2*y.^2).^0.5;
>> mesh(x,y,z)
>> hold
```

```
%已锁定最新绘图
>> mesh(x,y,-z)
```

9. 参考代码：
```
>> x=0:0.01*pi:2*pi;
>> y1=sin(x).^2;          % (1)
>> y2=cos(x).^2;          % (2)
>> plot(x,y1,x,y2)
```

10. 参考代码：
```
>> x=round(rand(1,100)*100);
>> hist(x)
```

11. （1）在命令窗口输入：
```
>> t=0:0.01*pi:2*pi;
>> r=cos(7*t/2);
>> polar(t,r)
```

（2）在命令窗口输入：
```
>> t=0:0.01*pi:2*pi;
>> r=sin(t)./t;
Warning: Divide by zero.
>> polar(t,r)
```

第 6 章习题参考答案

1. 略。

2. 略。

3. 略。

4. 打开 M 文件编辑器，输入以下内容，存储为 exc6_1.m。
```
s=0;
for i=1:5
    t=1;
    for j=1:i
        t=t*j;
    end
    s=s+t;
end
disp(s);                 %按【F5】功能键，运行结果为 153。
```

5. 打开 M 文件编辑器，输入以下内容，存储为 exc6_2.m。
```
s=0;
i=2;
while(i<101)
    s=s+i;
    i=i+2;
end
fprintf("s = %d\n",s)     %按【F5】功能键，运行结果为 s=2550。
```

6. 打开 M 文件编辑器，输入以下内容，存储为 area_fun.m。
```
function a=area_fun(r)
    if r<0
        disp('圆的半径必须大于 0');
    else
```

```
        a=pi*r*r;
end
```

在命令窗口中输入：

```
>> area_fun(2)
ans=
    12.5664
>> area_fun(-1)
%圆的半径必须大于 0
```

7. 打开 M 文件编辑器，输入以下内容，存储为 area_script.m。

```
r=input('请输入圆的半径:');
if r<0
    disp('圆的半径不能小于零!');
    r=input('请再次输入:');
end
a=pi*r*r;
fprintf('该圆面积为: %5.2f\n',a )
%按【F5】功能键运行程序:
>> area_script
    请输入圆的半径:2
    该圆面积为: 12.57
>> area_script
    请输入圆的半径:-1
    圆的半径不能小于零!
    请再次输入:3
    该圆面积为: 28.27
```

8. 编写函数文件 exc6_3.m()，内容如下：

```
function f=exc6_3(a,b,c,y)
    syms x
    f=a*x^2+b*x+c-y;
```

在命令窗口中输入：

```
>> syms a b c y
>> f= exc6_3(a,b,c,y)
f=
    c-y+b*x+a*x^2
>> x=solve(subs(f,{y,a,b,c},{0,2,5,6}))
x=
    -(23^(1/2)*1i)/4-5/4
     (23^(1/2)*1i)/4-5/4
```

9. 在命令窗口输入：

```
>> s='He is the best student with glasses in our class'
s=
    He is the best student with glasses in our class
>> findstr('ass',s)
ans=
    31    46
```

10.编写函数文件 gys_Max.m()，内容如下：

```
function n=gys_Max(a,b)
  r=mod(a,b);
```

```
while r~=0
    a=b;
    b=r;
    r=mod(a,b);
end
n=b;
end
```

在命令窗口中输入：

```
>> t=gys_Max(196,371)
t=
    7
```

11. 编写函数文件 exc6_4.m()，内容如下：

```
function sum=exc6_4(n)
s=0;
a=1;
i=1;
while i<=n
    s=s+a*1/i;
    i=i+1;
    a=-a;
end
sum=8;
end
```

在命令窗口输入：

```
>> exc6_4(100)
ans=
    0.6882
```

12. 编写函数文件 exc6_5.m()，内容如下：

```
function [sum,k,V]=exc6_5(n)
%sum:n 的约数之和
%k: n 的约数个数
%v: n 的各个约数组成的向量
s=0;
m=0;
YS=zeros(1,20);  %程序优化：内存预分配
j=1;
for i=1:n
    r=mod(n,i);
    if r==0
        m=m+1;
        s=s+i;
        YS(1,j)=i;
        j=j+1;
    end
    i=i+1;
    sum=s;
    k=m;
    V=YS;
end
```

在命令窗口输入：

```
>> [sum,k,v]=exc6_5(16);
```

13. 编写函数文件 exc6_6.m()，内容如下：

```
function result=exc6_6(n)
%flag=1 表示 n 是素数
%flag=0 表示 n 不是素数
if n<0
    disp("数据非法！");
    n=input("请重新输入 n>0 的整数: ");
end
if n==1||n==0
    disp("0 和 1 既不是素数也不是合数！");
    n=input("请重新输入 n>1 的整数: ");
end
if n==2||n==3
    flag=1;
end
 if n>3
    k=floor(sqrt(n));
    for i=2:k
        if mod(n,i)==0
            flag=0;
            break;
        else
            flag=1;
        end
    end
 end
  result=flag;
end
```

在命令窗口输入：

```
>> r=exc6_6(-2)
    数据非法！
    请重新输入 n>0 的整数: 1
    0 和 1 既不是素数也不是合数！
    请重新输入 n>1 的整数: 23
r=
    1
>> r=exc6_6(11)
r=
    1
>> r=exc6_6(14)
r=
    0
```

14. 编写函数文件 isprime.m()，内容如下：

```
function result=isprime(n)
%flag=1 表示 n 是素数
%flag=0 表示 n 不是素数
if n<=1
    flag=0;
end
```

```
ifn==2||n==3
    flag=1;
end
if n>3
    k=floor(sqrt(n));
    for i=2:k
        if mod(n,i)==0
            flag =0;
            break; %只要有一次能被整除，即说明该数就不是质数，终止后续的判定
        else
            flag=1;
        end
    end
end
result=flag;
end
```

编写函数文件 exc6_7.m()，内容如下：

```
function v=exc6_7(n)
%输入一个正整数 n，输出 1-n 内的所有素数
u=zeros(1,10); %程序优化：内存预分配
j=1;
if n<0
    disp("The data is illegal!");
    n=input("Please input the positive integer:");
end
if n==0||n==1
    disp("0 and 1 are neither prime numbers! ");
    n=input("Please input the integers greater than 1:");
end
if n>=2
    for i=2:n
        r=isprime(i);%调用 isprime()函数
        if r==1
            u(1,j)=i;
            j=j+1;
        end
        i=i+1;
    end
end
v=u;
end
```

运行程序和验证其正确性，运行过程如下：

```
%参数小于 0 的情况:
>> r=exc6_7(-2)
The data is illegal!
Please input the positive integer:1
0 and 1 are neither prime numbers!
```

```
Please input the integers greater than 1:2
r=
     2 0 0 0 0 0 0 0 0 0
```

%参数大于等于 2 的情况：

```
>> r=exc6_7(3)
r=
     2 3 0 0 0 0 0 0 0 0
>> r=exc6_7(10)
r=
     2 3 5 7 0 0 0 0 0 0
>> r=exc6_7(20)
r=
     2 3 5 7 11 13 17 19 0 0
>> r=exc6_7(100)
r=
     2 3 5 7 11 13 17 19 23 29 31 37 41 43 47 53 59 61 67
    71 73 79 83 89 97
```

分析上述运行过程和数据，可以证明该程序运行结果的正确性。

15. 编写函数文件 reverse.m()，内容如下：

```
function r=reverse(n)
t=0;
while n>0
    m=mod(n,10);
    t=t*10+m;
    n=fix(n/10);
end
r=t;
end
```

在命令窗口输入：

```
>> a=reverse(123)
a=
    321
```

第 7 章习题参考答案

1. 本题主要考察对 GUI 界面的设计，可以通过向导和直接编写 M 文件实现，下面的参考答案通过直接编辑 M 文件来实现，具体代码如下：

```
clf reset
H=axes('unit','normalized','position',[0,0,1,1],'visible','off');
set(gcf,'currentaxes',H,'name','阶跃响应演示','NumberTitle','off');
str='\fontname{隶书}归一化二阶系统的阶跃响应曲线';
text(0.24,0.93,str,'fontsize',13);h_fig=get(H,'parent');
set(h_fig,'unit','normalized','position',[.25,.3,.4,.35]);
h_axes=axes('parent',h_fig,…
'unit','normalized','position',[.1,.15,.55,.7],…
'xlim',[0 15],'ylim',[0 1.8],'fontsize',8);
h_text=uicontrol(h_fig,'style','text',…
'unit','normalized','position',[.67,.70,.25,.14],…
'horizontal','left','string',{'输入阻尼比系数','zeta='});
```

```
    h_edit=uicontrol(h_fig,'style','edit',…
    'unit','normalized','position',[.67,.59,.2,.10],…
    'horizontal','left','callback',…
    ['z=str2num(get(gcbo,''string''));',…
    't=0:.1:15;','for k=1:length(z);',…
    's2=tf(1,[1 2*z(k) 1]);','y(:,k)=step(s2,t);',…
    'h_plot=plot(t,y(:,k));'…
    'if length(z)>1 ,hold on,end,end,','hold off']);
    h_push1=uicontrol(h_fig,'style','push','unit','normalized','position',
[.67,.37,.12,.10],…
    'string','grid on','callback',['try m=m+1;catch m=1;end,',…
    'if mod(m,2)==1,grid on;set(h_push1,''string'',''grid off''),else grid
off;',…
    'set(h_push1,''string'',''grid on''),end']);
    h_push2=uicontrol(h_fig,'style','push','unit','normalized','position',
[.67,.15,.12,.10],…
    'string','clear','callback',…
    ['ha=axis;xli=ha(2)/4;yli=ha(4)/2;',…
    'try cla(h_axes);h_plot==1;clear h_plot,catch '…
    'text(xli,yli,''\fontname{楷书}没有图！'',''fontsize'',20,''color'',
''b''),end;',…
    'set(h_edit,''string'','''')']);
```

运行结果如图 1 所示。

2. 新建一个空白的 M 文件，编辑如下代码：

```
h=figure('name','菜单创建演示','NumberTitle','off');
f=uimenu(h,'Label','Options','position',7);
uimenu(f,'Label','grid on');
uimenu(f,'Label','grid off');
uimenu(f,'Label','box on','Separator','on');
uimenu(f,'Label','box off');
f1=uimenu(f,'Label','Figure Color','Separator','on');
uimenu(f1,'Label','Red');
uimenu(f1,'Label','Reset');
```

运行结果如图 2 所示。

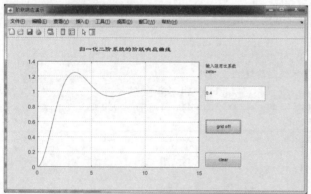

图 1　归一化二阶系统的阶跃响应曲线

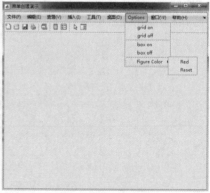

图 2　菜单创建演示

3. 根据试题要求，参考程序代码如下：

```
clc
clear all
clf reset
set(gcf,'menubar','none','name','色图设置演示','NumberTitle','off');
% set(gcf,'unit','normalized','position',…
% [0.2,0.2,0.64,0.32],'color','white');
set(gcf,'unit','normalized');
 set(gcf,'defaultuicontrolunits','normalized');
h_axes=axes('position',[0.05,0.2,0.6,0.6]);
[x,y,z]=peaks();
surf(x,y,z);
% set(h_axes,'xlim',[0,2*pi],'color','white');
set(h_axes,'color','white');
set(gcf,'defaultuicontrolhorizontal','left');
htitle=title('色图设置');
set(gcf,'defaultuicontrolfontsize',12);
uicontrol('style','frame',…
    'position',[0.67,0.35,0.25,0.45]);
uicontrol('style','text',…
    'string','色系类型: ',…
    'position',[0.69,0.73,0.16,0.1],…
    'horizontal','left');
hr1=uicontrol(gcf,'style','radio',…
    'string','Jet',…
    'position',[0.7,0.69,0.15,0.08]);
set(hr1,'value',get(hr1,'Max'));
set(hr1,'callback',[…
    'set(hr1,''value'',1),',…
    'set(hr2,''value'',0),',…
    'set(hr3,''value'',0),',…
    'set(hr4,''value'',0),',…
    'set(htitle,''fontangle'',''normal''),',…
    'colormap(jet)'
    ]);
hr2=uicontrol(gcf,'style','radio',…
    'string','Hsv',…
    'position',[0.7,0.58,0.15,0.08]);
set(hr2,'callback',[…
    'set(hr1,''value'',0),',…
    'set(hr2,''value'',1),',…
    'set(hr3,''value'',0),',…
    'set(hr4,''value'',0),',…
     'set(htitle,''fontangle'',''italic''),',…
    'colormap(hsv)'
    ]);
hr3=uicontrol(gcf,'style','radio',…
    'string','Hot',…
    'position',[0.7,0.47,0.15,0.08]);
set(hr3,'callback',[…
    'set(hr1,''value'',0),',…
    'set(hr2,''value'',0),',…
```

```
    'set(hr3,''value'',1),',…
    'set(hr4,''value'',0),',…
    'colormap(hot)'
    ]);
hr4=uicontrol(gcf,'style','radio',…
    'string','Cool',…
    'position',[0.7,0.36,0.15,0.08]);
set(hr4,'callback',[…
    'set(hr1,''value'',0),',…
    'set(hr2,''value'',0),',…
    'set(hr3,''value'',0),',…
    'set(hr4,''value'',1),',…
    'colormap(cool)'
    ]);
ht=uicontrol(gcf,'style','toggle',…
    'string','Grid',…
    'position',[0.69,0.15,0.15,0.12],…
'callback','grid');
```

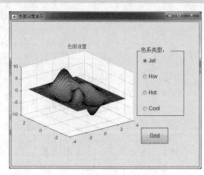

图 3　色图设置效果

运行结果如图 3 所示。

4. 根据试题要求，参考程序代码如下：

```
clc
clear all
clf reset
set(gcf,'unit','normalized','position',[0.1,0.2,0.64,0.35]);
set(gcf,'defaultuicontrolunits','normalized');
set(gcf,'defaultuicontrolfontsize',12);
set(gcf,'defaultuicontrolfontname','隶书');
set(gcf,'defaultuicontrolhorizontal','left');
str='归一化二阶系统阶跃响应曲线';
set(gcf,'name',str,'numbertitle','off');
h_axes=axes('position',[0.05,0.2,0.6,0.7]);
set(h_axes,'xlim',[0,15]);
str1='当前阻尼比=';
t=0:0.1:10;
z=0.5;
y=step(1,[1 2*z 1],t);
hline=plot(t,y);
htext=uicontrol(gcf,'style','text',…
    'position',[0.67,0.8,0.33,0.1],…
    'string',[str1,sprintf('%1.4g',z)]);
hslider=uicontrol(gcf,'style','slider',…
    'position',[0.67,0.65,0.33,0.1]);
set(hslider,'Max',2.02,'Min',0.02,…
    'sliderstep',[0.01 0.05],…
    'value',0.5);
hcheck1=uicontrol(gcf,'style','checkbox',…
    'position',[0.67,0.5,0.33,0.11],…
    'string','最大峰值');
vchk1=get(hcheck1,'value');
hcheck2=uicontrol(gcf,'style','checkbox',…
    'position',[0.67,0.35,0.33,0.11],…
    'string','上升时间(0->0.95)');
```

```
vchk2=get(hcheck2,'value');
set(hslider,'callback',[…
    'z=get(gcbo,''value'');',…
    'callcheck(htext,str1,z,vchk1,vchk2)']);
set(hcheck1,'callback',[…
    'vchk1=get(gcbo,''value'');',…
    'callcheck(htext,str1,z,vchk1,vchk2)']);
set(hcheck2,'callback',[…
    'vchk2=get(gcbo,''value'');',…
'callcheck(htext,str1,z,vchk1,vchk2)']);
```

子函数 callcheck()的代码如下：

```
function callcheck(htext,str1,z,vchk1,vchk2)
cla
set(htext,'string',[str1,sprintf('%1.4g',z)]);
dt=0.1;
t=0:dt:15;
N=length(t);
y=step(1,[1 2*z 1],t);
plot(t,y);
if vchk1
    [ym,km]=max(y);
    if km<(N-3)
        k1=km-3;k2=km+3;
        k12=k1:k2;tt=t(k12);
        yy=spline(t(k12),y(k12),tt);
        [yym,kkm]=max(yy);
        line(tt(kkm),yym,'marker','.',…
            'markeredgecolor','r','markersize',20);
        ystr=['ymax=',sprintf('%1.4g',yym)];
        tstr=['tmax=',sprintf('%1.4g',tt(kkm))];
        text(tt(kkm),1.05*yym,{ystr;tstr});
    else
        text(10,0.4*y(end),{'ymax-->1';'tmax-->inf'});
    end
end
if vchk2
    k95=min(find(y>0.95));
    k952=[(k95-1),k95];
    t95=interp1(y(k952),t(k952),0.95);
    line(t95,0.95,'marker','o',…
        'markeredgecolor','k',…
        'markersize',6);
    tstr95=['t95=',sprintf('%1.4g',t95)];
    text(t95,0.65,tstr95);
end
```

运行结果如图 4 所示。

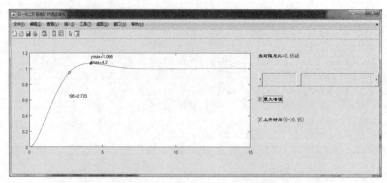

图 4　基于可调节阻尼比归一化二阶系统阶跃响应曲线

5. 根据试题要求，参考程序代码如下：

```matlab
function exc7_5()
clc
clear
global hedit hpop hlist
clf reset
set(gcf,'unit','normalized',…
    'position',[0.1,0.4,0.85,0.35]);
set(gcf,'defaultuicontrolunits','normalized');
set(gcf,'defaultuicontrolfontsize',11);
set(gcf,'defaultuicontrolfontname','隶书');
set(gcf,'defaultuicontrolhorizontal','left');
set(gcf,'menubar','none');
str='通过多行指令绘图的交互界面';
set(gcf,'name',str,'numbertitle','off');
h_axes=axes('position',[0.05,0.15,0.45,0.7],…
    'visible','on');
uicontrol(gcf,'style','text',…
    'position',[0.52,0.82,0.26,0.1],…
    'string','绘图指令框');
hedit=uicontrol(gcf,'style','edit',…
    'position',[0.52,0.05,0.26,0.8],…
    'max',2);
hpop=uicontrol(gcf,'style','popup',…
    'position',[0.8,0.73,0.18,0.12],…
    'string','spring|summer|autumn|winter');
hlist=uicontrol(gcf,'style','list',…
    'position',[0.8,0.23,0.18,0.37],…
    'string','grid on|box on|axis off',…
    'Max',2);
hpush=uicontrol(gcf,'style','push',…
    'position',[0.8,0.05,0.18,0.15],…
    'string','Apply');
set(hedit,'callback','calledit');
set(hpop,'callback','calledit');
set(hpush,'callback','calledit');
```

子函数 calledit()代码如下：

```
function calledit()
global hedit hpop hlist
ct=get(hedit,'string');
[m,n]=size(ct);
if strfind(ct(1,:),';')
    cts=ct(1,:);
else
    cts=strcat(ct(1,:),';');
end
for i=2:m
   if strfind(ct(i,:),';')
      cts=strcat( cts,ct(i,:));
  else
        cts=strcat( cts,ct(i,:));
        cts=strcat( cts,';');
    end
end
vpop=get(hpop,'value');
vlist=get(hlist,'value');
if ~isempty(cts)
    eval(cts)
    popstr={'spring','summer','autumn','winter'};
    liststr={'grid on','box on','axis off'};
    invstr={'grid off','box off','axis on'};
    colormap(eval(popstr{vpop}));
    vv=zeros(1,3);
    vv(vlist)=1
    for k=1:3
        if vv(k)
            eval(liststr{k});
        else
            eval(invstr{k});
        end
    end
end
```

在命令窗口中输入>> exc7_5()，运行结果如图 5 所示。在绘图指令框中输入需要执行的绘图语句，单击 Apply 按钮即可在绘图区中绘制出响应的图形，并可在右侧的组合框框和列表框设置绘图区的相关属性。

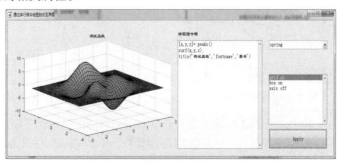

图 5 通过编辑框内容交互绘图

第 8 章习题参考答案

略。

第 9 章习题参考答案

1. 仿真程序如图 6 所示。

仿真时用到的模块示波器 scope 在子模块 Sinks 中，Sum 在子模块 Math Operations 中，Mux 在子模块 Commonly Used Blocks 中，Signal Generator 在子模块 Source 中。分别将各模块进行连接，将两个 Signal Generator 模块的信号选择为 sine wave，并将振幅分别设置为 1 和 2，频率设置为 1，运行仿真程序，观察示波器的仿真结果，如图 7 所示。

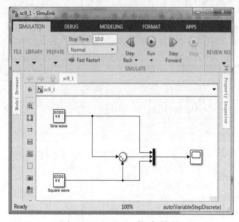

图 6　Simulink 仿真模块

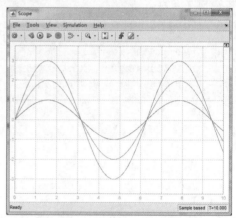

图 7　两正弦波相加结果

2. 仿真程序如图 8 所示。

本仿真程序用到三个模块，分别是正弦波 Sine wave、取绝对值 Abs 和示波器 Scope。仿真结果如图 9 所示。

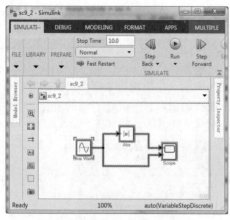

图 8　正弦波绝对值运算仿真

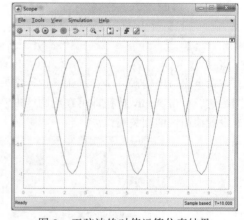

图 9　正弦波绝对值运算仿真结果

3. $x = \cos t, y = \sin t$；用正弦波发生器 Sine Wave，具体程序设计如图 10 所示。

双击图标中相应的模块参数框，可在其中设置参数。Sine Wave1 中 Phase（相位）为 pi/2，实际上为 $\cos t$；Sine Wave 中 Phase 为 0。仿真结果如图 11 所示。

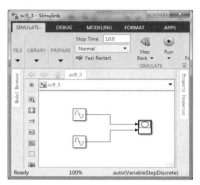

图 10　$x=\cos t$ 和 $y=\sin t$ 信号模块

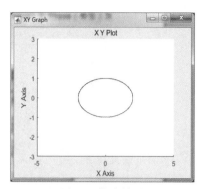

图 11　仿真结果

4. 本题主要用到的模块有离散信号脉冲源 Pulse Generator（8 个）、示波器 Scope（3 个）、逻辑运算模块 Logical Operator（3 个），程序具体设计如图 12 所示。

根据 8 线−3 线编码器的真值表可以得到如下的逻辑函数：

$$\begin{cases} Y_0 = \overline{J_1 \cdot J_3 \cdot J_5 \cdot J_7} \\ Y_1 = \overline{J_2 \cdot J_3 \cdot J_6 \cdot J_7} \\ Y_2 = \overline{J_4 \cdot J_5 \cdot J_6 \cdot J_7} \end{cases}$$

根据逻辑表达式进行连线，由表达式可

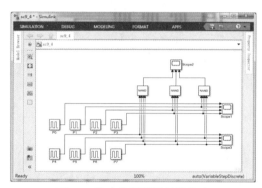

图 12　脉冲信号逻辑运算仿真

知用户需要的逻辑运算模块为与非门，将逻辑运算模块操作修改为 NAND，输入节点数改为 4，修改各个模块名称。针对这个例子，对 8 个离散脉冲源 J0 ~ J7 周期设为 8，脉冲宽度设为 5，相位延迟依次为−7 ~ 0，幅度和采样采用默认值，示波器输出仿真结果如图 13 ~ 图 15 所示，通过示波器验证结果是否和理论值一致。

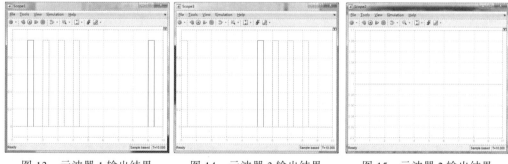

图 13　示波器 1 输出结果　　图 14　示波器 3 输出结果　　图 15　示波器 2 输出结果

5. 本题使用到两个乘法器 Product、两个微分器 Integrator、两个求和模块 Sum、一个常数模块、一个系数模块、两个输出结果模块和两个示波器模块。本题程序设计如图 16 所示，仿真时长设置为 50，输出结果如图 17 和图 18 所示。

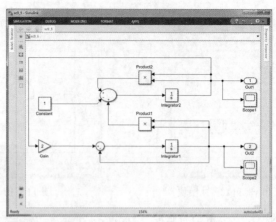

图 16　求解微分方程仿真图

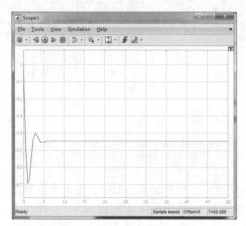

图 17　示波器 1 输出结果

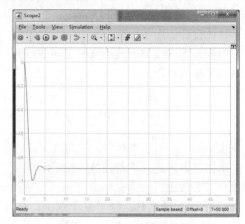

图 18　示波器 2 输出结果

6. 本题首先建立数学模型，根据弹跳小球的特性，可以建立如下数学模型：

$$
\begin{cases}
v(t) = 15 + \int_0^t g\,\mathrm{d}t, g = -9.81 \\
h(t) = 10 + \int_0^t v(t)\,\mathrm{d}t \\
\text{when} \quad h = 0, v \Rightarrow -0.8v
\end{cases}
$$

本例中需要使用常数模块 Constant、二阶积分模块 Integrator Second−Order、初始值模块 IC、增益模块 Gain、存储模块 Memory 以及示波器模块 Scope。在仿真时，常数模块的 Constant Value 设置为−9.8、初始值模块的 Initial Value 设置为 15、增益模块的 Gain 值设置为−0.8、示波器的 Number of input ports 设置为 2 且 layout 设置为 2 行 1 列模式、存储模块采用默认值，二阶积分模块设置如图 19 和图 20 所示，并且需勾选二阶积分模块 Attributes 中 Reinitialize dx/dt when x reaches saturation，否则将不能完整呈现运行实际结果。根据该数学模型，Simulink 仿真模型如图 21 所示，仿真最大步长设置为 0.01、仿真时间设置为 25 s，运行结果如图 22 所示。

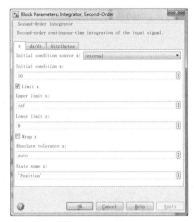

图 19　x 值设置

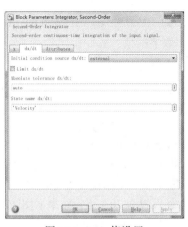

图 20　dx/dt 值设置

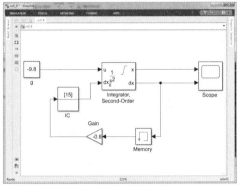

图 21　模型仿真图

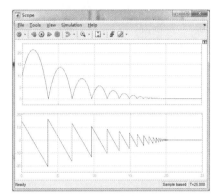

图 22　仿真结果

7. 求解时首先将 $b=0.03$、$g=9.8$、$m=0.3$ 代入数学模型中，得到所要构建的具体数学模型 $-12.25\sin\theta - 0.1\theta' = \theta''$。基于 Simulink 对本例数学模型进行仿真时，需要使用两个增益模块 Gain（增益分别设置为 0.1 和 12.25）、减法模块 Subtract、两个积分模块 Integrator（Integrator 初始状态设置为 0，Integrator1 初始状态设置为 1）、混合器模块 Mux（输入信号数设置为 2）、自定义函数模块（表达式设置为 sin(u)）以及示波器模块 Scope（参数采用默认设置，style 设置为白底和红、蓝色线条），构建 Simulink 仿真模型如图 23 所示，时间设置为 20，运行结果如图 24 所示。

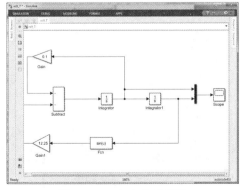

图 23　Simulink 仿真模型

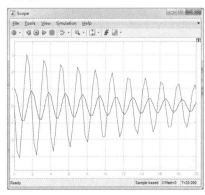

图 24　运行结果

8. 将 $r=1$、$d=0.5$、$a=0.1$、$b=0.02$、$x(0)=25$、$y(0)=2$ 代入食饵–捕食者数学模型，可得待仿真的具体数学模型：

$$\begin{cases} x' = x(1-0.1y) \\ y' = y(-0.5+0.02x) \end{cases}$$

求解本题时需要使用两个减法模块 Subtract（Subtract1 的 list of signs 设置为"–+"、Subtract2 的 list of signs 设置为默认方式）、两个乘法模块 Product（采用默认设置）、两个增益模块 Gain（增益值分别设置为 0.1 和 0.02）、两个积分模块 Integrator（Integrator1 的初始设置为 25、Integrator2 的初始值设置为 2）、两个常数模块 Constant（常数值分别设置为 0.5 和 1）、一个信号混合器 Mux、一个绘图模块 XY Graph 以及一个示波器模块，构建的 Simulink 模型如图 25 所示，仿真时间设置为 20，运行结果如图 26 和图 27 所示。

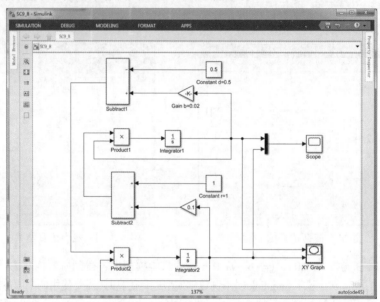

图 25 食饵–捕食者仿真模型

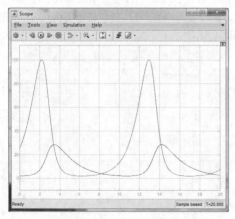

图 26 $x(t)$ 和 $y(t)$ 的结果

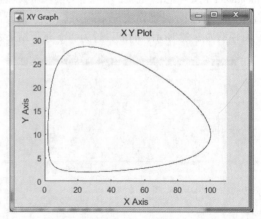

图 27 x–y 相图

9. 本题仿真共用到 16 个逻辑操作模块 Logical Operator、4 个常数模块 Constant、一个信号混合器模块 Mux 以及一个显示模块 Display，创建的仿真模型如图 28 所示。当输入 $A(A_1A_0)=(10)_2=2$、$B(B_0B_1)=(01)_2=1$ 时，Display 显示的计算结果为 $(0010)_2=2$，验证了该仿真模型的乘法功能。

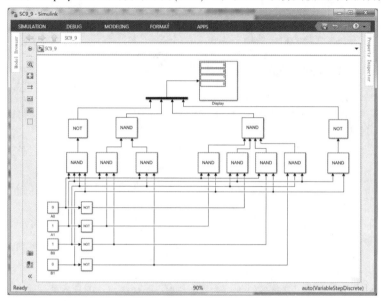

图 28　二进制乘法仿真图

第 10 章习题参考答案

1. 这是一个非常基本的问题，如果使用其他编程工具可能很容易实现。在这里并不只是为了要完成这个程序，而是为了通过这个程序来了解如何进行 MATLAB 程序设计。

首先要建立模型，在这里分三步实现：① 首先给出菜单选择，在这里让用户选择要实现什么单位换算；② 把输入的数值转换为一个统一的单位，例如长度单位都统一转换为米，面积都转换为平方米；③ 再转换为用户所要的单位。各个单位之间的转换的变换常数各不相同，如果直接进行单位换算的话将会十分麻烦。另外，把变换常数直接表示为一个矩阵，选择单位的序号，也就成了矩阵的下标了。这样程序就比较简单。

MATLAB 程序代码（exc10_1.m）如下：

```
clear all;
Check=0;
while(Check~=3)
    disp('单位换算程序')
    fprintf('1)长度   2)面积\n')
    Check=input('选择进行何种单位换算: ');
    %如果 Check 等于 3 的话就退出程序
    switch Check
        case 1
            fprintf('长度单位: \n');
            fprintf('1)米     2)分米   3)厘米   4)毫米\n');
            fprintf('5)英寸   6)英尺   7)英里   8)码\n');
            InNum=input('选择输入单位');
            OutNum=input('选择输出单位');
            %设定各种单位对米的变换常数数组 ToMeter
```

```
        ToMeter=[1.00 0.1 0.01 0.001 0.0254 0.3048 1609.3 0.914];
        FrmMeter=1./ToMeter;
        %反变换常数数组 FrmMeter 为 ToMeter 数组的倒数
        Value=input('输入待变换的值: \n');
        ValueinM=Value*ToMeter(InNum);        %把输入值变换为米
        NewValue=ValueinM*FrmMeter(OutNum);
        %把米变换为输出单位
        fprintf('变换后的值是%g\n',NewValue);
        %打印变换后的值
    case 2
        fprintf('面积单位: \n');
        fprintf('1)平方米    2)公顷     3)亩       4)平方英尺\n');
        fprintf('5)平方码    6)英亩     7)平方英寸\n');
        InNum=input('选择输入单位');
        OutNum=input('选择输出单位');
        %设定各种单位对平方米的变换常数数组 ToArea
        ToArea=[1.00 10000.0 2000/3 0.0929 0.836 4047 0.000645];
        FrmArea=1./ToArea;
        %反变换常数数组 FrmArea 为 ToArea 数组的倒数
        Value=input('输入待变换的值: \n');
        ValueinA=Value*ToArea(InNum);     %把输入值变换为平方米
        NewValue=ValueinA*FrmArea(OutNum);
        %把平方米变换为输出单位
        fprintf('变换后的值是%g\n',NewValue);    %打印变换后的值
    otherwise
    end
end
```

程序在运行后将让用户选择何种单位换算，选择输入单位、输出单位及待转换的值。

2. 本程序主要利用 slice()函数绘制立体切片图的功能来做一个简单的动态图形，说明如何绘制动态图形。

首先创建一个边界，同时创建一个球体，可以利用 sphere()函数来完成。然后通过擦除模式来绘制动态图形。

MATLAB 程序代码（exc10_2.m）如下：

```
clc
clear all;
[x,y,z]=meshgrid(-2:.2:2,-2:.25:2,-2:.16:2)   %创建体积边界数据
v=x.*exp(-x.^2-y.^2-z.^2);                     %计算函数值
[xsp,ysp,zsp]=sphere;               %创建球体数据 sphere()函数绘制单位球体
for i=-3:.02:3
   hsp=surf(xsp+i,ysp,zsp);
   rotate(hsp,[1 0 0],90)                       %使球体沿 x 轴旋转 90°
   xd=get(hsp,'XDATA');                         %获取 x 轴数据
   yd=get(hsp,'YDATA');
   zd=get(hsp,'ZDATA');
   delete(hsp)
   hold on
   slice(x,y,z,v,[-2,2],2,-2)                   %绘制体积边界
   hslicer=slice(x,y,z,v,xd,yd,zd);             %动态绘制球面切片
   axis tight
   xlim([-3 3])                                 %限定 x 的范围
   view(-10,35)                                 %设置视点
```

```
        drawnow
        delete(hslicer)
        hold off
end
```

截取的球形切片穿过体积的过程如图 29 ~ 图 31 所示。

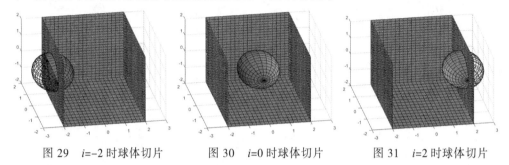

图 29　i=-2 时球体切片　　　图 30　i=0 时球体切片　　　图 31　i=2 时球体切片

3. 无阻力抛物线的飞行是中学物理就学过的知识，本题的不同点是目标和射点不在同一高度上，用 MATLAB 可使整个计算和绘图过程自动化。其好处是可快速计算物体在不同初速度和射角下的飞行时间和距离。关键在求落点时间 t_f 时，需要解决一个二次线性代数方程。

由：

$$y = y_f + v_0 \sin\theta_0 \cdot t - \frac{1}{2}gt^2 = 0$$

解出 t 和它就是落点时间 t_f。t_f 会有两个解，只取其中一个有效解。再求：

$$x_{max} = v_0 \cos\theta_0 \cdot t_f$$

对于最高点，如果 $-90° < \theta_0 \leqslant 0°$，则 y_f 就是最高点，如果 $0° < \theta_0 < 90°$，由于到达最高点时其垂直方向速度为 0，所以有 $t_1 = \dfrac{v_0 \sin\theta_0}{g}$，则最高点有：

$$y_{max} = y_f + v_0 \sin\theta_0 \cdot t_1 - \frac{1}{2}gt_1^2 = y_f + \frac{v_0^2 \sin\theta_0^2}{2g}$$

对于模拟运动轨迹则采用擦除方式，由运动轨迹方程即可绘出。

MATLAB 程序代码（exc10_3.m）如下：

```
clc
clear all;
y0=0;
x0=0;                                    %初始位置
vMag=input('输入初始速度（m/s）: ');       %输入初始速度的大小
vDir=input('输入初速方向（度）（输入值大于-90 小于 90）: ');
%输入初始速度的方向
yf=input('输入目标高度（m）: ');
vx0=vMag*cos(vDir*(pi/180));             %计算 x,y 方向的初始速度
vy0=vMag*sin(vDir*(pi/180));
wy=-9.81;                                %重力加速度
wx=0;
tf=roots([wy/2,vy0,yf]);                 %解二次线性代数方程，计算落点时间 tf
tf=max(tf);                              %去除其中的错误值
t=0:.1:tf;
```

```
t=[t tf];                          %添加上最后一个时间点
y=yf+vy0*t+wy*t.^2/2;              %计算轨迹
x=y0+vx0*t+wx*t.^2/2;
xf=max(x);
if vDir<=0&&vDir>-90               %计算飞行距离和最高点
    ymax=yf;
else
    ymax=yf+vy0*vy0/2/(-wy);
end
fprintf('飞行时间为%g 秒\n',tf);
fprintf('最远飞行距离为%g 米\n',xf);
fprintf('飞行最高点为%g 米\n',ymax);
plot(x,y);                         %绘制抛物线轨迹
axis([0 xf+5 0 ymax+5]);
h1=input('是否动态模拟抛物线运动轨迹？(1/0)（1 为是，0 为否）');
title('小球运动轨迹');
if h1==1
    hold on
    x1=0;
    y1=yf;
    h=plot(x1,y1,'.','linewidth',2);
    axis([0 xf+5 0 ymax+5])
    for t1=0:0.001:tf
        y1=yf+vy0*t1+wy*t1.^2/2;
        x1=y0+vx0*t1+wx*t1.^2/2;
        set(h,'XDATA',x1,'YDATA',y1,'MarkerSize',18);
        drawnow;
    end
     hold off
end
```

程序运行结果：

```
输入初始速度(m/s): 40
输入初始速度方向(°): 30
输入目标高度(m): 10
飞行时间为4.52775 秒
最远飞行距离为156.846 米
飞行最高点为30.3874 米
是否动态模拟抛物线运动轨迹? (1/0)（1 为是,0 为否）
```

在这里输入 1 则动态显示小球运动，所得到的图形如图 32 所示。

4. 本例将说明如何根据复杂数学公式绘制曲线，并研究单个参数的影响。麦克斯韦速度分布律为：

$$f = 4\pi \left(\frac{m}{2\pi kT} \right)^{3/2} \cdot v^2 \cdot e^{\frac{-mv^2}{2kT}}$$

MATLAB 程序（exc10_4.m）如下：

```
clc
clear
R=8.31;                 %气体常数
k=1.381*10^(-23);       %玻尔兹曼常数
NA=6.022*10^23;         %阿伏伽德罗常量
T=input('输入气体的绝对温度 T（单位 K）: ');
```

```
mu=input('输入气体的分子量mu: ');
m=mu.*1e-3/NA;              %分子质量
v=0:1500;                   %设置速度范围
y=4*pi*(m/(2*pi*k*T)).^(3/2).*exp(-m*v.^2/(2*k*T)).*v.*v;
[n,i] =max(y);
%麦克斯韦分布律
plot(v,y,'k');
text(i,n+0.00005,['T=',num2str(T),' mu=',num2str(mu)]);
hold on;
v1=input('给定速度范围（如400：600）');
if ~isempty(v1)
    y1=4*pi*(m/(2*pi*k*T)).^(3/2).*exp(-m*v1.^2/(2*k*T)).*v1.*v1;
    fill([v1,v1(end),v1(1)],[y1,0,0],'r')        %绘出该范围
 else
    y1=4*pi*(m/(2*pi*k*T)).^(3/2).*exp(-m*v1.^2/(2*k*T)).*v1.*v1;
 end
fprintf('在该范围内的气体分子概率为%g',trapz(y1));
```

本题中输入三组数据连续运行程序3次，绘制三种状态下对应的曲线如图33所示，三次运行的状态数据如下：

① 输入气体的绝对温度 T=400、分子量 mu=32、给定速度范围 400：600。

② 输入气体的绝对温度 T=400、分子量 mu=12、给定速度范围为空。

③ 输入气体的绝对温度 T=300、分子量 mu=32、给定速度范围为空。

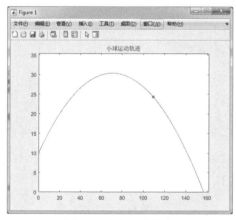

图 32　小球运动轨迹

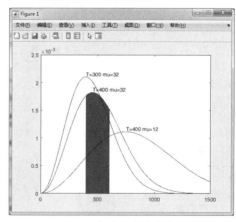

图 33　麦克斯韦分布曲线

第①种状态下，指定了速度范围为 400:600，计算得到在该范围内的气体分子概率为 0.347 682。

为了看出 T 和 mu 对曲线形状的影响，可在>>后输入本程序名称 exc10_4 再次运行程序（或者在命令窗口按【↑】键，找到 exc10_4 后按【Enter】键亦可再次运行程序）：

```
T=300;mu=32;      %改变 T，画曲线
T=400;mu=12;      %改变 mu。画曲线
```

从图中可以看出，减小 T，使分子的速度分布向低端移动；减小分子量 mu，使速度分布向高端移动，这是和物理概念相一致的。

5. 考虑两个相干光源到屏幕上任意点的距离差引起的相位差：

$$L_1 = \sqrt{\left(y_s - \frac{d}{2}\right)^2 + z^2} \ , \quad L_2 = \sqrt{\left(y_s + \frac{d}{2}\right)^2 + z^2}$$

则光程差为

$$\Delta L = L_1 - L_2$$

将 ΔL 除以波长 λ，并乘以 2π，得到相位差 $\phi = 2\pi \cdot \dfrac{\Delta L}{\lambda}$。设两束相干光在屏幕上产生的幅度相同，均为 A_0，则夹角为 ϕ 的两个向量 A_0 的合成向量的幅度为

$$A = 2A_0 \cos(\phi/2)$$

光强 B 正比于振幅的平方，故有

$$B = 4B_0 \cos^2(\phi/2)$$

根据这些关系式，可以编写出计算屏幕上各点光强的程序。

考虑光的非单色性对于干涉条纹的影响，将使问题更为复杂，此时波长将不是常数，必须对不同波长的光进行分类处理再叠加起来。假定光源的光谱宽度为中心波长的 ±10%，并且在该区域内均匀分布。近似取 11 根谱线，相位差的计算式求出的将是对不同谱线的 11 个不同相位。计算光强时应把这 11 根谱线产生的光强叠加并取平均值，即

$$\phi_k = 2\pi \frac{\Delta L}{\lambda_k}$$

$$B = \sum_{k=1}^{11} \frac{4\cos^2\left(\dfrac{\phi_k}{2}\right)}{11} \cdot B_0$$

MATLAB 程序（ex10_5.m）如下：

```
clc
clear all;
%初始化，输入光波长，光缝距离，光栅到屏幕的距离
Lambda=500*1e-9;
d=2*1e-3;
z=1;
yMax=5*Lambda*z/d;
xs=yMax;                                    %设定图案的x,y向范围
Ny=101;
ys=linspace(-yMax,yMax,Ny);                 %y方向分成101点
flag=input('是否考虑光的非单色性？（考虑输入1，不考虑输入2）：');
for i=1:Ny                                  %对屏上全部点进行循环计算
    %计算第一个和第二个光源到屏幕各点的距离
    L1=sqrt((ys(i)-d/2).^2+z^2);
    L2=sqrt((ys(i)+d/2).^2+z^2);
    switch flag
        case 1
            %考虑光的非单色性
            N1=11;
            dL=linspace(-0.1,0.1,N1);       %设光谱相对宽度±10%
            Lambda1=Lambda*(1+dL);          %分11根谱线，波长为一个数组
            Phi1=2*pi*(L2-L1)./Lambda1;     %从距离差计算各波长的相位差
            B(i,:)=sum(4*cos(Phi1/2).^2)/N1; %叠加各波长影响计算光强
```

```
        case 2
            %不考虑光的非单色性
            Phi=2*pi*(L2-L1)/Lambda;              %从距离差计算相位差
            B(i,:)=4*cos(Phi/2).^2;               %计算该点光强（设两束光强相同）
    end
end
NCLevels=255;                                     %确定用的灰度等级为 255
%定标；使最大光强（4.0）对应最大灰度级（白色）
Br=(B/4.0)*NCLevels;
subplot(1,2,1)
image(xs,ys,Br);                                  %画图像
colormap(gray(NCLevels));                         %用灰度级颜色图
subplot(1,2,2)
plot(B(:),ys)                                     %画出沿 y 向的光强变化曲线
```

运行程序时分别输入 1、2（输入 1 表示考虑光的非单色性，输入 2 表示不考虑光的非单色性）得到图 34 和图 35 所示结果。可以看出，光的非单色性导致干涉现象的减弱。光谱很宽的光将不能形成干涉。

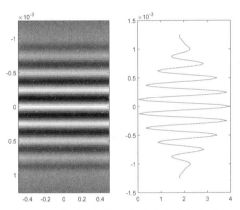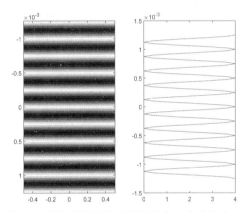

图 34　双缝干涉条纹及光强分布（单色光）　　图 35　双缝干涉条纹及光强分布（非单色光）

参 考 文 献

[1] 张德喜.MATLAB 实用教程[M].北京:中国铁道出版社,2016.

[2] 张德喜,赵磊生.MATLAB 语言程序设计教程[M].2 版.北京:中国铁道出版社,2010.

[3] 张德喜,周予生.MATLAB 语言程序设计教程[M].北京:中国铁道出版社,2006.

[4] 薛山.MATLAB 基础教程[M].4 版.北京:清华大学出版社,2019.

[5] 黄忠霖.自动控制原理的 MATLAB 实现[M].北京:国防工业出版社,2007.

[6] 求是科技.MATLAB 7.0 从入门到精通[M].北京:人民邮电出版社,2006.

[7] 于万波.混沌的计算分析与探索[M].北京:清华大学出版社,2017.

[8] 于万波.混沌的计算实验与分析[M].北京:科学出版社,2008.

[9] 史峰,王小川,郁磊,等.MATLAB 神经网络 30 个案例分析[M].北京:北京航空航天大学出版社,2011.

[10] 郑阿奇.MATLAB 实用教程[M].4 版.北京:电子工业出版社,2016.

[11] 唐向宏,岳恒立,郑雪峰.MATLAB 及在电子信息类课程中的应用[M].北京:电子工业出版社,2006.

[12] 任玉杰.数值分析及其 MATLAB 实现[M].北京:高等教育出版社,2007.

[13] 张岳.MATLAB 程序设计与应用基础教程[M].北京:清华大学出版社,2011.

[14] 杨杰.数字图像处理及 MATLAB 实现[M].2 版.北京:电子工业出版社,2013.

[15] 李海涛.MATLAB 程序设计教程[M].北京:电子工业出版社,2013.

[16] 谷源涛,应启珩,郑君里.信号与系统:MATLAB 综合实验[M].北京:电子工业出版社,2013.

[17] 尚涛.MATLAB 基础及其应用教程[M].北京:电子工业出版社,2014.

[18] 刘敏.精通 MATLAB R2014a [M].北京:清华大学出版社,2015.

[19] 张志涌,杨祖樱.MATLAB 教程[M].北京:北京航空航天大学出版,2015.

[20] 龚纯,王正林.精通 MATLAB 最优化计算[M].2 版.北京:电子工业出版社,2012.